本书由广州市城市规划勘测设计研究院科技基金资助出版

探索 · 转型 · 创新

广州市村庄政策与规划管理模式解读

编著 李晓军　徐进勇　李开猛　王　锋　王秀兴 等

参编 何　豫　何微丹　田山川　罗　珂　宋　瑞
　　　　李东明　祝文明　冯润泉　罗　艳　李　滔
　　　　张讯高　梁远玲　林楚阳

东南大学出版社

SOUTHEAST UNIVERSITY PRESS

图书在版编目（CIP）数据

探索·转型·创新：广州市村庄政策与规划管理模
式解读 / 李晓军等编著. —南京：东南大学出版社，
2018.11

ISBN 978-7-5641-7618-1

Ⅰ．①探… Ⅱ．①李… Ⅲ．①乡村规划 – 研究 – 广州

Ⅳ．①TU982.296.51

中国版本图书馆CIP数据核字（2018）第 006164号

书　　　名：**探索·转型·创新——广州市村庄政策与规划管理模式解读**
编　　著：李晓军　徐进勇　李开猛　王　锋　王秀兴 等
责任编辑：马　伟
版式设计：余武莉

出版发行：东南大学出版社
社　　　址：南京市四牌楼 2 号　　邮编：210096
网　　　址：http://www.seupress.com
出 版 人：江建中

印　　　刷：虎彩印艺股份有限公司
开　　　本：787 mm×1092 mm　1/16　　印张：15.25　　字数：387 千
版 印 次：2018 年 11 月第 1 版　　2018 年 11 月第 1 次印刷
书　　　号：ISBN 978-7-5641-7618-1　　定价：58.00 元

经　　　销：全国各地新华书店　　　发行热线：025-83790519　83791830

GZPI 城乡规划研究丛书

编辑委员会

BIANJIWEIYUANHUI

主　　编　　邓兴栋

副 主 编　　黄慧明　林　鸿

执行主编　　方正兴

编　　委　　张　晶　刘　洋　王鹰翅　熊　青
　　　　　　王进安　刘云亚　王建军　李洪斌
　　　　　　李开猛　陈　翀　李箭飞　余炜楷
　　　　　　吴　军　陈志敏

序言

　　随着我国社会经济的快速发展，村庄规划建设成为人们关注的重点，在党的十九大报告中，习近平总书记首次提出了"实施乡村振兴战略"。报告指出：农业农村农民问题是关系国计民生的根本性问题，必须始终把解决好"三农"问题作为全党工作重中之重。要坚持农业农村优先发展，按照产业兴旺、生态宜居、乡风文明、治理有效、生活富裕的总要求，建立健全城乡融合发展体制机制和政策体系，加快推进农业农村现代化。同时，村庄治理成为村庄转型的一大趋势，对村庄管理和村庄政策提出了新的发展诉求。广州市在村庄政策的制定和规划管理模式的探索等方面，都属于全国先行示范的样板。以广州市经验总结为基础，以村庄政策和规划管理模式为切入点，本书梳理并评估广州市村庄政策实践探索的效果，挖掘并总结村庄管理模式转型的趋势，提出村庄管理模式和政策的创新方向，对中国的村庄规划建设、政策制定以及治理管理具有特殊的参考意义和指导意义。

　　广州市在村庄建设方面进行了丰富的探索实践，为更好地指导新一轮的村庄建设与管理，需要对广州市在村庄政策方面的实践探索进行全面审视。本书主要对其进行了全面的梳理和评估。首先，收集并整理了国内包括广州农村发展现状与宏观政策、土地政策、建房政策、产业政策等配套政策，厘清了广州农村政策的历史演变逻辑，将政策按照其解决的问题要素进行归类与核心要素提取，全面了解广州现行的农村政策。其次，从分析广州农村规划建设中存在的问题出发，立足广州农村新的发展态势，通过入村调研访谈、发放问卷等方式，找出现有政策与实际存在的矛盾或需要改进的地方。

　　我国的乡村管理模式正面临着向乡村治理的转型，治理不是运用政府的政治权威自上而下发号施令、制定和实施政策，而是采取自上而下、自下而上以及第三方参与的多元互动、合作协商、确立认同等方式实施对乡村公共事务的管理。广州市的乡村管理也出现了向乡村治理转型的趋势，但是在规划编制及管理、土地管理、农村建房管理以及产业管理等方面都陷入了一定的困境，这些困境的产生与政策之间有着密不可分的关系。

　　本书最后还对广州市村庄规划管理模式与政策创新进行了探讨。对于村庄管理模式而言，基于乡村治理的核心精神，未来村庄规划管理应该是政府引导、乡村内生力量整合的"协同型共治"，在管理机制方面，可以尝试引入"助村规划师"、逐步建立起"村庄规划理事会"等配套制度，通过政府、规划师、乡村精英、村民等共同推动村庄的规划管理。对于村庄政策而言，本书借鉴其他地区关于农村政策改革的经验，从规划编制与管理政策、土地政策、农村建房政策、农村产业政策等方面提出广州市农村政策的改革方向与建议。

目 录

第一章 绪 论

第一节 背景与意义

国家提出乡村振兴战略，指明了新时代乡村发展方向。2017 年 10 月 18 日，习近平同志在党的十九大报告中首次提出了"实施乡村振兴战略"。农业农村农民问题是关系国计民生的根本性问题，必须始终把解决好"三农"问题作为全党工作重中之重。乡村振兴战略坚持农业农村优先发展，巩固和完善农村基本经营制度，保持土地承包关系稳定并长久不变，第二轮土地承包到期后再延长三十年。乡村振兴是把乡村和城市作为一个整体来对待，充分发挥了乡村的主动性，改变了过去乡村从属于城市的现实，建立了一种全新的城乡关系。

在村庄规划建设进程中，广州市在村庄政策方面进行了大量的探索实践。村庄规划建设需要政策支撑。2013 年，按照广州市委市政府新型城市化发展战略的思路，开展了市域 1 142 条村的村庄规划，在规划调研阶段，原市规划局村镇处收到了来自多方反映的《关于村庄规划调研的 56 个问题》（涉及村庄土地、住房建设、产业发展、村落特色、实施保障等多个方面），并发现这些问题并非仅仅依靠规划技术手段所能解决的，更多的是需要从政策层面来统筹各政府职能部门以形成合力来解决。

村庄治理已成为村庄转型发展的一大趋势，对村庄管理和村庄政策提出了新的发展诉求。在全球治理的冲击和影响下，我国农村地区传统式强调由上到下、专家导向、政府主导推进的农业与农村发展政策将面临乡村治理的挑战。在这种情况下，乡村治理已经是一个重大而紧迫的问题。党的十八届三中全会提出了走中国特色新型城镇化道路，明确了农村地区改革的新思路。全会《决定》提出"三个赋予""七个允许""四个鼓励"等改革任务和举措，赋予农村地区更多的发展权益，其本质是要实现农村地区的全面自治，提高多方协同参与乡村治理的"自觉性"。

1. 梳理并评估村庄政策实践探索的效果

目前广州市在村庄规划建设中仍然存在着多方面的问题，这些问题并非从规划技术层面就能解决，需要一系列的配套政策支撑；但现有的无论是国家层面，或是省、市、区层面的村庄规划建设政策，都或多或少存在着针对性不强、可操作性不足的问题，缺少相关深入的政策研究支撑。为了配合广州市相关政府职能部门制定可操作的村庄规划建设政策，以及更好地指导新一轮的村庄规划编制工作，本书将通过系统梳理广州市在乡村管理建设方面的政策实践，并对广州市在国家、省、市的政策落实上的探索进行合理的评估，以充分了解广州市村庄政策的实际情况，结合村庄规划编制经验，找出适合广州市村庄规划建设的配套政策。

2. 挖掘并总结村庄管理模式转型的趋势

本书将系统梳理我国乡村管理模式的历史演变，厘清乡村基层政权组织、乡村自治组织、乡村能人、企业和市场在乡村共治中的权责分工。中国是一个有着悠久历史的农业文明古国，乡村治理本身就是一个不曾间断过的源远流长的历史过程。总体上讲，乡村治理大致经历了传统乡村社会"皇权止于县政"的乡里模式→民国时期"内卷化"的经纪模式→新中国成立初期的"行政村制"模式→人民公社时期的"政社合一"控制型模式→改革开放后"乡政村治"的政府主导型模式五大阶段。同时，还需厘清各阶段乡村治理主体之间的权责分工，为探索新时期乡村治理的实施路径奠定基础。

3. 提出村庄管理模式和政策的创新方向

在乡村治理的趋势之下，需要从针对性和可操作性的层面，为广州市的村庄管理模式和相关政策提出创新发展的建议。现阶段中国农村基层实行乡村治理制度，从法理上规定了村庄的公共事务应由村民自我管理。目前，这种管理多依赖于村委会，且更多地属于社会管理，村民实施规划管理还处于探索阶段，如何实现村庄规划管理与社会管理的无缝契合将是一个崭新又极富意义的课题，本书对管理目标、管理权力、管理制度等进行研究，通过探讨"助村规划师""村庄规划理事会""第三方介入"等创新管理制度，构建新型乡村治理的规划管理体系。同时，乡村政策是政府直接作用于乡村管理的抓手，因此，对各类型的乡村规划提出建议具有重要的现实意义，本书将从规划编制与管理政策、农村土地政策、农村建房政策、农村产业政策等几个方面，提出一些具体的创新政策，以促进广州市乡村政策在乡村治理趋势下的创新优化。

第二节　本书的研究视角

1. 农村政策

农村政策，是指党和国家为了实现一定的政治、经济和社会目标，而制定面对农业、农村、农民发展的各种政策的总和。农村政策，既包括党和国家在农村的宏观政策，也包括一系列关于农业、农村、农民各个方面的政策，如农业政策、土地政策、税费政策等等。

农村政策具有三个显著的特点：一是范围广泛。农村政策几乎涉及一切社会科学领域，如政治、经济、社会、文化和法律法规等等。二是政治性强。在我们这样一个农村人口占绝大多数的大国，农村政策不仅仅是一个经济发展问题，还是一个保持社会稳定的问题。三是地域特点明显。我国农村人口占全部人口的 70% 以上，特别是我国地域广阔、人口众多，不同地区自然地理条件和经济社会条件差异很大，即使在广东这样的沿海发达省份，珠三角地区的农村和粤东西北山区的农村也存在着较大区别，对农业、农村、农民问题，不能搞"一刀切"。只有坚持因地制宜，在与党的农村政策保持一致的条件下，不同地区推行略有差异的农村政策，才能保证农村的发展。

2. 乡村治理

乡村治理是指政府、乡村社会组织以及村民等利益相关者为增进乡村利益、实施乡村建设和发展乡村社会而共同参与、谈判和协调的持续互动过程和状态。从这个概念出发，决定了乡村治理的主体必然是多元化的，而不是单靠政府或者村民（村委会）独自完成。治理的目的是通过对村镇布局、生态环境、基础设施、公共服务等资源进行合理配置和生产，促进农村经济、社会的发展以及环境状况的改善。

3. 村庄规划管理

根据《村庄和集镇规划建设管理条例》，村庄规划是指对乡村的社会、经济、科技等长期发展的总体部署，是指导乡村发展和建设的基本依据。其主要内容包括：乡级行政区域的村庄布点，村庄的位置、性质、规模和发展方向，村庄的交通、供水、供电、邮电、商业、绿化等生产和生活服务设施的配置。而村庄管理，是以乡村规划为主要依据，对乡村中提高农民素质、提升农村生产力、改善农村环境、促进农业发展、保护农村生态等一系列问题进行管理。

目前，村庄规划管理主要涉及几个方面的理论：

（1）公共政策理论——乡村规划属性

乡村规划具有公共政策的一般特征：一是制定主体是政府或社会权威机构；二是形成一致的公共目标；三是基于产权私有前提下，核心作用与功能在于解决公共问题，协调与引导各利益主体的行为；四是乡村规划是准则、指南、策略、计划；五是乡村规划是一种公共管理的活动过程。

（2）协商式规划理论——乡村规划过程

协商式规划是契约式的自下而上的规划，重视公共利益的维护、规划制度的构建、民生需求的表达和规划政务的公开。协商式规划注重规划的权威性，通过法定程序将成果转化为法定文件和乡规民约，成为社会共同遵守的行为准则。

（3）公共产品理论——公共服务提供

乡村基础设施分为三类：公共物品、准公共物品和私人物品。政府是基本社会公共服务的提供者，是非基本社会公共服务的倡导者和参与者，同时又是整个社会公共服务的规划者和管理者。

（4）生活圈理论——服务设施空间配置

根据一定人口的村落、一定距离的圈域作为基准，按照聚落—基层村落圈—第一次生活圈—第二次生活圈（市镇村）—第三次生活圈对村庄进行层次划分。这是解决农村公共服务设施配置的空间性理论支撑。

4. 本书研究的政策

农村规划建设的核心问题不仅包括村庄规划编制与管理，也包括农村土地、住房建设、产业发展以及金融财税等建设性问题（图1-1）。虽然涉及相关的

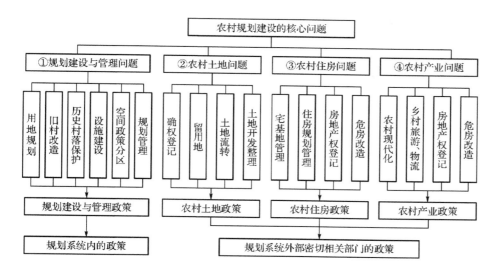

图 1-1 本书研究的农村政策范围

农村法规政策数量非常庞大,但与"规划建设"政策直接相关的主要包括规划部门内部政策,以及诸如国土、住房、产业(农业、旅游)等相关部门所制定的政策、法规、标准等。由于课题研究的范围界定以及自身精力限制,本课题所分析的政策都是与规划建设直接相关的政策,对其他的诸如农村户籍、财税、社保等配套政策,不做深入研究。

探索篇

当代广州农村政策梳理

第二章　广州农村发展现状与宏观政策

第一节　广州农村发展现状

1. 全市层面

（1）农村社会经济发展现状

农村户籍人口地域分布规模差异大。2012 年农村户籍总人口为 261.88 万人，占全市户籍总人口的 31.85%，2008 年至 2012 年农村户籍人口平均增长率为 1.38%（图 2-1）。现状摸查涉及的五区两县级市的 2012 年户籍人口城市化水平为 39.67%，相比全市 68.1% 的城市化水平（户籍人口）较低。1 000 人以下的村有 130 个，人口最少的村只有 167 人（从化区小杉村）；超过 5 000 人的

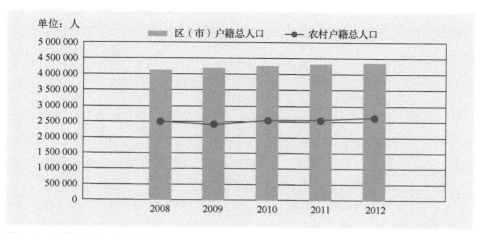

图 2-1　农村户籍人口变化趋势图

村有 56 个，户籍人口最多的村（白云区良田村）有 11 707 人，是人口最少的村的近 70 倍（图 2-2）。现状摸查涉及地区的平均人口密度为 458 人 / km²，不到全市人口密度（1 096 人 / km²）的一半（图 2-3）。从人口密度分布情况看（图 2-4），人口密度较大的村庄较接近中心城区和副中心，如花都新华街、增城中新镇、番禺北部，这些地区经济发展活跃、人口流动性较强，人口密度与经济发展程度的相关系数较高。

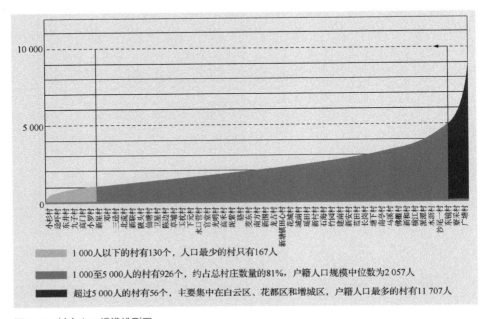

图 2-2　村庄人口规模排列图

　　人口流动地区差异明显。现状摸查数据显示，2012 年广州市农村非户籍人口达到 199.24 万人，比 2011 年增加 11.4%，增长的趋势明显（图 2-5）；户籍 / 非户籍比例为 1∶0.76。通过户籍 / 非户籍人口比例散点分布统计（图 2-6）发现，非户籍人口大于户籍人口 4 倍、人数大于 20 000 人的村主要集中在番禺和花都，北部从化、增城的村庄外来人口相对较少。

　　村集体财务收入逐年增加，集体经济发展不平衡。从全市农村来看，村集体财务收入逐年增加的趋势十分明显（图 2-7），2012 年比 2011 年增加 13.74%；但分布不均衡的问题也比较突出，从化、增城、花都等地的农村经济发展十分薄弱，仍有大量的村庄没有收入支撑；村集体经济收入最高的番禺区是最低的从化区的 15 倍。财务收入最高增城区新塘镇甘涌村达到 5.02 亿元。村集体财务的来源单一，绝大部分来自集体土地上自建的市场、商铺、厂房、仓库等物业租赁以及土地、鱼塘、山林等资源发包（图 2-8）。

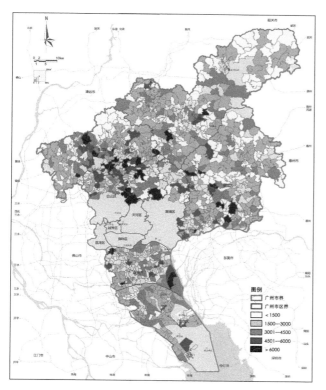

图 2-3 农村户籍人口分布图

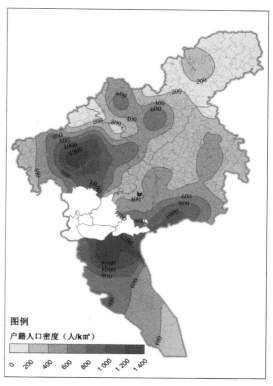

图 2-4 农村户籍人口密度分析图

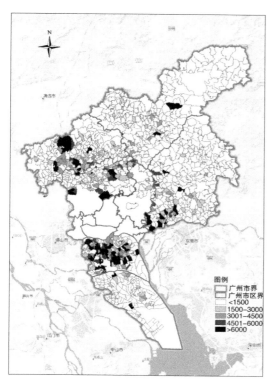

图 2-5 农村非户籍人口分布图

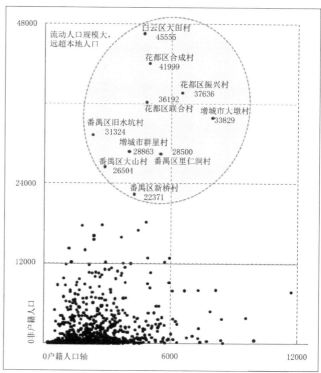

图 2-6 户籍 / 非户籍人口比例散点分析图

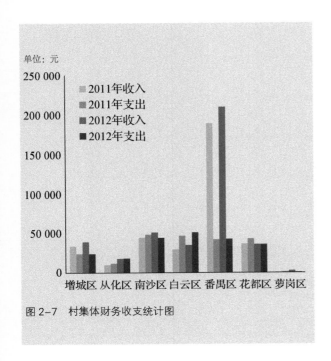

图 2-7　村集体财务收支统计图

村民收入逐年增加，城乡收入水平差距较大。《2012 年广州市国民经济和社会发展统计公报》显示，2012 年广州村民人均纯收入 16 788 元，扣除价格因素，比 2011 年实际增长 10.1%，但与苏州、上海、杭州、中山等城市相比仍然偏低；从增长的趋势看，近几年来村民人均纯收入增幅逐渐放缓。村民人均纯收入与城市居民家庭人均可支配收入比例为 1∶2.267，比 2011 年的 1∶2.324 略有增加，但是与苏州（1∶1.93）相比，仍有较大差距，广州市城乡收入差距也高于国际公认的 1∶2 的合理水平。村民收入水平两极分化现象也较为突出（图 2-9）。人均纯收入最高的村达到 64 455 元（番禺区北郊村），是人均纯收入最低的村（白云区柏塘村 530 元）的 121.6 倍。

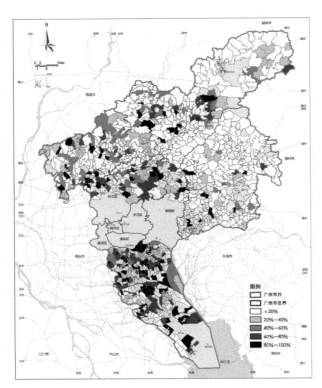

图 2-8　承包收入比例分布图

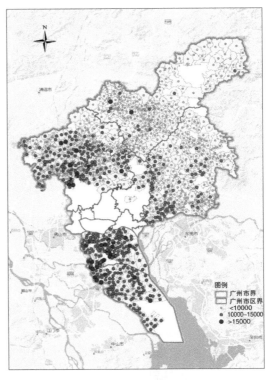

图 2-9　村民收入分布分析图

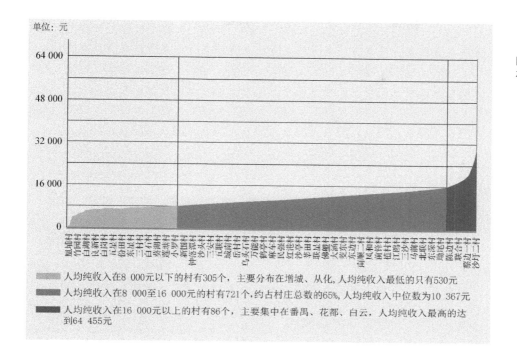

単位：元

图 2-10　村民收入
水平分析图

人均纯收入在 8 000 元以下的村有 305 个，主要分布在增城、从化，人均纯收入最低的只有 530 元
人均纯收入在 8 000 至 16 000 元的村有 721 个，约占村庄总数的 65%，人均纯收入中位数为 10 367 元
人均纯收入在 16 000 元以上的村有 86 个，主要集中在番禺、花都、白云，人均纯收入最高的达
到 64 455 元

人均纯收入在 8 000 元以下的村有 305 个，约占村庄总数的 27%，主要分布在
广州北部的增城、从化；人均纯收入在 8 000 至 16 000 元的村有 721 个，占村
庄总数的 65%；人均纯收入在 16 000 元以上的村有 86 个，占村庄总数的 8%，
主要分布在靠近中心城区的番禺、花都、白云（图 2-10）。

（2）农村土地利用现状

村庄用地受城市空间及结构影响较大。广州市村域总面积 5 713.82 km²（约
857 万亩），占广州市总面积的 77%（图 2-11）。其中村域内城乡建设用地面
积 811.16 km²，占村域总面积的 14.2%，主要集中在番禺、白云、花都中部、
增城城区及其中心镇、从化城区及其中心镇，呈"面状 + 廊道"分布。农用地
面积 4 415.61 km²（662 万亩），耕地及林地占村庄总用地面积的占 77.3%，主
要集中在从化及增城北部山区、南沙北部。农村居民点用地面积共 389 km²，占
村域总面积的 6.8%；村民住宅用地总面积 150.92 km²，占村庄居民点用地面积
的 38.8%。村民住宅密度最高的花都区住宅用地占居民点用地面积的比例达到
61.9%，最低的从化区只有 18.0%。

征地规模大，历史遗留问题多。近年来，随着基础设施建设和城市边界扩
张，对乡村地区的征地规模居高不下，集体经济项目征地 125 km²，其他单位征
地 165 km²，其中番禺区集体经济项目征地和其他单位征地面积达到 181 km²，
占全市乡村地区征地总面积的 62.4%（图 2-12）。全市未落实的留用地面积达
到 18 km²，历史遗留问题的大量存在，使得征地难问题越来越突出。

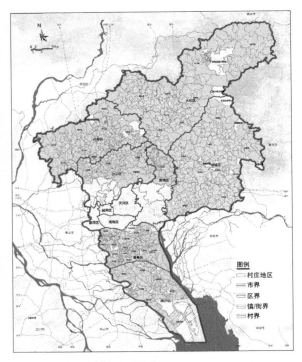

图2-11　广州市村庄用地现状图

大量"三旧"改造项目需完善用地手续。旧村土地权属复杂，需完善用地手续面积大，处置难度高。根据现状摸查数据（图2-13），三旧图斑总面积达到20 270 hm²，需完善手续的面积达到9 836 hm²，占"三旧"图斑总面积的48.5%。其中增城的三旧图斑面积最大，总面积达到8 737 hm²；花都、白云、萝岗（已撤销）三旧图斑面积不大，但已完善用地手续的用地较少，三旧改造工作艰巨，推进缓慢，村庄的改造潜力有待释放。

（3）农村住房和基础设施现状

"一户多宅"现象普遍。全市共有农村住宅171万栋，户均住宅2.2栋，建筑面积1.99亿m²，户均住宅建筑面积259 m²，人均住宅建筑面积76 m²，有证住宅的比例不足25%（图2-14）。从户均住宅的分布情况上可以看出，户均住宅栋数超过3栋的村庄主要分布在白云、增城和从化（图2-15）。由于违法建设较多，出租房屋的经济驱动力大，白云区近年来住宅建设数量大幅上升；增城和从化则由于空心村较多，无人居住的住宅大量存在，导致人少房多。

建筑质量参差不齐，危房、泥砖房亟待改造。农村住宅建筑质量不高，其中北部

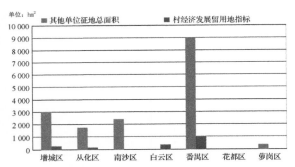

图2-12　土地征用情况统计图

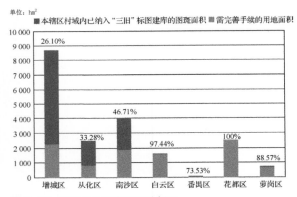

图2-13　三旧改造图斑面积分析图

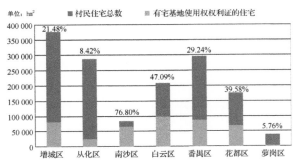

图2-14　有证住宅与住宅总量统计图

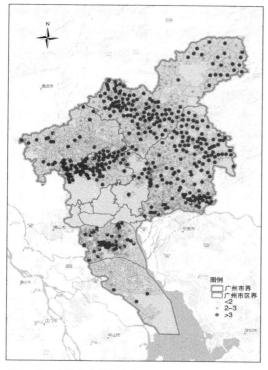

图 2-15　户均住宅数量分布图　　　　　图 2-16　泥砖房比例分布分析图

较差，建设年限大多超过 40 年，以砖木结构为主；南部建筑质量较好，多为近 20 年建设，以砖混结构为主。全市泥砖房总数达到 39.7 万间，用地面积 1 279 hm²，占村庄居民点用地面积的比例为 3.3%，主要集中在北部山区，其中从化泥砖房占农民住宅的比例高达 67.22%（图 2-16）。大部分泥砖房已成为危旧房，遇到台风暴雨容易垮塌，存在较大的安全隐患，亟须整体改造。

　　农村基础设施建设水平不高。农村基础设施配套总体水平不高，难以满足日益增长的生产生活需求。从现状调查情况来看（表2-1），普遍反映公共服务中心、老年人服务中心、户外休闲文化广场比较缺乏，应达到而实际未达到 1 村 1 建的公共服务设施有公共服务站（现状 364 处、缺口 748 处），综合文化站（室）（现状 1 090 处、缺口 22 处），老年人服务中心（现状 582 处、缺口 530 处），户外休闲文体活动广场（现状 904 处、缺口 208 处），卫生站或社区卫生服务站（现状 1 062 处、缺口 50 处）。

表 2-1　农村现状公共服务设施一览表

设施类别	设施名称	规模（建筑面积）/m²	配置要求	现状数量/处	现状缺口/处	备注
行政管理	村委会	—	●	1 442	—	
公共服务	公共服务站	300	●	364	748	
教育机构	托儿所	—	○	85	—	
	幼儿园	—	○	940	—	
	小学	—	○	487	—	
文化科技	综合文化站（室）	200	●	1 090	22	
	农家书屋		●			
	老年活动室	100	●	582	530	老年人服务中心
	户外休闲文体活动广场	—	●	904	208	
文化科技	文化信息共享工程服务网点	—	●			
	宣传服务橱窗	10	●	4 295		
医疗卫生	卫生站或社区卫生服务站	200	●	1 062	50	
	计生站	—	○	—		
体育	体育活动室		○			
	健身场地		●	1 317		健身路径（有活动器械）
	运动场地		●	3 827		足球场、篮球场、羽毛球场
社会保障	养老服务站	—	○	231	—	星光老年之家
环境卫生	无害化公厕	—	●	3 994	—	
	垃圾收集点	—	●	3 961	—	

注：数据来源于现状摸查统计。

2. 分区层面

（1）增城区

增城农村人口规模最大，约 58.82 万人，农村住宅数量达到 40.18 万栋；由于地广山多，农用地比例占总村域面积比例高达 84.22%，人均农用地面积较大，达到 3.44 亩／人。综合来看，增城区村庄的优势在于有较丰富的农业资源，农村的开发建设强度较低，未来可提升的潜力大。增城区农村人口的文化素质不高，大学专科以上学历人口比例仅为 2.72%；同时住宅建筑的总体质量较差，泥砖房比例达到 37.45%，泥砖房改造的任务艰巨。

（2）从化区

从化区是北部山区的典型代表，村域面积达到 1 777 km²，农用地比例高达90.25%，人均农用地面积超过增城区，达到 5.78 亩 / 人。从化区村庄历史悠久，具有历史保护价值的村落达到 16 个，区县级以上非物质文化遗产有 10 个，地方特色明显，旅游文化产业发展潜力大。由于山地面积大，远离中心城区，同时自身的发展基础较差，从化区村庄的村集体财务收入和人均纯收入均较低，村民人均住宅面积较小，建筑质量较差，泥砖房的比例高达 67.22%，村庄建设较为落后，但从化区的村庄较多地保留了传统风貌。如何平衡保护和发展的关系，对从化区村庄建设和城乡一体化发展提出了更高的要求。

（3）南沙区

南沙区大部分地区仍处于乡村状态，城镇化水平较低，仅为 22.50%，远低于平均水平，户籍改革推进较为缓慢，城镇化道路任重道远。65 岁以上年龄人口比例最高，达到 10%，老龄化的现象突出。南沙区农村的基础建设较好，违法建设比例最小，建筑质量较高，大多数呈现典型的临水而居、枕河而立的布局特点，农村居民点房屋的分布、主要街巷的走势以及村落主要公共空间的布局都与河流密切相关，从而导致农村居民点分布范围广，布局较为零散，住宅建设的随意性很大，对土地资源的浪费较大。

（4）白云区

白云区的村庄总体发展水平较高，但由于高速发展带来了较多的后遗症。白云区村庄的村庄建设用地比例最高，包含了大量的工业厂房和仓储用地，违法建设的现象也较为严重，住宅层数普遍超过 5 层，户均和人均住宅建筑面积都大幅超标，人均农村居民点用地面积更是达到 209 m²/ 人，为全市最高。白云区村庄高速的发展使得村民的收入增长较快，人均纯收入达到 15 809 元；村民的素质也相对较高，大学专科以上学历人口比例为 6.67%。白云区的村庄已经具备较好的发展基础，但是需要处理好违法建设和集体经济升级转型的问题。

（5）番禺区

近年来随着广州城市"南拓"发展战略的实施，众多大型项目落户番禺，番禺区城市化水平逐渐与中心城区接轨。因此，番禺区的村庄发展水平较高，各项指标都较为突出。番禺区村庄的外来人口比例最大，是本地人口的 2 倍，据统计，番禺区 2012 年流动人口和出租屋数量分别是 10 年前的 2 倍和 9 倍。同时，番禺区人口密度和人口素质最高，劳动力充足，村集体财务收入丰厚，人均纯收入接近 20 000 元。番禺区也是历史最悠久、文化特征最鲜明地区，拥有 19 个各等级的历史文化村落，44 处区县级以上文物保护单位和 22 个区县级以上非物质文化遗产，文物数量不但多，而且等级高，保护程度好，并且已经有一大批的传统建筑和村落在保护的基础上，得到有效的宣传和开发利用，使得传统文化得以宣扬和延续。

（6）花都区

花都区的村庄住宅建设需求最大，达到 87 199 户。村庄外来人口的比例较高，非户籍 / 户籍人口比例为 0.77：1；老龄化的现象较突出，65 岁以上年龄人口比例达到 9.56%，仅次于南沙区。花都的历史文化遗存也较丰富，拥有 5 个各等级的历史文化村落，31 处区县级以上文物保护单位和 2 个区县级以上非物质文化遗产。

（7）萝岗区

萝岗区的村庄规模较小，农村人口的比例小，萝岗区城镇化水平最高，达到 75.17%，农村人口较为年轻化，文化特色较不明显。萝岗区的开发建设强度大，住房面积严重超标，摸查数据中包含有大量的非村居住小区，导致户均住宅基地面积达到 260.63 m²，户均住宅建筑面积达 525.97 m²，人均住宅建筑面积达 117.63 m²，而有证住宅比例低至 5.76%，违法建设现象十分严重。

3. 村庄层面

（1）城中村

地理交通区位条件较好。现状摸查中城中村共 200 个，主要分布在花都区、番禺区、增城区南部。村域总面积约 737 km²，占村庄总面积的 13%（图 2-17）。

人口密集，外来人口较多。2012 年户籍人口 58.2 万人，占村庄户籍总人口的 22.2%；非户籍人口 93.9 万人，非户籍 / 户籍人口比例达 1.61；人口密度 2 064 人 /km²，大大高于全市村庄的平均水平。

经济发展较为活跃，村民生产生活方式基本城镇化，但在土地权籍、户籍、行政管理体制上仍保留着农村模式。2012 年，城中村村均集体财务收入达 1 106 万元，人均村收入达到 16 735 元。人均住宅面积超过 120 m²，泥砖房数量 2.37 万间，只占住宅总数的 6.6%。

（2）城边村

现状摸查中城边村共 294 个，主要分布在城镇建成区或规划城镇建设用地边缘，村域总面积 1 115.71 km²，占村庄总面积的 20%，2012 年户籍人口 68.57 万人，非户籍人口 78.51 万人，非户籍 / 户籍人口比例达 1.14，人口密度 1 318 人 /km²，人口聚集程度较高（图 2-18）。

城边村处于即将快速城镇化的地区，以机械制造、建材、家具灯饰、纺织服装等工业为主，兼有部分农业，村均集体财务收入 529 万元，人均纯收入 13 755 元，人均住宅面积 89.46 m²；建筑质量较好，泥砖房数量 7.6 万间，占住宅总数的 15%。

（3）远郊村

现状摸查中涉及的远郊村共 618 个，主要分布在增城、从化、花都及南沙

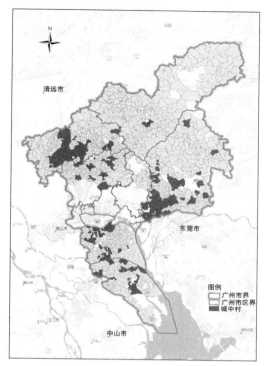

图 2-17　城中村空间分布图

图 2-18　城边村空间分布图

（图 2-19）。村域总面积 3 861 km²，占村庄总面积的 67.57%。该类型村庄较少受到城镇的直接带动或辐射影响，村民仍然保留着传统的农耕生产和生活方式，因此，用地、人口均较为分散。2012 年户籍人口 135.1 万人，人口密度 419 人 / km²；非户籍人口 26.79 万人，非户籍 / 户籍人口比例为 0.2。人均纯收入 9 770 元，低于全市的平均水平。

　　远郊村经济发展以水稻种植、水产养殖、果蔬栽培等方式为主，村均集体财务收入仅有 164 万元，集体经济项目较少，难以独立支撑农村各项建设的发展。由于远郊村地处偏远，经济发展缓慢，村庄建设水平较低，泥砖房数量超过 28.8 万间，占总住宅数量的 33.8%，泥砖房改造的任务十分艰巨。

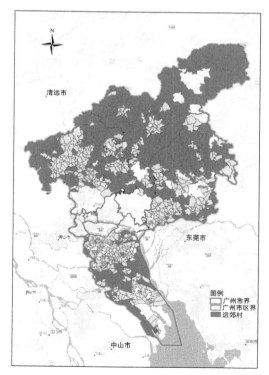

图 2-19　远郊村空间分布图

第二节 宏观政策环境

1. 十九大报告中关于实施乡村振兴战略的要求

十九大报告明确指出，农业农村农民问题是关系国计民生的根本性问题，必须始终把解决好"三农"问题作为全党工作重中之重。十九大报告又提出，实施乡村振兴战略，要坚持农业农村优先发展，按照产业兴旺、生态宜居、乡风文明、治理有效、生活富裕的总要求，建立健全城乡融合发展体制机制和政策体系，加快推进农业农村现代化。

把乡村振兴战略放在如此重要的位置，是新时代国家推进"三农"工作的一个明确信号。乡村振兴战略是决胜全面小康社会、开启全面建设社会主义现代化新征程的七大战略支撑之一，也是建设现代化经济体系的六大任务之一。这项战略是党的十九大作出的重大决策，对于加快农业农村发展、促进农村社会进步、传承弘扬中华农耕文明具有重大而深远的意义。对于如何实现乡村振兴，十九大报告提出了新表述，做出了一系列新部署：要求建立健全城乡融合发展体制机制和政策体系，这比之前的城乡统筹发展更加具体；明确第二轮土地承包到期后再延长三十年，给广大农业经营者吃下了一颗"长效定心丸"；提出培养造就一支懂农业、爱农村、爱农民的"三农"工作队伍，精准切中了农村人才短板的要害。

实施乡村振兴战略、加快推进农业农村现代化是农村化解社会主要矛盾的必然选择，意在更好地解决农村发展不充分、城乡发展不平衡等重大问题，加快补上"三农"这块全面建成小康社会的短板。在乡村振兴战略的带领下，未来中国乡村发展必然进入新的历史进程。

2. 十八届三中全会关于农村改革的基本要求

党的十八大报告中提出，要"坚持和完善农村基本经营制度，构建集约化、专业化、组织化、社会化相结合的新型农业经营体系。加快完善城乡发展一体化体制机制，促进城乡要素平等交换和公共资源均衡配置，形成以工促农、以城带乡、工农互惠、城乡一体的新型工农、城乡关系"。

之后的十八届三中全会通过的《关于全面深化改革若干重大问题的决定》（简称《决定》）在农村改革方面，以赋予农民更多权益、推进城乡发展一体化为主线，推进家庭经营、集体经营、合作经营、企业经营共同发展。《决定》赋予农民土地承包经营权抵押、担保权能，允许农民以承包经营权入股发展农业产业化经营；鼓励承包经营权向农业企业流转，允许财政补助形成的资产转交合作社持有和管护；鼓励和引导工商资本到农村发展适合企业化经营的现代种养业；赋予农民对集体资产股份占有、收益、有偿退出及抵押、担保、继承权，选择若干试点推进农民住房财产权抵押、担保、转让，保障农民工同工同酬，保障农民公平分享土地增值收益；鼓励社会资本投向农村建设，允许企业和社会组织在农村兴办各类事业，把进城落户农民完全纳入城镇住房和社会保障体系、在农村参加的养老保险和医疗保险规范接入城镇社保体系，完善对被征地农民合理、规范、多元保障机制，整合城乡居民基本养老保险制度、基本医疗保险制度，推进城乡最低生活保障制度统筹发展；改革农业补贴制度，建立财政转移支付同农业转移人口市民化挂钩机制，赋予农民更多财产权利。而后的十八届五中全会又提出："推动城乡协调发展，健全城乡发展一体化体制机制，健全农村基础设施投入长效机制，推动城镇公共服务向农村延伸，提高社会主义新农村建设水平。"这些重大论断和政策突破，必将对我国农村改革发展产生重大而深远的影响（图2-20）。

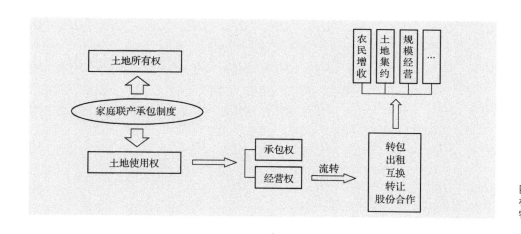

图2-20 新一轮农村政策制度改革的特点

3. 新型城镇化的要求

党的十八大报告中明确提出工业化、信息化、城镇化和农业现代化是全面建成小康社会的载体，新型城镇化要以服务在此居住和生活的人为中心，以产业吸引人才居住。新型城镇化对于破解中国二元经济结构具有推动作用，其特色就是要由偏重城市发展向注重城乡一体化发展转变。也就是说，要由原来的"重城轻乡""城乡分治"，转变为城乡一体化发展；并且从改革角度来看，要由原来的重单项突破，改变为大力推进户籍、保障、就业等综合配套体制改革。其核心在于不以牺牲农业、生态和环境为代价，着眼农民，涵盖农村，实现城乡基础设施一体化和公共服务均等化，促进经济社会发展，实现共同富裕。最终村庄走上非工业化道路，实现乡村现代化。乡村现代化体现在以下几个方面：

（1）乡村产业现代化与传统产业的传承发展

乡村经济建设的现代化，依赖于乡村产业现代化的发展，主要指农业现代化、乡镇企业现代化发展，以及乡村第三产业的发展，其中第三产业的发展则主要依赖于观光农业与乡村旅游为代表的相关服务产业的发展。

（2）乡村生活方式现代化与慢生活方式的保持

在乡村引进先进、健康、文明的现代生活方式的同时，要摒弃一些不利于健康的生活方式，积极引导村民融入现代生活，建设乡村生活新风尚，建立良好的邻里关系，提倡淳朴善意的人际交往方式。

（3）乡村文化现代化与乡村传统文化的传承

要开展丰富多样有益身心的乡村文化活动，抑制不良的生活现象。随着乡村经济发展以及社会生活的快速变化，许多传统乡村文化正在急剧流失，传统文明的流失是乡村文化发展的一大损失。保护与发展传统乡村文化、继承优秀的乡村民风民俗与传统技艺迫在眉睫。

（4）乡村现代社会组织与宗族传统自治能力

对于中国乡村社会的治理，我们需要重新思考，如何根据中国乡村政治文化的特点，充分利用宗法意识与宗族结构，建构官民共治的乡里制度，积极主动利用巨大的宗族内聚力，将国家权力渗透到乡村社会，从而实现对乡里社会的有效影响，促进区域稳定与繁荣。

（5）乡村人居环境现代化与生态景观的留存

新型城镇化要求以生态文明引领城镇化建设，要建立绿色宜居环境，保护乡村景观。十八大报告中提出"从源头上扭转生态环境恶化趋势"的目标，提出"给自然留下更多修复空间，给农业留下更多良田，给子孙后代留下天蓝、地绿、水净的美好家园"的愿景。

4. 美丽乡村建设的要求

党的十六届五中全会提出了社会主义新农村建设的重大历史任务，同时提出"生产发展、生活宽裕、乡风文明、村容整洁、管理民主"等新农村建设的具体要求，作为美丽乡村建设的基础条件。"美丽乡村"是以天蓝、地绿、水净，安居、乐业、增收为特征，以促进农业生产发展、人居环境改善、生态文化传承、文明新风培育为目标的新农村。但"美丽乡村"不只是外在美，更要美在发展。

要不断壮大集体经济、增加村委会财务收入，进而更好地为民办实事，带领农民致富，推动"美丽乡村"建设向更高层级迈进，真正成为惠民利民之举。

"美丽乡村"建设更重视村落风貌整治并在规划方面提出的新要求。村容村貌整治规划不仅可以优化村庄人居环境，还可以有效保持乡土风貌，同时对村落旅游业的发展产生重大影响。例如在卫生整治方面可以实行"户集、村收、乡镇中转、县区统一处理"的垃圾处理网络，注重乡村绿化，提升重要节点的景观，体现地域特色，并对于具有历史、科研、观赏价值的古建筑在保护的前提下作为旅游资源加以开发利用。

《广州市美丽乡村试点建设工作方案》（2012年）提出"美丽乡村"工作建设重点：一是加强基层组织建设，发挥村民在美丽乡村建设过程中的主体作用；二是规划先行，全面开展村容村貌综合整治；三是完善村庄基础设施和公共服务设施；四是建立对口帮扶机制。同时，强调村庄规划与上层规划的对接；尊重农民意愿，鼓励农民参与，打造"阳光规划"；总结"美丽乡村"试点村规划编制经验，拟定全市美丽乡村规划编制指引，推动规划"落地"。广州市于2016年底实现了全市122个行政村（或社区）完成"美丽乡村"的创建工作。

第三节　核心政策体系

1. 规划编制与管理政策

根据城市规划编制和程序管理政策要求，结合广州市近几年村庄规划的趋势，本书从用地规划、"旧村"改造、历史村落保护、基础设施建设、村庄分类政策、规划管理等6个方面来梳理解读现行相关政策（图2-21）。

本次梳理共搜集全国、广东省、广州市及区现行村庄规划管理政策69条（表2-2），其中全国层面的21条，广东省层面的12条，广州市层面的28条，区层面的8条。根据村庄规划管理内容进行分类，综合性的法律、法规、指导意见、编制指引等23条，关于用地规划的7条，关于"旧村"（三旧）改造规划建设的10条，关于历史村落保护的7条，关于基础设施建设的6条，关于村庄分类政策的3条，关于村庄规划管理的13条。

从统计数量上看，现行村庄规划管理政策以全国层面政策为主，广东省层面和区层面较少，广州市层面数量较多（图2-22）。从政策指导的内容上看，综合性的政策占大多数，其他各类数量较为平均（图2-23）。

图 2-21 农村规划编制与管理政策核心要素

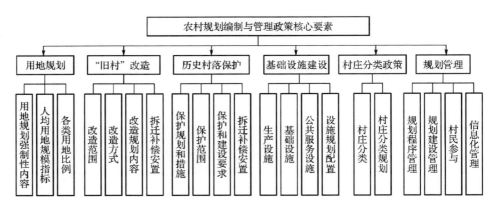

表 2-2　国家、广东省、广州市现行村庄规划编制与管理政策收集

政策分类	地区	政策名称	实施时间
综合性	国家	《村庄和集镇规划建设管理条例》	1993 年 11 月
		《村镇规划编制办法》	2000 年 2 月
		《中共中央 国务院关于推进社会主义新农村建设的若干意见》	2005 年 12 月
		《镇规划标准》	2007 年 5 月
		《中华人民共和国城乡规划法》	2008 年 1 月
		《村庄整治规划编制办法》	2013 年 12 月
		《关于全面深化农村改革加快推进农业现代化的若干意见》	2014 年 1 月
		《国务院办公厅关于改善农村人居环境的指导意见》	2014 年 5 月
	省	《中共广东省委办公厅广东省人民政府办公厅关于建设宜居城乡的实施意见》	2009 年 7 月
		《广东省村庄整治规划编制指引》	2011 年 1 月
		《关于打造名镇名村示范村带动农村宜居建设的意见》	2011 年 6 月
		《广东省创建幸福村居提升宜居水平工作方案等六个工作方案的通知》	2012 年 10 月
		《广东省城乡规划条例》	2013 年 5 月
	市	《广州市村镇建设管理规定》	2001 年 3 月
		《广州市城市规划管理技术标准与准则——城乡规划篇》	2005 年 9 月
		《广州市城乡规划技术规定（试行）》	2012 年 7 月
		《广州市美丽乡村试点建设工作方案》	2012 年 8 月
		《广州市村庄规划编制指引（试行）》	2013 年 6 月
		《广州市村庄规划编制实施工作方案》	2012 年 12 月
		《广州市村庄规划编制技术指引》	2013 年 6 月
		《广州市村庄布点规划编制技术指引》	2013 年 6 月

续表

政策分类	地区	政策名称	实施时间
综合性	区	《从化市（现从化区）美丽乡村建设实施方案》	2012 年 11 月
		《从化市（现从化区）村庄规划编制指引》	2013 年 4 月
用地规划	国家	《村镇规划标准》（废止）	1994 年 6 月
		《镇规划标准》	2007 年 3 月
		《村庄规划标准》（征求意见稿）	2011 年
	省	《广东省城市规划指引——村镇规划指引》	1999 年 6 月
	市	《广州市村庄规划编制技术指引》	2013 年 6 月
		《广州市村庄规划编制指引（试行）》	2013 年 6 月
	区	《从化市（现从化区）村庄规划编制指引》	2013 年 4 月
旧村改造	省	《关于"城中村"改制工作的若干意见》	2002 年 5 月
		《关于完善"农转居"和"城中村"改造有关政策问题的意见》	2008 年 5 月
		《广东省人民政府关于推进"三旧"改造促进节约集约用地的若干意见》	2009 年 8 月
		《广东省国土资源厅关于"三旧"改造工作实施意见的通知》	2009 年 11 月
	市	《关于广州市推进"城中村"（旧村）整治改造的实施意见》	2008 年 5 月
		《广州市人民政府关于加快推进"三旧"改造工作的意见》	2009 年 12 月
		《广州市"城中村"改造规划指引（试行）》	2011 年 3 月
	区	《增城市（现增城区）"三旧"改造实施办法》	2010 年 5 月
		《从化市（现从化区）"三旧"改造实施意见》	2010 年 7 月
		《增城市（现增城区）人民政府关于印发实施"三旧"改造工作补充办法的通知》	2013 年 4 月
历史村落保护	国家	《历史文化名城名镇名村保护条例》	2008 年 7 月
		《历史文化名城名镇名村保护规划编制要求（试行）》	2012 年 11 月
		《传统村落保护发展规划编制基本要求（试行）》	2013 年 9 月
		《关于切实加强中国传统村落保护的指导意见》	2014 年 4 月
		《关于做好中国传统村落保护项目实施工作的意见》	2014 年 9 月
	市	《广州历史文化名城保护条例》	1999 年 3 月
		《广州市传统村落村庄规划历史文化保护专项规划编制要求》	2013 年 6 月
基础设施建设	国家	《关于印发加快推进农村地区可再生能源建筑应用的实施方案的通知》	2009 年 7 月
	市	《关于进一步加强我市农村生活垃圾收运处理工作的实施方案》	2012 年 11 月

政策分类	地区	政策名称	实施时间
基础设施建设		《广州市城乡照明管理办法》	2013 年 1 月
		《广州市村庄规划领导小组办公室关于补充村庄规划公共配套服务设施相关要求的通知》	2014 年 7 月
		《广州市村庄规划领导小组办公室关于将农村老年人活动站点和五保村纳入村庄规划的函》	2014 年 7 月
	区	《从化市（现从化区）人民政府办公室关于切实加快推进农村生活垃圾再生资源收集网点建设的通知》	2013 年 11 月
村庄分类政策	市	《广州市村庄发展战略规划》	2011 年 10 月
		《广州市村庄规划编制实施工作方案》	2012 年 12 月
		《广州市村庄规划编制指引（试行）》	2013 年 6 月
规划管理	国家	《规范城乡规划管理工作指导意见》	2009 年 10 月
		《中华人民共和国村民委员会组织法》	2010 年 10 月
		《乡村建设规划许可实施意见》	2014 年 1 月
		《住房城乡建设部关于建立全国农村人居环境信息系统的通知》	2014 年 5 月
	省	《广东省建设系统"三库一平台"管理信息服务系统建设管理办法》	2009 年 6 月
		《广东省贯彻落实〈规范城乡规划管理工作指导意见〉实施方案》	2010 年 1 月
	市	《广州市城乡规划程序规定》	2011 年 12 月
		《广州市违法建设查处条例》	2012 年 11 月
		《广州市村庄规划管理信息平台研发和建设工程方案》	2013 年 6 月
		《广州市村庄规划"村民参与"指引手册》	2013 年 9 月
		《广州市村庄规划村民参与实施工作方案》	2013 年 9 月
		《广州市村庄规划成果制图规范及成果提交规范》	2014 年 1 月
	区	《从化市（现从化区）"三旧"改造审批办法》	2011 年 12 月

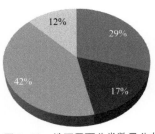

图 2-22 地区层面分类数量分布图

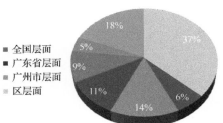

图 2-23 按政策内容分类数量分布图

2. 土地政策

现行农村土地政策主要根据国家、广东省、广州市国土部门制定的农村土地管理的相关法律、法规、规章及通知等，涉及的政策非常广泛。本书选取与农村规划建设相关度较高的政策进行研究，并将这些政策按照集体土地确权登记、留用地、集体土地流转和土地开发整理等4个方面进行解读（图2-24）。

本次梳理共搜集全国、广东省、广州市及区现行村庄规划土地政策37条（表2-3），其中全国层面的24条，广东省层面的13条，广州市层面的15条，区层面的1条（图2-25）。根据村庄规划土地政策内容分类，综合性的法律、法规、指导意见、编制指引等5条，关于集体土地确权登记的10条，关于征地补偿及留用地政策的7条，关于土地承包、经营、流转的8条，关于土地开发整理的7条（图2-26）。

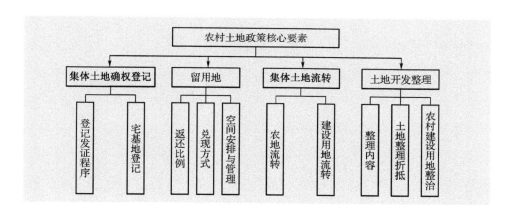

图 2-24 农村土地政策核心要素

表 2-3 广州市土地政策依据

政策分类	政策名称	实施时间
综合	《中华人民共和国土地管理法》	2004 年 8 月
	《中华人民共和国土地管理法实施条例》	2014 年 7 月
	《国土资源部关于贯彻执行〈中华人民共和国土地管理法〉和〈中华人民共和国土地管理法实施条例〉若干问题的意见》	1999 年 9 月
	《广东省实施〈中华人民共和国土地管理法〉办法》	2009 年 1 月 1 日
	《国务院〉关于深化改革严格土地管理的决定〉》	2004 年 10 月
集体土地确权登记	《国家土地登记规则》	1996 年 2 月
	《广州市农村房地产权登记规定》	2001 年 7 月
	《广州市农村房地产权登记规定》实施细则	2001 年 7 月

政策分类	政策名称	实施时间
集体土地确权登记	《关于印发〈广州市农村土地登记发证工作方案〉的通知》	2003 年 6 月
	《农村集体土地使用权抵押登记的若干规定》	2004 年 2 月
	《广东省国土资源厅关于进一步加快集体土地所有权登记发证工作的通知》	2003 年 1 月
	《确定土地所有权和使用权的若干规定》	2005 年 1 月
	《广东省农村土地登记规则》	2008 年 1 月
	《广州市集体土地及房地产登记规范（试行）》（已废止）	2011 年 7 月
	《关于加快推进农村集体土地确权登记发证进一步推动节约集约用地试点示范工作的通知》	2011 年 9 月
留用地	《广东省征收农民集体所有土地各项补偿费管理办法》	2009 年 1 月
	《关于完善征地补偿安置制度的指导意见》	2004 年 11 月
	《广东省国土资源厅关于试行征地补偿款预存制度的通知》	2005 年 10 月
	《广东省国土资源厅关于深入开展征地制度改革有关问题的通知》	2008 年 4 月
	《广东省征收农村集体土地留用地管理办法》（试行）	2010 年 1 月
	《广州市花都区征收农村集体土地补偿办法》（已废止）	2011 年 7 月
	《关于贯彻实施〈广东省征收农村集体土地留用地管理办法（试行）〉的通知》	2012 年 2 月
集体土地流转	《中华人民共和国农村土地承包法》	2003 年 3 月
	《关于征地农转非工作的通知》	2004 年 11 月
	《广东省人民政府〈关于试行农村集体建设用地使用权流转的通知〉》	2003 年 6 月
	《广东省集体建设用地使用权流转管理办法》	2005 年 10 月
	《广州市国土资源和房屋管理局〈关于规范和加快农村集体建设用地报批工作的通知〉》	2008 年 12 月
	《广州市保障性土地储备办法》	2009 年 12 月
	《国土资源部农业部〈关于完善设施农用地管理有关问题的通知〉》	2010 年 9 月
	《广州市集体建设用地使用权流转管理试行办法》	2011 年 10 月
土地开发整理	《广东省人民政府〈关于加强非农业建设闲置土地管理的通知〉》	1999 年 1 月
	《关于加强农村宅基地管理的意见》	2004 年 11 月
	《关于加强和改进土地开发整理工作的通知》	2005 年 3 月
	《广州市人民政府办公厅〈关于统筹解决我市各区农村留用地遗留问题的意见〉》	2009 年 10 月
	《土地复垦条例》	2011 年 3 月
	《广州市城乡统筹土地管理制度改革创新方案》	2012 年 11 月
	《土地复垦条例实施办法》	2013 年 3 月

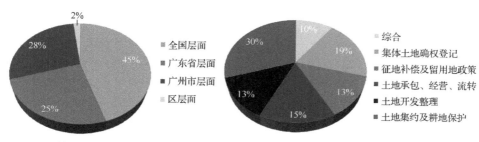

图 2-25　按地区层面分类统计情况图　　　　　图 2-26　按政策内容分类统计情况图

3. 农村建房政策

根据农村住房的现状，从宅基地申请、规划建设、房产确权、改造建设等一系列流程需要，结合广州市近几年村庄规划和建设的趋势，本书从宅基地管理、住宅规划建设、房地产权登记、危房改造等4个方面来梳理解读现行相关农村住房政策（图2-27）。

本次梳理共搜集全国、广东省、广州市及区现行村庄住房政策35条（表2-4），其中全国层面的9条，广东省层面的8条，广州市层面的12条，区层面的6条（图2-28）。根据住房政策内容分类，综合性的政策5条，关于宅基地管理的8条，关于住宅规划建设的10条，关于房地产权登记的5条，关于危房改造的7条（图2-29）。

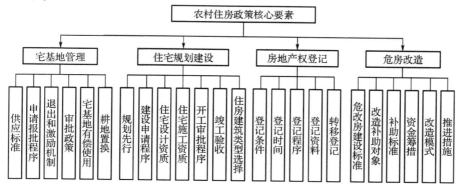

图 2-27　农村住房政策核心要素

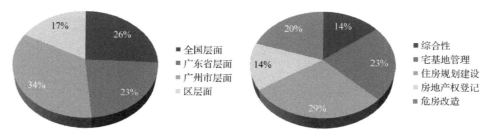

图 2-28　按地区层面分类数量分布图　　　　　图 2-29　按政策内容分类数量分布图

表 2-4 广州市住房政策依据

政策分类	政策名称	实施时间
综合性政策	中华人民共和国土地管理法	2004 年 8 月
	关于改善农村人居环境的指导意见	2014 年 5 月
	关于加快形成城乡经济社会发展一体化新格局的实施意见	2009 年 1 月
	印发《关于加快形成城乡经济社会发展一体化新格局的实施意见》5 个配套文件的通知	2009 年 5 月
	关于广州市城乡统筹土地管理制度创新试点的实施意见	2012 年 11 月
宅基地管理政策	确定土地所有权和使用权的若干规定	1995 年 5 月
	关于加强农村宅基地管理的意见	2004 年 11 月
	广东省集体建设用地使用权流转管理办法	2005 年 10 月
	广东省实施《中华人民共和国土地管理法》办法	2008 年 4 月
	广东省农村土地登记规则	2008 年 8 月
	广州市农村村民住宅建设用地管理规定	2001 年 10 月
	广州市人民政府办公厅关于土地节约集约利用的实施意见	2014 年 3 月
	番禺区行政村村民宅基地使用方案编制指南	2013 年 4 月
住宅规划建设政策	村庄和集镇规划建设管理条例	1993 年 11 月
	农村住房建设技术政策（试行）	2011 年 9 月
	关于进一步加强村镇规划建设管理工作的通知	1998 年 3 月
	广东省建设厅关于开展社会主义新农村住宅设计竞赛的通知	2009 年 8 月
	广州市村镇建设管理规定	2001 年 3 月
	广州市农村村民住宅规划建设工作指引（试行）	2012 年 11 月
	白云区农村住宅规划建设实施意见	2013 年 4 月
	广州市花都区农村村民住宅规划建设管理（试行）办法	2010 年 8 月
	番禺区实施《广州市农村村民住宅规划建设工作指引（试行）》工作方案	2013 年 8 月
	从化市（现从化区）农村村民住宅规划建设工作指引（试行）	2014 年 5 月
房地产权登记政策	房屋登记办法	2008 年 7 月
	广州市农村房地产权登记规定	2001 年 7 月
	广州市农村房地产权登记规定实施细则	2001 年 7 月
	广州市集体土地及房地产权登记规范（试行）	2011 年 7 月
	关于白云区"城中村"转制改造中土地房产权属登记实施意见	2003 年 5 月

政策分类	政策名称	实施时间
危房改造政策	农村危房改造最低建设要求（试行）	2013 年 7 月
	关于做好 2014 年农村危房改造工作的通知	2014 年 6 月
	关于认真做好我省农村低收入住房困难户核查和确认工作的通知	2009 年 10 月
	关于推进我省农村低收入住房困难户住房改造建设工作的意见	2011 年 3 月
	广东省农村低收入住房困难户住房改造建设实施细则	2011 年 5 月
	广州市房屋安全管理规定	2010 年 2 月
	广州市改造农村泥砖房和危房三年工作方案	2014 年 5 月

4. 农村产业政策

　　根据农村产业构成、组织管理和扶持需要，结合广州市近几年村庄规划和建设的趋势，本书从农业现代化发展，乡村旅游、农村物流等第三产业，农业资金、补贴、保险，农业生产经营组织管理等 4 个方面来梳理解读现行相关农村产业政策（图 2-30）。

　　本次梳理共搜集全国、广东省、广州市及区现行农村产业政策 45 条（表 2-5），其中全国层面的 19 条，广东省层面的 11 条，广州市层面的 12 条，区层面的 3 条（图 2-31）。根据农村产业政策内容分类，关于农业现代化发展的 9 条，关于乡村旅游、农村物流等第三产业的 9 条，关于农业资金、补贴、保险的 16 条，关于农业生产经营组织管理的 11 条（图 2-32）。

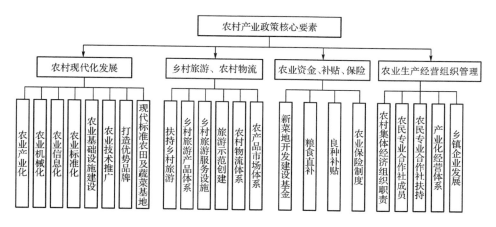

图 2-30　农村产业政策核心要素图

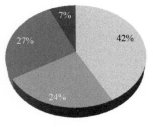

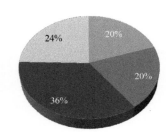

图 2-31 按地区层面分类数量分布图   图 2-32 按政策内容分类数量分布图

表 2-5 广州市产业政策依据

政策分类	政策名称	实施时间
农业现代化发展	中华人民共和国农业技术推广法	2013 年 1 月
	中华人民共和国农业法	2003 年 3 月
	关于印发全国现代农业发展规划（2011—2015 年）的通知	2012 年 1 月
	2014 年国家深化农村改革、支持粮食生产、促进农民增收政策措施	2014 年 4 月
	广东省现代标准农田建设标准（试行）	2008 年 4 月
	广东省农业和农村经济社会发展第十二个五年规划纲要	2011 年 6 月
	广州市蔬菜基地管理规定	1996 年 5 月
	广州市农业和农村经济发展第十二个五年规划	2011 年 10 月
乡村旅游、农村物流等第三产业	国务院关于促进流通业发展的若干意见	2005 年 6 月
	关于推动农村邮政物流发展意见的通知	2009 年 5 月
	国务院关于加快发展旅游业的意见	2009 年 12 月
	农业部 国家旅游局关于继续开展全国休闲农业与乡村旅游示范县、示范点创建活动的通知	2013 年 3 月
	广东省旅游发展规划纲要（2011—2020 年）	2012 年 7 月
	关于开展全省休闲农业与乡村旅游示范镇、示范点创建活动的通知	2014 年 8 月
	特色乡村旅游区（点）服务规范	2008 年 9 月
	关于加快我市旅游业发展建设旅游强市的意见	2009 年 10 月
	增城市（现增城区）人民政府办公室关于加强农家乐规范管理工作的通知	2013 年 8 月
农业资金、补贴、保险	国家建设征用菜地缴纳新菜地开发建设基金暂行管理办法	1985 年 4 月
	关于进一步完善对种粮农民直接补贴政策的意见	2005 年 2 月
	中央财政现代农业生产发展资金管理办法	2013 年 2 月

续表

政策分类	政策名称	实施时间
农业资金、补贴、保险	农业保险条例	2013 年 3 月
	关于做好 2014 年中央财政农作物良种补贴工作的通知	2014 年 8 月
	广东省农业技术推广奖励试行办法	1989 年 12 月
	关于大力推广政策性涉农保险的意见	2012 年 5 月
	关于进一步做好对种粮农民直接补贴工作的通知	2012 年 7 月
	广东省现代农业生产发展项目中央和省级财政资金使用管理细则（修订）	2013 年 8 月
	广东省 2014 年中央财政水稻、玉米、小麦良种补贴项目实施方案	2014 年 9 月
	关于印发广州市对种植水稻的直接补贴实施办法和广州市种粮大户补贴方案的通知	2007 年 10 月
	广州市新菜地开发建设基金征收办法	2010 年 9 月
	关于印发广州市开展政策性水稻种植保险试点工作实施意见的通知	2011 年 6 月
	关于印发广州市农业项目与资金管理办法的通知	2013 年 9 月
	从化市（现从化区）2014 年实施中央财政农业机械购置补贴政策	2014 年 9 月
	番禺区农业局关于做好 2013 年对种粮农民直接补贴工作的通知	2013 年 4 月
农业生产经营组织管理	关于促进乡镇企业持续健康发展报告	1992 年 3 月
	中华人民共和国乡镇企业法	1997 年 1 月
	中华人民共和国农民专业合作社法	2007 年 7 月
	农民专业合作社登记管理条例	2007 年 7 月
	全国乡镇企业发展"十二五"规划	2011 年 5 月
	广东省农村集体经济审计条例	1999 年 5 月
	广东省农村集体经济组织管理规定	2006 年 8 月
	广州市农村集体经济审核规定	1995 年 12 月
	关于加强和推进我市乡镇企业工作的通知	1997 年 4 月
	关于支持和促进农民专业合作社发展的若干意见	2011 年 6 月
	关于规范农村集体经济组织管理的若干意见	2014 年 10 月

第三章 规划编制与管理政策

第一节 历史演变脉络

1. 起步和奠基阶段

在起步和奠基阶段以确定村庄规划管理的基本原则为主要内容。现行规划管理政策中实施时间最早的是 1993 年的《村庄和集镇规划建设管理条例》，其作为国家层面的基本政策，从村庄规划制定、实施、施工管理、房屋、公共设施、村容镇貌和环境卫生管理等方面规范了村庄建设的各个程序，打下了省级、市级村庄规划建设政策的基础。从政策体系来看，此时实施的政策集中在基础性的政策阶段。在该政策指引下，广州市以中心村为重点开展了第一阶段的村庄规划建设。

2. 兴起和确定阶段

在兴起和确定阶段，确定了新农村建设兴起和村庄规划的法律地位。2006 年，中央一号文件《中共中央 国务院关于推进社会主义新农村建设的若干意见》将新农村建设提升至国家战略地位，城乡建设的重点首次从城市转移到农村，农村的社会经济发展和人居环境的提升成为我国体现发展成果共享的一个重要措施。至此，全国开始第一轮新农村规划。2006 年至 2012 年，相关的规划建设的政策急剧增加，达 11 个，多于 2006 年前的 6 个。新农村规划着重于提高农业综合生产能力，加强农村基础设施建设、农村基础教育建设以及对农民培训的投入，提高农民素质，提升农村自身发展的能力；基础设施建设强调农田水利工程建设以及加强村庄规划和人居环境治理。同时，"三旧"改造兴起，关于城中村、城郊村等旧村整治改造的相关政策也开始增多。从政策体系来看，与2006年前比较，这个阶段政府颁布了更多的法律法规、村庄规划内容分类政策和实施细则，对村庄规划建设的各方面全面、系统、针对性、规范性地指导建设。2008年，《城乡规划法》的颁布将村庄规划提升到法定规划的地位，并从法律上规定了城乡规划的制定、实施、修改、监督检查和法律责任，保障村庄规划的实施。

3. 提升和细化阶段

这一阶段主要对"美丽乡村"和新一轮村庄规划、专项规划提出指引。在前一阶段新农村建设中，经济较发达地区的农村基本实现了全面提升。在此基础上，2012年，党的十八大明确新型城镇化的发展路径，提出"城镇化和农业现代化相互协调，促进工业化、信息化、城镇化、农业现代化同步发展"，确定了"以城带乡、以工促农"的城乡统筹发展道路。全国开始第二轮大规模的村庄规划编制，广州市以"美丽乡村"工程开展村庄建设，发展重点转向村庄配套设施现代化和均等化、村容镇貌整治和农业产业化，强调通过村庄美化和设施完善工程，以及农村旅游业、工业的发展加强城乡联系。这一阶段，广州市针对村庄规划建设的各类专项制定了较详细的规划编制、实施和管理指引，包括《从化市（现从化区）美丽乡村建设实施方案》《村庄整治规划编制办法》《广州市城乡照明管理办法》《住房城乡建设部关于建立全国农村人居环境信息系统的通知》等（图3-1）。

从政策体系来看，2013年广东省实施《广东省城乡规划条例》，该条例是对《中华人民共和国城乡规划法》在地方具体实施的延伸和细化，在城乡规划的制定和修改、城乡规划的实施、历史文化和自然风貌的保护、监督检查和法律责任等方面进行了一系列细化和补充，使法规更具地方特色和操作性。

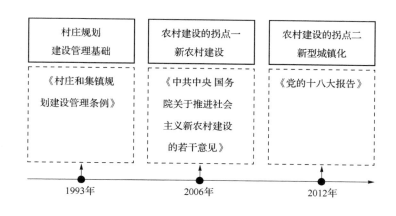

图3-1 现行村庄规划编制与管理政策时间梳理

第二节　政策依据及核心内容

1. 用地规划政策

1）政策依据

①国家层面。《中华人民共和国城乡规划法》《村庄和集镇规划建设管理条例》《村镇规划编制办法》等法律条例将用地规模、用地布局和用地边界作为规划编制的强制性内容。在规划编制层面，用地规划的政策指引主要集中在规划编制指引中，包括《镇规划标准》等。

②广东省层面。该层面从法律上规定城乡建设用地规划和土地利用规划的强制性内容，包括《广东省城乡规划条例》《广东省村庄整治规划编制指引》等。

③广州市层面。该层面既有法律的强制规定，又有规划编制指引对人均用地规模的具体要求。相关政策包括《广州市城乡规划技术规定》《广州市城市规划管理技术标准与准则——城乡规划篇》《广州市村庄规划编制指引（试行）》《广州市村庄布点规划编制技术指引》等。

④区层面。《从化市（现从化区）村庄规划编制指引》。

2）核心内容

（1）用地规划强制性内容

①国家层面。村庄规划的内容应当包括规划区范围，住宅、道路、供水、排水、供电、垃圾收集、畜禽养殖场所等农村生产、生活服务设施，公益事业等的用地布局、建设要求。

②广东省层面。编制近期建设规划和年度实施计划，应当依据总体规划的要求，提出规划年限内的建设用地安排，确定近期和年度的重点建设项目，明确其空间分布和建设时序。

③广州市层面。编制城乡规划应当划定紫线、红线、绿线、蓝线、黄线、黑线等"六线"，并提出相关规划控制要求。规划区内的土地利用和各项建设应当遵守"六线"规划控制要求。城市总体规划综合协调市区与近郊区村镇的各项建设，统筹安排近郊区村镇的各项主要用地，划定需要保留和控制的绿色空间。

村庄建设区包括农村居民点和各类配套设施用地以及部分布置在居民点内部的零散的商业、加工业等产业用地。

根据对村庄未来人口与经济发展设想，明确规划期内各类用地布局。村庄用地类型主要包括住宅用地、新增住宅用地、行政办公用地、商业用地、教育用地、体育用地、公共服务设施用地、文物古迹用地、工业用地、旅游发展用地、公共绿地、环卫设施用地、供电设施用地、设施农用地、水域、耕地、原地、林地等。

在村庄布点规划确定的各村庄建设用地指标的基础上，确定规划期内与土地利用规划用地指标动态平衡、增减挂钩的措施与实施路径，确保村庄规划与土地利用规划的协调。

④区层面。从化区：根据对村庄未来人口与经济发展设想，明确规划期内各类用地（包括住宅用地、行政办公用地、商业用地、教育用地、体育用地、公共服务设施用地、文物古迹用地、工业用地、旅游发展用地、公共绿地、环卫设施用地、供电设施用地等）布局，明确各类用地的界线。具体用地分类可根据各村庄实际发展需要，因地制宜，进行增加或减少。在村庄布点规划确定的各村庄建设用地规模的基础上，确定规划期内与土地利用规划用地规模动态平衡的措施与实施路径，确保村庄规划与土地利用规划的协调。鼓励积极探索村庄用地混合与兼容的可能性，满足村庄发展具体建设项目和用地性质的不确定性要求。

（2）人均用地规模指标

国家层面的《镇规划标准》为 60~140 m²/ 人（表 3-1）。

表 3-1　《镇规划标准》中人均建设用地指标

级别	一	二	三	四
人均建设用地指标（m²/ 人）	（60，80]	（80，100]	（100，120]	（120，140]

《村镇规划标准》目前已废止，但部分地区仍沿用，并作为参考值，规定人均建设用地指标为 50 ~ 150 m²/ 人（表 3-2）。

表 3-2　《村镇规划标准》中人均建设用地指标

级别	一	二	三	四	五
人均建设用地指标（m²/ 人）	（50，60]	（60，80]	（80，100]	（100，120]	（120，150]

（3）各类用地比例

《镇规划标准》中各类用地比例如表 3-3 所示。

表 3-3　《镇规划标准》中各类用地比例

类别代号	类别名称	占建设用地比例（%）	
		中心镇镇区	一般镇镇区
R	居住建筑用地	28~38	33~43
C	公共建筑用地	12~20	10~18
S	道路广场用地	11~19	10~17
G1	公共绿地	8~12	6~10
四类用地之和		59~89	59~88

《村镇规划标准》已废止，但部分地区仍沿用，作为参考值，如表3-4所示。

表 3-4　《村镇规划标准》各类用地比例

类别代号	用地类别	占建设用地比例（%）
		中心村
R	居住建筑用地	55~60
C	公共建筑用地	6~12
S	道路广场用地	9~16
G1	公共绿地	2~4
四类用地之和		72~92

2."旧村"改造政策

1）政策依据

2008 年，根据时任总理温家宝同志提出的希望广东成为全国节约集约利用土地示范省的重要指示精神，原国土资源部和广东省决定联合共建节约集约用地试点示范省，相关政策以广东省及以下层面为主，作为试点政策加以实施。从土地管理理念、方式和手段上促进经济社会转型发展，这是建设用地管理制度的重大创新，具有全局和深远意义。

①广东省层面。《广东省人民政府关于推进"三旧"改造促进节约集约用地的若干意见》《广东省国土资源厅关于"三旧"改造工作实施意见的通知》。

②广州市层面。广州三旧改造规划采取"1+3+N"的规划编制体系，即总体的《广州市"三旧"改造规划纲要》下面还有三个旧城、旧村和旧厂的改造规划，

分别是《广州市旧城更新改造规划》《广州市城中村（旧村）改造规划指引》和《广州市旧厂房改造专项规划》，具体项目的改造计划再根据以上规划进行编制。具体项目的改造计划包括：《关于"城中村"改制工作的若干意见》《关于完善"农转居"和"城中村"改造有关政策问题的意见》《关于广州市推进"城中村"（旧村）整治改造的实施意见》《广州市"城中村"改造规划指引（试行）》《关于加快推进"三旧"改造工作的意见》《关于加快推进"三旧"改造工作的补充意见》《广州市旧村庄更新实施办法》。

③区层面。《增城市（现增城区）"三旧"改造实施办法》《增城市（现增城区）人民政府关于印发实施"三旧"改造工作补充办法的通知》《从化市（现从化区）"三旧"改造实施意见》《从化市（现从化区）美丽乡村建设实施方案》。

2）核心内容

（1）改造范围

①广东省层面。下列可列入"三旧"改造范围：城市市区"退二进三"产业用地；城乡规划确定不再作为工业用途的厂房（厂区）用地；国家产业政策规定的禁止类、淘汰类产业的原厂房用地；不符合安全生产和环保要求的厂房用地；布局散乱、条件落后，规划确定改造的城镇和村庄；列入"万村土地整治"示范工程村庄等。

②广州市层面。改制后的"城中村"，其规划编制、实施管理的各项标准和控制指标按城市规划标准执行，不再执行村镇规划标准。改制后的"城中村"的市政基础设施建设和管理纳入市政统一管理范围。

为提高用地效益，"城中村"改造范围内集体经济发展用地上的集体厂房、商铺、仓储用房等集体物业房屋可与"城中村"一并改造，其使用功能和容积率可按所在区域控制性详细规划要求予以调整优化，不要求按原状改造。

全面改造项目用地范围原则上以旧村的用地范围为基础，结合所在地块的特点和周边路网结构，合理整合集体经济发展用地、废弃矿山用地、国有土地等周边土地资源，实行连片整体改造。连片整体改造涉及的边角地、夹心地、插花地等，允许在符合土地利用总体规划和控制性详细规划的前提下，通过土地位置调换等方式，对原有存量建设用地进行调整使用。

对旧村庄的更新改造，须具备一定的前提条件，即在本市行政区域范围内，符合旧村庄改造政策且纳入城市更新（"三旧"改造）数据库。对旧村庄与其他存量建设用地、零星农用地统筹整理进行成片更新改造，须经市政府同意方可进行。

③区层面。对申请列入"三旧"改造范围的项目，要逐一进行对照，不符合条件的坚决不能列入；对已列入"三旧"改造的项目，必须编制控制性详细规划和改造方案，执行好既定的政策措施。严禁擅自扩大"三旧"改造政策的适用范围，

不得借"三旧"改造的名义，擅自扩大完善历史用地手续的范围；不得将未使用和不进行改造等不属于"三旧"改造范围的用地按照"三旧"改造特殊政策办理有关用地手续。

（2）改造方式

①广东省层面。市、县人民政府为了城市基础设施和公共设施建设或实施城市规划进行旧城区改建需要调整使用土地的，由市、县人民政府依法收回、收购土地使用权，纳入土地储备。土地使用权收购的具体程序、价格确定等，由市、县人民政府依法制定实施办法。土地利用总体规划确定的城市建设用地规模范围外的旧村庄改造，在符合土地利用总体规划和城乡规划的前提下，除属于市、县人民政府应当依法征收的除外，可由农村集体经济组织或者用地单位自行组织实施，并可参照旧城镇改造的相关政策办理，但不得用于商品住宅开发。

②广州市层面。"城中村"改造可采取整体改造、抽疏建筑，打通交通道路和消防通道等多种方式。改造时要按规划同步配套建设市政公用基础设施。小区外的道路、绿化、环卫等市政公建配套设施由政府负责建设，小区内配套基础设施由改造实施主体负责组织建设。主要分以下两种模式：

a. 全面改造模式。对位于城市重点功能区、对完善城市功能和提升产业结构有较大影响的 52 个"城中村"，应按照城乡规划的要求，以整体拆除重建为主实施全面改造。

b. 综合整治模式。对位于城市重点功能区外，但环境较差、公共服务配套设施不完善的"城中村"，以改善居住环境为目的，清拆违章、抽疏建筑，打通交通道路和消防通道，实现"三线"下地、"雨污分流"，加强环境整治和立面整饰，使环境、卫生、消防、房屋安全、市政设施等方面基本达到要求。

广州市实行差异化的旧村改造模式，控制全面改造的"城中村"数量，规定属于 52 个"城中村"且纳入年度实施计划的，可实施全面改造模式。除此之外的，以综合整治模式为主实施改造。若村民申请全面改造，应当经全体村民充分民主协商，报市"三旧"改造工作领导小组纳入年度计划后方可实施。

旧村庄更新改造包括全面改造和微改造两种方式：

a. 全面改造。这是指按照城乡规划的要求，难以通过局部改造改善居住环境、完善城市基础设施，须以整体拆除重建为主实施的更新方式。旧村庄全面改造主要包括以下三种模式：

征收储备：由政府整理土地，负责村民住宅和村集体物业复建安置补偿，整理的土地纳入储备后实施公开出让或用于市政公用设施建设，村集体经济组织不参与土地出让收益分成。自主改造：由村集体经济组织根据批复的项目实施方案自行拆迁补偿安置，由村集体经济组织或其全资子公司申请以协议出让方式获得融资地块开发融资。合作改造：由村集体经济组织根据批复的项目实施方案和制定的拆迁补偿安置方案，通过市公共资源交易中心公开招标引进开发企业合作参与改造，村集体经济组织可申请将融资地块协议出让给原农村集体经济组织与市场主体组成的合作企业；或者通过融资地块公开出让引入合作企业进行改造。

b. 微改造。这是以保护历史文化和自然生态、促进旧村庄和谐发展为目的的更新方式，包含整治修缮和局部改造。整治修缮是对环境较差、公共服务配套设施不完善的旧村庄，以改善居住环境和保护历史文化为目的，通过增加市政公共服务设施，管线下地，打通交通道路、消防通道，对单体建筑进行整治修缮和重建，实现"三线"下地、"雨污分流"，改善人居环境和提升社区功能。局部改造是保持村庄传统特色风貌，改善居住环境，通过局部拆除、抽疏建筑等办法实施的整治。

③区层面。主要包括以下三种改造模式：

成片重建改造模式。对危破房分布相对集中、土地功能布局明显不合理或公共服务配套设施不完善的区域，按照现行城市规划和节约集约高效用地的要求实施成片重建改造。

零散改造模式。对零散分布的危破房或部分结构相对较好但建筑和环境设施标准较低的旧住房，可结合街区综合整治，采取修缮排危、立面整饰等多种方式予以改造。

历史文化保护性整治模式。对历史文化街区和优秀历史文化建筑，应严格按照"修旧如旧、建新如故、抢修为先、合理利用、兼顾发展"的原则进行保护性整治更新，按照文物等级分类进行修缮，以"重在保护、弱化居住"的原则，参照拆迁管理法律法规，合理动迁、疏解历史文化保护建筑的居住人口。

（3）改造规划内容

①广东省层面。制订年度实施计划，明确改造的规模、地块和时序，并纳入城乡规划年度实施计划。涉及新增建设用地的，要纳入土地利用年度计划，依法办理农用地转用或按照城乡建设用地增减挂钩政策规定办理。通过"三旧"改造，进一步推进土地利用总体规划、城乡规划以及产业发展规划的协调和衔接，优化城市功能布局和促进产业转型升级。

②广州市层面。"城中村"改造应尽量保留能充分传承传统建筑风貌和文化特色的房屋、祠堂、街区等建筑，规划设计尽量兼顾延续传统文化特色的建筑和景观。

加快"城中村"全面改造项目范围内的道路和公交线路建设，改善"城中村"居民出行条件。加快全面改造项目范围内水、电、气、排污、环卫、通信等公共服务设施的建设，解决区域水浸隐患，实现"雨污分流"和"三线"下地。道路、公交、公共服务设施建设应当与全面改造项目同步建设、同步配套。全面改造范围内的公共服务设施由改造实施主体负责组织建设。

在"城中村"全面改造中，改造主体应当优先复建补偿安置房，确保被拆迁人员及早入住。旧村未拆除、安置房未建成的，除公共建设配套设施和消防工程外的其他建设项目不得开工建设。

城市更新片区包括旧村庄更新改造的，在片区策划方案中应当明确发展定位、更新策略、产业导向、城市公共配套基础设施设置等内容，进行经济可行性、规划实施可行性的评估，测算安置、复建规模和改造效益。片区策划方案应当将旧村庄的现有居住人口规模纳入统计，计入公共建设配套设施的计算基数，以进一步完善相关配套设施建设。

③区层面。结合"村庄整理"和"三旧改造"，推进"农民住宅社区化"；利用国家"土地增减挂钩"政策，引导农村住宅建设集约节约用地，鼓励统一建设多层公寓式住宅。

划定旧村用地范围，提出旧村改造模式与具体的改造实施方案，可结合农村泥砖房和危房改造工作，明确和统一建设、改造的风格风貌，统筹协调旧村整治与新村建设，充分展现岭南文化特点和岭南民居特点。

（4）拆迁补偿安置

①广州市层面。在"城中村"改造中，村民和村集体原有合法产权部分的物业，原则上由改造主体按 1∶1 的比例进行等面积复建补偿，并由原村集体统筹安置。属于等面积复建的村民住宅、集体物业及新增加配套建设的公益性集体物业，所涉及的有关税费属市权限范围的，相关部门按照"拆一建一免一"的原则给予减免。

确定拆迁补偿安置基准建筑面积的改造项目，住宅房屋被拆迁人选择复建补偿的，被拆迁房屋的建筑面积在基准建筑面积以内的按"拆一补一"给予安置，不足基准建筑面积的部分，被拆迁人可以按安置住房成本价购买，超出基准建筑面积的部分不再实行安置，按被拆迁房屋重置价给予货币补偿。在村民自愿的基础上，超出基准建筑面积部分的货币补偿可折算成股份参与集体物业收益分红。没有确定拆迁补偿安置基准建筑面积的改造项目，住宅房屋被拆迁人选择复建补偿的，被拆迁房屋属合法建筑的部分，按"拆一补一"给予安置，合法建筑外的部分，按建设成本给予货币补偿。被拆迁的合法的非住宅物业原则上由改造主体按"拆一补一"进行等面积复建补偿。

坚决防止产生新的"城中村"。各区政府应当统筹兼顾，疏堵结合，严防区域内发生新的违法建设行为，加强政策宣传与动态巡查，对于新的违法建设，发现一宗查处一宗，杜绝边改造、边违建、边抢建的不良风气。以 2007 年航拍图为基础，对 2007 年 6 月 30 日之后擅自建设的建构筑物一律拆除，不予任何形式的补偿。

②区层面。旧城更新改造范围内住宅房屋的拆迁补偿安置，以被拆迁房屋

的市场评估价为基础，增加一定的改造奖励、套型面积补贴和搬迁奖励。

a. 实行多种补偿安置方式。被拆迁人可根据实际情况自愿选择货币补偿、房屋产权调换安置和货币补偿与房屋产权调换安置相结合的三种方式进行补偿安置，其中房屋产权调换安置包括本地就近安置和异地安置。

b. 多渠道筹措动迁安置房源。各镇街、改造主体要多渠道筹措拆迁安置房源，将部分拆迁安置房源与用于房地产开发的储备土地公开出让有机结合起来，提前加快配套安置商品房规划、建设，鼓励企业提供土地建设安置房。

c. 协议拆迁与行政强制结合。实行"阳光动迁""和谐拆迁"，各级政府要妥善处理好拆迁安置过程中产生的不稳定因素。对于极少数未签订拆迁补偿安置协议的被拆迁人，依法启动行政裁决程序，采取行政强制执行依法生效的行政裁决决定，切实维护社会公共利益和广大群众的合法权益。

3. 历史村落保护政策

1）政策依据

①国家层面。《历史文化名城名镇名村保护条例》《关于切实加强中国传统村落保护的指导意见》《关于做好中国传统村落保护项目实施工作的意见》《历史文化名城名镇名村保护规划编制要求（试行）》《传统村落保护发展规划编制基本要求（试行）》。

②广东省层面。《广东省创建幸福村居提升宜居水平工作方案》等6个工作方案。

③广州市层面。《广州历史文化名城保护条例》《广州市传统村落村庄规划历史文化保护专项规划编制要求》。

2）核心内容

（1）保护规划和措施

①国家层面。保护规划应当包括下列内容：保护原则、保护内容和保护范围；保护措施、开发强度和建设控制要求；传统格局和历史风貌保护要求；历史文化街区、名镇、名村的核心保护范围和建设控制地带；保护规划分期实施方案。

历史文化名城、名镇保护规划的规划期限应当与城市、镇总体规划的规划期限相一致；历史文化名村保护规划的规划期限应当与村庄规划的规划期限相一致。

历史文化名城、名镇、名村应当整体保护，保持传统格局、历史风貌和空间尺度，不得改变与其相互依存的自然景观和环境。历史文化名城、名镇、名村所在地县区级以上地方人民政府应当根据当地经济社会发展水平，按照保护规划，控制历史文化名城、名镇、名村的人口数量，改善历史文化名城、名镇、名村的基础设施、公共服务设施和居住环境。

保护文化遗产。保护村落的传统选址、格局、风貌以及自然和田园景观等整体空间形态与环境。全面保护文物古迹、历史建筑、传统民居等传统建筑，重点修复传统建筑集中连片区。保护古路桥涵垣、古井塘树藤等历史环境要素。保护非物质文化遗产以及与其相关的实物和场所。

合理利用文化遗产。挖掘社会、情感价值，延续和拓展使用功能。挖掘历史科学艺术价值，开展研究和教育实践活动。挖掘经济价值，发展传统特色产业和旅游。

②广东省层面。对古村落，重点开展修复、保护和开发利用规划，突出岭南乡村特色规划设计，保持乡村田园风光和乡村风格风貌，将传统文化与现代文明有机结合，建设岭南新民居；对空心村，进行复垦或绿化建设，结合村庄小公园、文体活动场所等建设，改善农村居住环境和生态条件。

③广州市层面。保护传统的建筑特色和整体的环境风貌。

（2）保护范围

①国家层面。历史文化名村保护规划与村庄规划的范围一致。在综合评估历史文化遗产价值、特色的基础上，结合现状，划定历史文化名城，历史文化街区、名镇、名村的保护范围。历史文化街区、名镇、名村的保护范围包括核心保护范围和建设控制地带。历史文化街区、名镇、名村内传统格局和历史风貌较为完整、历史建筑和传统风貌建筑集中成片的地区应划为核心保护范围，在核心保护范围之外划定建设控制地带。

②广州市层面。市级行政区域内，文物古迹比较集中的区域，或比较完整地体现某一历史时期传统风貌或民族地方特色的街区、建筑群、镇、村寨、风景名胜等，应当划定为历史文化保护区（以下简称保护区）。

（3）保护和建设要求

①国家层面。包括以下保护和建设要求：

a. 保持传统村落的完整性。注重村落空间的完整性，保持建筑、村落以及周边环境的整体空间形态和内在关系，避免"插花"混建和新旧村不协调。注重村落历史的完整性，保护各个时期的历史记忆，防止盲目塑造特定时期的风貌。注重村落价值的完整性，挖掘和保护传统村落的历史、文化、艺术、科学、经济、社会等价值，防止片面追求经济价值。在历史文化名城、名镇、名村保护范围内从事建设活动，应当符合保护规划的要求，不得损害历史文化遗产的真实性和完整性，不得对其传统格局和历史风貌构成破坏性影响。历史文化街区、名镇、名村核心保护范围内的历史建筑，应当保持原有的高度、体量、外观形象及色彩等。在历史文化街区、名镇、名村核心保护范围内，不得进行新建、扩建活动。但是，新建、扩建必要的基础设施和公共服务设施除外。在历史文化街区、名镇、名村核心保护范围内，拆除历史建筑以外的建筑物、构筑物或者其他设施的，应当经所在城市县级以上人民政府城乡规划主管部门会同同级文物主管部门批准。

b. 保持传统村落的真实性。注重文化遗产存在的真实性，杜绝无中生有、照搬抄袭。注重文化遗产形态的真实性，避免填塘、拉直道路等改变历史格局和风貌的行为，禁止没有依据的重建和仿制。注重文化遗产内涵的真实性，防止一味娱乐化等现象。注重村民生产生活的真实性，合理控制商业开发面积比例，严禁以保护利用为由将村民全部迁出。

c. 保持传统村落的延续性。注重经济发展的延续性，提高村民收入，让村民享受现代文明成果，实现安居乐业。注重传统文化的延续性，传承优秀的传统价值观、传统习俗和传统技艺。注重生态环境的延续性，尊重人与自然和谐相处的生产生活方式，严禁以牺牲生态环境为代价过度开发。

d. 严格控制旅游和商业开发项目。旅游、休闲度假等是传统村落保护利用的重要途径，但要坚持适度有序。各地要从村落经济、交通、资源等条件出发，正确处理资源承载力、村民接受度、经济承受度与村落文化遗产保护间的关系，反复论证旅游和商业开发类项目的可行性，反对不顾现实条件一味发展旅游，反对整村开发和过度商业化。已经实施旅游等项目的村落，要加强村落生态保护，严格控制商业开发的面积，尽量避免和减少对原住居民日常生活的干扰，更不得将村民整体或多数迁出，由商业企业统一承包经营，不得不加区分地将沿街民居一律改建为商铺，要让传统村落见人见物见生活。

②广州市层面。在保护区内，新建、扩建、改建各类建（构）筑物和其他设施，应与保护区的传统风貌或民族地方特色相协调，以及符合名城保护的其他要求。

在保护区内，对中华老字号商铺、传统民居、名人故居、纪念性建（构）筑物、近现代优秀建（构）筑物的维修，应保持原状及风貌。

注重岭南特色。保护村庄的自然肌理和历史文化遗存，尊重健康的民俗风情和生活习惯，结合平原、山区、水网地区不同地形地貌特征、农业生产需求以及本地历史文化风貌进行规划布局，提出建筑特色设计要求，重现岭南特色乡村风貌。

4. 基础设施政策

1）政策依据

①国家层面。《关于全面深化农村改革加快推进农业现代化的若干意见》《国务院办公厅关于改善农村人居环境的指导意见》《关于印发加快推进农村地区可再生能源建筑应用的实施方案的通知》。

②广东省层面。《广东省创建幸福村居提升宜居水平工作方案》《关于打

造名镇名村示范村带动农村宜居建设的意见》《中共广东省委办公厅 广东省人民政府办公厅关于建设宜居城乡的实施意见》《广东省村庄整治规划编制指引》。

③广州市层面。《关于进一步加强我市农村生活垃圾收运处理工作的实施方案》《广州市城乡照明管理办法》《广州市美丽乡村试点建设工作方案》《广州市村庄规划编制指引（试行）》《广州市村庄规划编制技术指引》《广州市村庄规划领导小组办公室关于补充村庄规划公共配套服务设施相关要求的通知》《广州市城市规划管理技术标准与准则——城乡规划篇》《广州市村镇建设管理规定》。

④区层面。《从化市（现从化区）美丽乡村建设实施方案》《从化市（现从化区）村庄规划编制指引》《从化市（现从化区）人民政府办公室关于切实加快推进农村生活垃圾再生资源收集网点建设的通知》。

2）核心内容

（1）生产设施

①国家层面。仓储物流设施：加快发展主产区大宗农产品现代化仓储物流设施。启动农村流通设施和农产品批发市场信息化提升工程，加强农产品电子商务平台建设。加快农村互联网基础设施建设，推进信息进村入户。

能源化利用设施：引导农民开展秸秆还田和秸秆养畜，支持秸秆能源化利用设施建设。确定农村地区可再生能源建筑应用的重点领域：第一，农村中小学可再生能源建筑应用。结合全国中小学校舍安全工程，完善农村中小学生活配套设施，推进太阳能浴室建设，解决学校师生的生活热水需求；实施太阳能、浅层地能采暖工程，利用浅层地能热泵等技术解决中小学校采暖需求；建设太阳房，利用被动式太阳能采暖方式为教室等供暖。第二，县城（镇）、农村居民住宅以及卫生院等公共建筑可再生能源建筑一体化应用。

生产性公用设施：考虑种养大户等新型农业经营主体规模化生产需求，统筹建设晾晒场、农机棚等生产性公用设施，整治占用乡村道路晾晒、堆放等现象。

②广东省层面。基本完成全省影响面广、综合效益好、群众急需的重点中小型灌区和中小型机电排灌工程改造任务，加快推进小型农田水利重点县、示范镇和现代化标准农田建设，基本完成相对集中连片的"小山塘、小灌区、小水陂、小泵站、小堤防"（以下简称"五小"水利工程）等小型水利设施建设。建设农田水利基础设施，实现示范县、示范社所在地有效灌溉面积达90%以上，其他合作社所在地达到60%以上，同时支持有条件的合作社实施滴喷灌。

（2）基础设施

①国家层面。基本生活条件尚未完善的村庄要以水、电、路、气、房等基础设施建设为重点。

卫生设施：有条件的地方推进城镇垃圾污水处理设施和服务向农村延伸。建立村庄保洁制度，推行垃圾就地分类减量和资源回收利用。深入开展全国城乡环境卫生整洁行动。交通便利且转运距离较近的村庄，生活垃圾可按照"户分类、村收集、镇转运、县处理"的方式处理；其他村庄的生活垃圾可通过适当方式就近处理。

污水处理设施：离城镇较远且人口较多的村庄，可建设村级污水集中处理设施，人口较少的村庄可建设户用污水处理设施。

照明设施：推进村庄公共照明设施建设。

信息和商业设施：继续实施"宽带中国"战略，加快农村互联网基础设施建设，推进宽带网络全面覆盖。利用小城镇基础设施以及商业服务设施，整体带动提升农村人居环境质量。

②广东省层面。综合性：实现村（巷）道全部硬底化。村居主要道路机动车可通达，配套路灯、绿化带、排水管等设施。配套一个及以上供村民及外来人口休憩的绿化小公园（小绿荫地）。整治村居、池塘、沟渠和水体，实现村域河涌、池塘水面无垃圾、无异味臭味。按照"省管到县，市管到镇，县管到村"的要求，从群众诉求最迫切、最直接、最现实的问题入手，以"五改"（改水、改厕、改房、改路、改灶）为重点，辅以"三清"（清理垃圾、清理池塘、清理乱堆放）、"五有"（有村庄规划、有文体活动场地、有一片成荫绿地、有垃圾收集屋、有污水处理简易设施）等内容，继续深入推进村庄整治，切实改善村庄人居环境和村容村貌。

卫生设施：建设垃圾收集点，定点收集、定时清运，保持环境整洁。大力推进改厕工程，使80％以上的农户建有卫生厕所，村庄建有一个及以上水冲式公共厕所。人畜粪便实行无害化处理。生活垃圾运往附近垃圾场处理。

污水处理设施：有简易污水处理设施。

③广州市层面。卫生设施：2012年底，每个自然村（合作社）至少建成一个及以上生活垃圾收集点，有效收集农村垃圾，实现"一村一点"。2013年底，全市各建制镇建成一座及以上生活垃圾转运站，具备条件的建制镇建成两座垃圾转运站，实现"一镇一站"。2014年底，建成从化市（现从化区）固体废弃物处理中心，实现全市农村生活垃圾全部无害化处理。到2014年底，全市所有自然村（合作社）要基本建成或形成密闭、环保、高效的生活垃圾收集点和收运方式。

照明设施：鼓励采用新技术、新工艺、新材料、新光源和低能耗环保产品设置城乡照明设施，提高城乡照明的整体水平。

"七化工程"：一是道路通达无阻化、户籍人口百人以上的自然村村道全部硬底化，村内道路全部硬底化，实现道路通达风雨无阻；二是农村路灯亮化，试点村要率先实现"十大惠民工程"之农村光亮工程计划；三是供水普及化，试点村自来水普及率达100%，生活用水集中供水到户；四是生活排污无害化，试点村生活污水全部经处理达标排放；五是垃圾处理规范化，推行农村厨余垃圾生化处理措施，做好垃圾分类工作，建立"户收集、村集中、镇转运、区（县级市）处理"的农村生活垃圾分类收运处理体系；六是卫生死角整洁化，清理藏污纳垢场所、治理坑塘沟渠，消除蚊蝇"四害"滋生地；七是通信影视"光网"化，实施"宽带广州""光网广州"战略，试点村全部通"光网"达到数据高速下载、高清视频点播等高带宽、高速率的要求。

加强管网、厌氧池、沼气池、生物氧化池、人工湿地等污水处理设施建设，实现污水收集暗管（渠）化。城边村生活污水纳入城镇管理统一处理，远郊村可因地制宜采用相对集中的生态湿地、污水净化池和小型净化槽等有机分散式生活污水处理措施，使农村生活污水处理率达到70%以上。坚持绿色低碳原则，根据村庄生产和生活特点，因地制宜地安排各类污水处理设施建设，鼓励使用新型能源和生态化污染处理设施等。

（3）公共服务设施

①国家层面。文体设施：推动县乡公共文化体育设施和服务标准化建设。统筹推进农村基层公共服务资源有效整合和设施共建共享，有条件的地方稳步推进农村社区化管理服务。

②广东省层面。综合性：在建制行政村设置一个及以上"农村社区服务中心"，实行"一站式"服务。自来水普及率达到90%以上，新型农村合作医疗参合率实现100%，新型农村社会养老保险参保率达100%，家庭人均纯收入低于当地最低生活保障标准的家庭享受最低生活保障比例达100%。有村卫生站、一名及以上村医和常备医疗设备、药品，提供基本医疗服务及预防保健，确保小病不出村。建有一个及以上能够满足不同年龄层次村民文化需求的综合活动场所，有老人、儿童活动设施和文体活动设施。符合客车安全通行条件的行政村通达客车，并建有车亭或客运站点。

文体设施："五个有"（有一个综合文化活动室、有一个农家书屋、有一个文体广场、有一个文化信息共享工程服务网点、有一个宣传橱窗或阅报栏）。尚未建设村文化活动室的，要加大资金投入，依托村办公场所，通过对村公共设施和闲置校舍等的整合，尽快建成村文化活动室。

③广州市层面。"五个一工程"：构建"20分钟服务圈"，即一个不少于300 m²的公共服务站，一个不少于200 m²的综合文化站，一个户外休闲文体活动广场，一个不少于10 m²的宣传报刊橱窗，一批合理分布的无害化公厕。

村庄公共管理与公共服务设施项目配置标准建议表（表3-5）明确规定各村庄均要配套的"老年活动室"名称统一调整为"老年人活动站点"，配置要求仍按"建设面积100 m²"不变，并落实"10名以上'五保'老人且有入住需求的村全部建有五保村"的要求。村庄的人均体育场地面积不少于 2.5 m^2，逐步形成"农村 5 km 体育圈"。每个行政村规划应设置 15 m^2 的警务室。

表 3-5　村庄公共管理与公共服务设施项目配置标准建议表

设施类别	设施名称	规模（建筑面积）（m^2）	配置要求
行政管理	村委会	—	●
公共服务	公共服务站	300	●
教育机构	托儿所	—	○
	幼儿园	—	○
	小学	—	○
文化科技	综合文化站（室）	200	●
	农家书屋	—	●
	老年人活动站点	100	●
	户外休闲文体活动广场	—	●
	文化信息共享工程服务网点	—	●
	宣传报刊橱窗	10	●
医疗卫生	卫生站或社区卫生服务站	200	●
	计生站	—	○
体育	体育活动室	—	○
	健身场地	—	●
	运动场地	—	○
社会保障	养老服务站	—	○

注：表中●—应设的项目；○—可设的项目

（4）设施规划配置

①国家层面。推进农村基础设施建设和城乡基本公共服务均等化，农村人居环境逐步得到改善。

②广东省层面。位于城镇建成区内或城镇边缘的村庄应充分利用城镇公共服务设施与市政基础设施，偏远地区村庄应配置基本生活服务设施，规模较小的鼓励相邻村庄共建共享。

③广州市层面。村庄布点规划应根据村庄的规模、布局情况，提出各项基础设施与公共服务设施的配置标准和布局建议，并提出镇（街）重大公共服务设

施与市政基础设施的多村共享机制，优化布局。公共服务设施规划与布点规划衔接，提倡区域共享公共服务设施。同时，结合农村生产生活的需要，充分尊重村民意愿和需求，合理选择和安排公共服务设施，体现农村公共服务设施的特色，并结合村民习惯进行合理布局。公共服务设施宜相对集中布置，并考虑混合使用，形成村民活动中心。

5. 村庄分类政策

1）政策依据

①广州市层面。《广州市村庄规划编制实施工作方案》《广州市村庄规划编制指引（试行）》《广州市村庄发展战略规划》。

②区层面。《从化市（现从化区）村庄规划编制指引》。

2）核心内容

（1）村庄分类

广州市村庄可进行以下分类（图3-2）：

城中村：被城镇完全包围，生产和生活方式基本城镇化的地区。划分依据为位于"三规合一"划定的城市建设用地控制线以内的村庄，即城市现状建成区范围内的村庄。

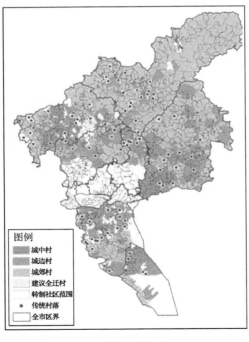

图例
城中村
城边村
城郊村
建议全迁村
转制社区范围
● 传统村落
全市区界

城边村：位于城市边缘，生产和生活方式半城镇化的地区。划分依据为位于"三规合一"划定的城市建设用地控制线与建设用地增长边界之间的村庄。

城郊村：位于城市外围近郊、远郊，生产和生活方式尚未城镇化的地区。划分依据为位于"三规合一"划定的城市增长边界以外的村庄。这类村庄可细化为生态农业发展型、乡村旅游发展型、特色加工产业发展型、传统古村落保护型等。

建议全迁村：位于生态环境敏感区、安全隐患地区、重大项

图3-2 广州市村庄规划分类政策

目发展影响区的村庄。划分依据为"三规合一"中确定的生态控制线内的村庄。

（2）分类规划要求

城中村原则上本轮不再编制村庄规划，应按照城市社区的要求纳入城市规划管理范围。如需编制，则以村民自愿为原则，根据村庄改造条件成熟程度，编制城中村改造规划或城中村整治规划。其规划必须按照《广州市"三旧"改造规划纲要》《广州市城中村改造规划指引》等技术规定进行编制。

城边村原则上本轮也不再编制村庄规划。如需编制，则以村民自愿为原则，根据村庄发展诉求、村庄建设特点，编制"三旧"改造专项规划、控制性详细规划优化方案或城边村整治规划。城边村整治规划按照《广东省村庄整治规划编制指引（试行）》的要求进行编制。

城郊村为本轮村庄规划编制的对象。编制重点是推进农业现代化发展，提高村民经济收入水平，强化乡村地域发展特色，促进乡村地区的可持续发展，实现"美丽乡村"建设目标。编制村庄规划，应当在原有广州村庄规划的基础上，重点强化现状基础分析、经济发展研究、功能分区、近期建设规划、实施措施与保障等内容，突出村庄的经济发展、建设用地指标的协调、岭南特色的塑造、规划的实施保障，保证新一轮村庄规划的落地。

建议全迁村原则上本轮不再编制村庄规划，以严格控制村庄用地增长为主。

6. 规划管理政策

1）政策依据

①国家层面。《村庄和集镇规划建设管理条例》《中华人民共和国城乡规划法》《村镇规划编制办法》《村庄整治规划编制办法》《规范城乡规划管理工作指导意见》《乡村建设规划许可实施意见》《住房和城乡建设部关于建立全国农村人居环境信息系统的通知》。

②广东省层面。《广东省城乡规划条例》《广东省村庄整治规划编制指引》《广东省建设系统"三库一平台"管理信息服务系统建设管理办法》《广东省贯彻落实〈规范城乡规划管理工作指导意见〉实施方案》。

③广州市层面。《广州市城市规划管理技术标准与准则——城乡规划篇》《广州市城乡规划程序规定》《广州市违法建设查处条例》《广州市村庄规划管理信息平台研发和建设工程方案》《广州市村庄规划成果制图规范及成果提交规范》《广州市村庄规划"村民参与"指引手册》《广州市村庄规划"村民参与"实施工作方案》。

④区层面。《从化市（现从化区）"三旧"改造审批办法》。

2）核心内容

（1）规划程序管理

①国家层面。乡、镇人民政府组织编制乡规划、村庄规划，报上一级人民政府审批。村庄规划在报送审批前，应当经村民会议或者村民代表会议讨论同意。

②广东省层面。城市、县人民政府应当在城市、镇总体规划中确定编制村庄规划的区域。不在确定区域内的村庄，纳入城市或者镇的规划管理区域。

村庄规划由镇人民政府组织编制，经村民会议或者村民代表会议讨论同意后，报上一级人民政府审批。

城乡规划报送审批前，组织编制机关应当依法将城乡规划草案予以公告，并采取论证会、听证会或者其他方式征求专家和公众的意见。公告的时间不得少于30日。

经批准的城乡规划，应当在政府网站、新闻媒体或者专门场所公告，并在政府网站长期公布。村庄规划的主要内容应当由村民委员会保存并在村庄公共场所公布，以供村民查阅咨询。

③广州市层面。村庄布点规划：区人民政府组织编制所在区的村庄布点规划，经区人民政府审查通过后，报市城乡规划主管部门审批。

村庄规划：镇人民政府根据总体规划、村庄布点规划组织编制村庄规划，报区级人民政府审批。村庄规划在报送审批前，应当经村民会议或者村民代表会议讨论同意，并公开征询公众意见。

规划公示：城市总体规划、镇总体规划、控制性详细规划、村庄规划和政府组织编制的修建性详细规划在报送审批前，除国家规定需要保密的情形外，组织编制机关应当公开展示城乡规划草案，征询公众意见。规划草案的公开展示时间不少于30日，在展示期间，任何单位或者个人都可以向组织编制机关提出意见和建议。组织编制机关应当将采纳情况向审议机构或者审批机关作出说明，对不予采纳的意见和建议应当说明理由。

（2）规划建设管理

①国家层面。选址意见书：按照国家规定需要有关部门批准或者核准的建设项目，以划拨方式提供国有土地使用权的，建设单位在报送有关部门批准或者核准前，应当向城乡规划主管部门申请核发选址意见书。

乡村建设规划许可证的申请：乡村建设规划许可证的申请主体为个人或建设单位。在乡村规划区内进行乡镇企业、乡村公共设施和公益事业建设的，建设单位或者个人应当向乡、镇人民政府提出申请，由乡、镇人民政府报城市、县人民政府城乡规划主管部门核发乡村建设规划许可证。在乡村规划区内进行乡镇企业、乡村公共设施和公益事业建设以及农村村民住宅建设的，不得占用农用地；确需占用农用地的，应当依照《中华人民共和国土地管理法》有关规定办理农用地转用审批手续后，由城市、县人民政府城乡规划主管部门核发乡村建设规划许可证。建设单位或者个人在取得乡村建设规划许可证后，方可办理用地审批手续。

乡村建设规划许可的内容：包括对地块位置、用地范围、用地性质、建筑面积、建筑高度等的要求。根据管理实际需要，乡村建设规划许可的内容也可以包括对建筑风格、外观形象、色彩、建筑安全等的要求。

②广东省层面。乡村建设规划许可证的申请：在村庄规划确定的建设用地范围内使用集体所有土地进行乡镇企业、公共设施、公益事业和其他工程建设的，建设单位或者个人应当向镇人民政府提交以下材料：a. 建设项目批准、核准文件；b. 由村民委员会出具的书面意见；c. 建设工程设计方案；d. 法律、法规规定的其他材料。建设项目需要占用农用地的，申请办理乡村建设规划许可证时应当提供农用地转用证明。

在村庄规划确定的宅基地范围内建设农村村民住宅的，应当持村民委员会签署的书面同意意见、土地使用证明、住宅设计图件等材料，向镇人民政府提出申请，由镇人民政府报城市、县人民政府城乡规划主管部门核发乡村建设规划许可证。

③广州市层面。在村庄规划区内进行乡镇企业、乡村公共设施和公益事业、农村村民住宅建设时，建设单位或者个人应当取得城乡规划主管部门核发的乡村建设规划许可证。

（3）村民自治

①国家层面。村民会议可以制定和修改村民自治章程、村规民约，并报乡、民族乡、镇的人民政府备案。这是村庄规划转化为村规民约的法理基础。

乡规划、村庄规划应当从农村实际出发，尊重村民意愿，体现地方和农村特色。村庄规划在报送审批前，应当经村民会议或者村民代表会议讨论同意。

②广东省层面。村庄规划由镇人民政府组织编制，经村民会议或者村民代表会议讨论同意后，报上一级人民政府审批。

建设单位或者个人申请核发建设用地规划许可证，应当提交有关部门的批准、核准、备案文件。使用集体土地的，还应当提交村民委员会出具的书面意见。

③广州市层面。村庄规划在报送审批前，应当经村民会议或者村民代表会议讨论同意，并公开征询公众意见。村庄规划在报送审批前，除国家规定需要保密的情形外，组织编制机关应当公开展示城乡规划草案，征询公众意见。规划草案的公开展示时间不少于 30 日，在展示期间，任何单位或者个人都可以向组织编制机关提出意见和建议。组织编制机关应当将采纳情况向审议机构或者审批机关作出说明，对不予采纳的意见和建议应当说明理由。

"城中村"全面改造专项规划、拆迁补偿安置方案和实施计划应当充分听取改造范围内村民的意见，经村集体经济组织 80% 以上成员同意后，由区人民政府报请市"三旧"改造工作领导小组审议。

规划工作坊：规划设计院组织召开规划工作坊，邀请村民代表、党员、村中德高望重的村民、比较活跃的村民等参加，规划设计人员与村民进行面对面的座谈和互动，在相关部门现场指导、村民参与下共同编制村庄规划。常规流程包括：a. 由设计研究院的规划师向村民讲解规划初步方案；b. 将村民代表分组，每组分派 1 名规划师参加，共同讨论规划方案的合理性，并分组总结出村民的主要意见和建议；c. 规划师对村民提出的意见、建议以及对规划的疑问进行解答；d. 对规划工作坊的意见进行总结，结合意见形成村庄规划的初步成果。

④区层面。实行"阳光动迁"。旧城更新改造实行事前征询制度，开展两轮征询，全面、及时、动态地公开各种拆迁补偿安置信息，充分尊重改造区域居民的参与权和知情权，使其真正成为旧城更新改造的主导者和推动者。

（4）信息化管理

①国家层面。登记内容包括：地址信息、基本情况、基础设施、公共环境、建设管理以及照片信息等 6 类 41 项指标。

登记录入：各地要及时、全面、真实、完整、准确地将填报好的《行政村人居环境信息表》及照片录入村镇建设管理平台。

②广东省层面。法规标准信息库动态收录国家和广东省颁布的有关建设系统的法律、规章、技术标准和规范，企业和个人执业的资质资格标准和条件，广东省建设厅的有关规定、办事程序等，为行政审批工作和公众查询服务。

③广州市层面。村庄规划数据库包括基础地理空间数据库、村庄现状条件数据库、村庄社会经济数据库、村庄规划的历史数据库、土地利用规划数据库、城镇"控制性详细规划"数据库、村庄布点规划数据库、村庄专项规划数据库、村庄控制性规划数据库 9 种，其中前 6 种是村庄规划的数据基础，最后 3 种则是村庄规划完成后的成果数据库。

村庄布点规划数据：村庄布点规划成果主要是"一书"（村庄布点规划说明书）、"一表"（村庄建设用地指标年度下达计划表）和"六图"（村庄分类图、村庄布点规划图、村庄职能结构体系规划图、村庄住宅用地专项规划图、村庄经济发展用地专项规划图、村庄配套设施统筹共享布局图）。

村庄控制性详细规划数据：在城中村规划中完成"村庄改造和整治项目及估算一览表"；近郊村规划则根据编制"三旧"改造、编制近郊村整治规划、编制控制性详细规划优化方案三种情况的村庄，生成"村庄改造和整治项目及估算一览表"及控制性详细规划优化方案等成果；远郊村规划的成果则包括"两书"（村庄规划说明书、公众参与报告书）、"一表"（资金项目统筹一览表）、"五图"（土地利用现状图、功能分区图、土地利用规划图、村庄规划总平面图、近期建设规划图），以及规划图解等。

第三节 农村规划编制与管理政策的评估

1. 用地规划政策问题

（1）农村人均建设用地规模标准

目前全国缺少农村人均建设用地规模标准指引：1993 年，国家颁布《村镇规划标准》规定农村人均建设用地标准为 50~150 m²，该标准已废止，但仍有部分地方沿用作为参考值。2007 年，《镇规划标准》替代《村镇规划标准》指导村镇规划，但规定"本标准适用于全国县级人民政府驻地以外的镇规划，乡规划可按本标准执行"。该标准将村庄排除在外，仅在镇村体系和规模分级中涉及村庄的规模分级，相应的用地分类与规划用地标准失去了对村庄规划的指导作用。2011 年，制定《村庄规划标准》（未正式实施）规定，"各省、自治区、直辖市具体制定村庄建设用地标准"，也未从国家层面规定人均标准。

广东省尚未制定标准：1999 年，广东省制定的《广东省城市规划指引——村镇规划指引》仅规定"外来暂住人口建设用地总量的上限不应超过规划户籍人口用地总量的 50%"，但该标准现已废止，未有新标准出台。

广州市未制定标准：2013 年颁布的《广州市村庄规划编制指引》和《广州市村庄规划编制技术指引》均未规定农村人均建设用地标准。

因此，从国家到市层面，广州市农村人均建设用地规模标准为空白。

（2）村庄建设用地指标少，规划落地实施难度大

根据《广州市土地利用总体规划（2010—2020 年）》，2020 年农村居民点用地面积为 197 km²，但现状已达到 389 km²，规划比现状减少 192 km²，要实现该目标，需要从 2012 年起每年减少 24 km²。在现行的土地利用总体规划中，有些村庄根本没有任何建设用地规模，导致村庄规划的编制缺乏相应的建设用地指标支撑，面临着规划难以落地的窘境，在村庄现状经济社会需求不断增加的情况下，村民无法接受依据土地利用总体规划用地规模编制的"减法"式村庄规划。

广州村庄规划难以落地状况中最具争议的问题是村镇建设用地规模与指标不足。2013 年广州市现状建设用地规模为 1 726 km²，而《广州市土地利用总体规划（2010—2020 年）》确定的 2020 年建设用地控制规模为 1 772 km²，相比之下仅剩 46 km² 的新增建设用地规模可用，用地需求非常紧迫。因此，规

划管理部门及技术单位在村庄规划编制过程中常常强调用地规模和指标不足，村里面临有规模没指标，或有指标没有规模，或者两者都没有的尴尬局面，结果部分村庄为了适应经济发展要求，为了匹配产业布局、基础设施配套等规划而突破建设用地规模。由于国家采用规模控制和指标分配等方式严格控制土地的使用，突破建设用地规模的规划几乎不可能实施，发展难以继续。

（3）村庄规划与控制性详细规划、土地规划相互掣肘

2007年，萝岗区（现已撤销）对区内所有村庄分期分批地进行村庄规划，此次规划的主要目的在于防止村庄边界无序扩张、固化旧村形态，规范并促进新村社区的形成，此次规划划定村经济发展留用地以引导发展村集体经济，将村庄建设和管理统一纳入城市规划和管理范畴。2009年，为实现"总规—控规"联动统一的目标，保障规划成果"一张图"管理，促进控规全域覆盖工作，并引导帮助区内各建设项目能够顺利实施，萝岗区在全区范围编制控制性详细规划，为城市规划行政主管部门的执法管理和行政许可工作提供依据和指导。

萝岗区上一轮村庄规划按照统一制式在短期内编制完成，后期实施工作主要为三至五年的村庄发展行动计划，由于规划期限较短，村域用地方案与村庄现状实际用地规模较为接近。此次控规全覆盖工作在上一轮村庄规划之后进行编制，在规划目标中提出要整合已有各项规划成果，但并未将已有村庄规划作为参考依据。而且相较于村庄规划，全覆盖控规工作多以城市规划的方法来进行规划，欠缺对村庄发展实际具体的考虑，用地方案呈现较为粗放，尤其是对村庄规划的新村用地、村庄经济发展留用地的处理未进行落实。比较而言，作为后编制的控规全覆盖并未与上一轮村庄规划进行协调，上一轮村庄规划与控规全覆盖工作在规划期限、编制依据、规划目标等方面存在较大的差异，导致规划用地方案并未达成一致。

萝岗区的村庄规划与控规出现不协调的原因有以下几点：

（1）规划编制背景不同。村庄规划与控规编制的时间不同，村庄规划早于控规全覆盖编制。村庄规划结合了村民的诉求，较为实际地反映村庄的发展情况；控规全覆盖以项目实施为目标导向，对已有规划成果进行整合改动，两者之间存在冲突与矛盾的地方。

（2）村庄规划编制本身存在缺陷。部分村的规划深度不足、内容还待完善，除重点地区的部分村庄规划达到了控规要求的深度外，其余大部分村庄以3~5年的整治规划为主，在土地整理、空心村利用等村庄本质问题方面未提出具体的行动措施，因此已有的村庄规划编制深度难以与控规相协调。此外上一轮村庄

规划的公众参与环节大多流于形式，规划过程中仅仅注重公众参与程序，在整个规划编制过程中，村民群体的参与程度较低，规划工作急于求成而忽略实质性效果，村庄规划本身未能充分考虑村民主体人群的发展诉求，未能实现较好的反馈，也难以在控规中予以落实；此外村庄规划作为一个个村庄的单独成果，缺乏统一的整合管理平台，在成果形式上难以与控规全覆盖的成果相匹配。

（3）控规全覆盖的规划技术限制。控规以城市规划技术方法为手段，虽然覆盖了乡村地区，但仍然以城市发展视角和编制手段描绘乡村发展蓝图，思考重点仅为解决村庄发展中的普遍性问题，在发展深度与树立特色方面，缺乏研究和探索，且未与村庄发展现状对接，难以形成科学合理的协调措施，导致了村庄规划与控规全覆盖的不协调、不统一。

2. "旧村"改造政策问题

（1）实施与规划脱节，改造总量和计划缺乏控制

虽然规划确定了广州全市的总体改造目标，但鉴于已编规划更偏向于整体统筹，具体落实到每年度应当推进的项目数量尚不明晰，在实际操作中缺乏计划控制，尚需要具体的年度行动安排。此外，允许土地权属人进行自行改造，这在一定程度上弱化了政府对土地一级市场的控制调整能力。已实施的项目基本上都是属于自下而上的类型，难以体现出政府主导的意图。广州市自 2010 年实行"三旧"改造，至 2012 年底仅实现"三旧改造"计划量的 5%，三年期间利用"三旧"改造政策完善历史用地手续工作只完成了预期的 36.9%，完成情况不甚理想。新旧规划推行不能和谐共处。目前"旧村"改造在规划层面上的调整基本上都是从控规入手，新旧规划在更替过程中容易出现漏洞被牟利者钻空子，进而导致改造成本增高等状况。究其根源，主要是由于自下而上与自上而下的

两种工作方法没有动态结合。

（2）城中村改造政策主体多元，缺乏横向衔接

广州市各部门对城中村的政策已经出台了不少，如民政部门有关村庄改为社区的政策，公安部门关于村民改登为城市居民的政策，规划国土部门有关发展用地的政策，建设部门有关安置房的政策等。由于这些政策是各部门分散出台的，结果导致有的村庄虽然已经完成村改居，名义上村民已经成为城市居民，发展用地指标也落实到位，有的设置安置房已建成，但是村庄还是无法拆迁，为后续改造留下难题。究其原因，是各部门政策与城中村的整治规划、建设模式、实施细则缺乏整体统筹，导致空间规划难以实施。已确定的待改造项目对未来"三旧"改造工作的推行实施无疑会产生巨大的影响，利益主体复杂的待改造项目会带来众多问题和阻力使政府的工作量更为艰巨，直接导致了改造进程停滞不前——很多刚开工的工程因为资金、利益等矛盾纠葛而不能继续进行下去，出现了"烂尾"现象。

（3）用地补偿措施不统一，公益性项目难落实

改造政策尽管在市场机制激励和利益共享方面作出了较大创新，但是对不同的功能用地依然采取了不同的补偿举措，产生了同地不同价的不公平结果，导致实施的项目多是有利可图的项目。同时，采取的改造模式也是"全拆重建＋经营性用途"和以协议出让、自行改造等方式为主的模式，这在城中村和旧厂区的改造中尤为明显。这样的改造模式可能会导致改造实际效果与规划蓝图有所差别，特别是会引发改造能否保障公共利益和保护历史文化的忧虑。首先，"三旧"改造这一独特模式，广东省是示范省，实施方法皆从探索中习得，因此规划仍需不断实时更新，需要不断根据实施状况进行调整。当规划实施后使改造区域地价上涨却还按照原来的标准补偿时，村民的利益在无形之中就受到了挤压，这时村民们会认为规划制定得不好、不公平，是侵犯自己的权益的行为而拒绝接受"三旧"改造。若不适当提高补偿金额，尊重市场规律，完善补偿机制，可能会对后续改造进程造成阻碍影响。

3. 历史村落保护政策问题

历史村落保护机制较完善，但缺乏实施保障，导致保护与利用失去平衡，保护效果不佳。我国历史村落保护强调在保护的基础上进行利用，防止村落失去人气。但由于缺乏相应的衡量规范和保障措施，很多历史村落成为开发商的生财之地，利益的驱使重于保护的需要，导致很多历史物质和非物质载体在开发或使用过程中遭到破坏，这正是我国古村落旅游开发普遍存在的问题。现行的历史村落／古村落保护政策仅从保护原则、保护范围、保护对象和保护措施上

做了规定，但对于损坏、破坏程度及与对应法律的惩罚程度并没有详细准则，导致在利用过程中对于破坏程度难以量度并追究法律责任。

2014年，广州市政府设立文物保护专项资金，连续五年每年投入6 000万元，资金主要用于地下考古、科学研究、文物修缮和聘请文物保护监督员等方面，并要求下辖各区设立每年不少于500万元的文物保护专项资金。但实际上这项资金设立后的利用率并不高，使用效果远没有达到预期水准，尤其在文物修缮方面，利用率只有10%~15%。文物修缮工程预算也没有设置定额标准，导致部分文物维修工程多次流标，非国有文物的产权人申报的积极性也不高。

广州小洲村古村保护的失败教训：

小洲村位于广州海珠区东南端，南临珠江南河道，东临牌坊河，西北与土华村相接。古时称作"瀛洲"，从元代开村，发展至今已有800多年的历史。小洲村是珠江几千年来冲积形成的典型岭南水乡，由村民依溪而建，是广州市内保存得较为完整的古村寨。村民们世代以种果为生，果树成片，素有广州"南肺"之称。

20世纪90年代早期，以关山月先生为首的艺术家们四处寻找安全、安静、有利于创作的环境，最后选择了既有古村落，又有万亩果林，而且还有小桥流水的小洲村。最初包括关山月、梁世雄、周彦生、方楚雄、刘书民、许钦松、尚涛等10多位艺术家聚居在这里。他们像一群拓荒者，在这里开拓新的艺术家园，形成了艺术家村落。从此，小洲村与"艺术村"几乎画上了等号，古村群落被发现后，随着名气越来越大，集聚效应吸引了越来越多的艺术爱好者聚集在此。

随着2004年毗邻的大学城正式投入使用，以高考培训为主的画室进驻小洲村成为新的业态主力，正式建构小洲村艺术形态的新格局，逐渐形成一个集艺术培训、作品创作、展示服务的多功能艺术聚集区。从2006年、2007年开始，几乎每年均有近万名艺考生来到小洲村，虽然他们只逗留半年时间并不断更替，但经过相关调查发现，这种"艺考红利"服务的市场份额竟可以达到近10亿元。如此大的"蛋糕"，促使小洲村民纷纷拆旧建新，以求让自己"一亩三分地"的出租屋达到利润最大化。就在村民大拆大建的同时，小洲村的安静氛围逐渐被破坏，不少画室不堪环境滋扰，陆续撤出。

4. 设施建设政策问题

（1）农村基础设施配套规划建设滞后，总体水平不高

从广州市村庄普查情况来看，普遍反映公共服务中心、老年人服务中心、户外休闲文化广场比较缺乏，应达到而实际未达到1村1建的公共服务设施有公共服务站（现状364处、缺口748处），综合文化站（室）（现状1090处、缺口22处），老年人服务中心（现状582处、缺口530处），户外休闲文体活动广场（现状904处、缺口208处），卫生站或社区卫生服务站（现状1062处、缺口50处），难以满足村民日益增长的生产生活需求。

（2）市场化水平低，营利性设施难以运营

随着社会的发展，部分农村基础设施供应已经由政府公益性经营改向市场化经营，供应与需求的博弈在一定程度上影响着农村基础设施的建设。由于现状农村经济水平相对较低，消费方式落后，部分营利性基础设施建设利用率较低。

（3）财政资金供给压力大

整体来看各地区农村设施资金投入总量一直在不断增加，但由于农业自身积累能力弱，且城乡发展长期受产业优先发展和城乡二元结构影响，当前各区政府为完成省、市下达的新农村建设任务，都面临着时间紧、任务重、资金少的问题。乡村地区设施资金紧缺主要有两个原因：一是农村设施的分布密度远低于城市，收益范围有限，设施的使用率、回报率都较低，难以吸引市场资本介入；二是供给范围具有相对外延性，农业发展对公共设施具有高度依赖性，绝大多数设施又难以由个人、企业提供。因此地方政府经常要面对来自上级的财政管制，即"上出政策，下出资金"，上级政府制定支出政策，由基层政府自行解决资金供应问题，上级政府制定的统一政策直接影响着下级政府的资金支出规模和支出流向，进而影响着下级政府的预算平衡。如萝岗区开展农村基础设施建设工作通常以政府为决策主导方，通过区政府投入一定的资金来推动项目开展，基本没有引入市场介入，这在无形中造成一种被动推动工作实施的局面。同时，由于任务重，建设资金需求大，当地政府经济负担过重，可投入的资金远远不能满足实际需求，造成很多项目无法实施和后期项目运营管理的经费不足等问题。如何调整农村基础设施建设的组织方式，如何能筹集到所需求的资金推动项目的具体落实成为基层政府工作的最大难点。

（4）缺乏长效的基础设施管理和养护机制

由于当前农村基础设施的土地权属是各行政村集体，各村村民是设施的使用主体，但当地农村集体组织很少有长远考虑去建立长期有效的基础设施管理和养护机制，以致在一些地方出现了许多新建的公共基础设施因人为因素或养护

不到位而损毁严重的状况，既浪费了公共资源，给地方财政带来巨大的损失和压力，也让农民生活生产受到影响。例如萝岗区政府在援建从化区鳌头镇期间为鳌头镇建设的镇级基础设施项目，因当地被帮扶单位没有提前设置管理机构，管理资金没有提前分配部署，也没有安排后续维护管理单位和实施方案，结果造成大量施工成品被破坏或加快了损坏。如黄萝河两岸人居环境整治工程完工后，因没有工作人员管理，当地群众也缺乏维护意识，广场的使用物品很快被损毁。同时，因没有确定绿化管养单位，广场绿化缺乏养护，杂草丛长，大量地被植物被盗或坏死，十分令人痛心。

浙江省长兴县政府开展农村基础设施建设的经验与启示：

浙江省长兴县地处浙江北部，物产资源丰富，是国家的"粮油大县""商品粮生产基地县"和浙江省的产油大县。2004年1月，中共长兴县县委通过印发一号文件《长兴县城乡一体化行动纲要》，将2007年之前统筹城乡发展的工作重点设置为农业"510"工程、村庄示范整治工程、农村社保工程、农村"园丁"工程、农村劳动力转移工程、乡村康庄工程、小城镇建设工程、乡镇创卫工程等8项。这8项工程围绕着推进农村基础设施建设、增加公共服务和农村公共产品供给、促进农业产业化和城乡经济一体化发展等3方面目标而展开。具体措施是：

（1）建立行动统一领导指挥小组。长兴县政府以8项工程的实施为载体，组建城乡一体化行动领导小组，并分别建立各项工程指挥部。指挥部成员由县委、县政府相关职能部门负责人组成，明确相关部门分工和职责。这种组织机构设置突破了原有行政体制的局限，解决了各部门间沟通不畅、工作办理环节复杂等问题，便于明确创建目标，制订创建计划，把创建目标任务分解落实到下管各部门和单位，使之相互配合，相互支持，齐抓共建，为项目建设的高效实施创造条件，共同快速推进创建工作。

（2）完善实施机制。长兴县的8项工程在名称上有着浓重的行政化色彩，但长兴县政府在开展农村基础设施建设过程中，没有试图以行政力量替代市场的功能，争取绝对决策控制权，而是在尊重农民意愿和首创精神的前提下，将市场资本力量与政府主导相结合，注重处理政府与市场的关系，尊重市场调节规律。在引导社会力量和农民开展农村基础设施建设过程中，政府采取的政策手段都是"间接"的、"引导"式的，而不是"直接强制"式的，体现了对使用主体意愿的充分尊重，从而使各项工程进展顺利，效果显著。其中，在村庄示范整治工程实施过程中，县政府的介入改变了农村传统的以村大队和承包组为单位的公共基础设施提供方式，采取了"政府主导，村庄自治"的组织体系，大力动员当地农民参与到示范整治工作中来，在与政府沟通、争取政府专项资金、从其他途径筹集资源等方面也做了很多常规政府工作很少考虑、涉及的各项细小事务。

（3）加强组织管理。长兴县政府在开展以农村基础设施建设为核心的新农村建设和统筹城乡发展实践过程中，具有长远战略眼光地重点推进政府职能转变，其中把政府工作体制创新作为职能转变的基础；通过创新实施从基层乡镇政府到县政府的竖向运行机制和体制改革，为全县新农村建设和统筹城乡发展提供了体制性保障。这一过程中县委县政府负责制定新农村建设的规划策略和具体政策并领导下级政府实施，乡镇政府负责参与及配合行动。乡镇基层人员的政策贯彻执行能力直接影响到新农村建设的实际效果。为此，长兴县进行了乡镇政府的运行机制改革。这场改革自2005年中期开始，改革的具体内容包括调整内部行政机构设置、整合干部资源、加强人员能力考核管理等。同时还通过示范村派驻农村工作指导员等基层工作调整，实现了农村建设项目实施及时跟进，加强了政府与基层农村间的联系沟通。经过这次改革，长兴县机关工作效率显著提高，在康庄工程、村庄整治等工程中，派驻各村的农村工作指导员成为政府与村集体、村民之间的一个沟通桥梁，发挥了巨大作用，让政府充分把握民间的信息和动向，为农民群体发声以争取必要资源，也将政府的政策精神直接带到了农村，对多方合作机制的形成起了正面作用。

（4）加强规划及政策引导。长兴县做到了因地制宜、因时制宜，逐步出台了多项政策，将农村基础设施建设与统筹城乡发展及其他工作有机结合，使得长兴县农村基础设施建设及新农村建设的实践具有了政策的保障，并制定了详细具体可实施的行动策略。长兴县8项工程中的每一项工程都可能服务于多个目标，一个目标由多个工程来实现；各项工程之间具有相互帮促的关系；政府职能和机制做到了适时转变，城乡经济布局统一规划让政府能有效地主导8项工程的进展走向，也充分发挥了8项工程的实施目标效应。

5. 村庄分类政策评估问题

目前在国家层面仍缺乏与村庄分类对应的规划指引规范和实施政策。广州市全市域约7 400 km²的土地上，分布有约1 142个村庄，有约5 800 km²的农村地区，村庄类型多样，发展阶段差异巨大。其中城中村约242个，城边村约312个，城郊村约588个，不同发展阶段的村庄面临的发展问题不同，而对城市的影响和作用也不同。多年来，尽管广州市非常重视城乡统筹工作，努力推进城乡协调发展，在村庄规划方面进行了积极创新与探索，从"重点村庄规划"

到"村庄规划全覆盖",从"整治规划"到"美丽乡村试点规划",但由于在处理具体工作时缺乏城市化引领和配套政策,涉及城乡统筹关系及村庄发展的根本问题并不明确,加之村庄发展差异性巨大,具体到各个村的规划编制工作,很多方向性的问题就很难把握,如村庄发展模式、土地规模、住宅建设标准、农村集体经济发展等。

《广州市城市总体规划(2010—2020年)》按照城市化程度不同将村庄划分为建设范围内的村庄、城乡接合部的村庄以及远郊区的村庄三大类型,确定"更新型""引导型""保育型"三类政策分区,不同类型的村庄制定不同的城市化路径,并明确不同的规划与发展重点。对于分布在建成区范围内的"更新型"农村居民点,应以城市规划建设标准和要求进行规划编制,促进农村居民点向城市、城镇用地的转化;对于分布在城市规划发展区范围内的"引导型"农村居民点,应探讨新的规划编制标准,研究弹性规划与刚性规划的结合运用,促进土地集约利用,避免新的"城中村"出现;对于分布在城镇建设用地外围的"保育型"农村居民点,编制指标与标准较为简单,通过生态搬迁、迁村并点等方式保留村庄传统特点的同时提高土地利用率。

但此次总体规划中村庄分类过程缺乏统一评价标准和定量分析,仅凭定性分析和经验性划分降低了分类的科学性,适宜的分类标准对制定针对性强、目标清晰的新农村建设规划指导和公共政策的制定意义重大。村庄分类标准还需逐步完善评估体系,因地制宜地结合村庄发展背景和地区特点,运用定性定量结合的规划技术进行编制。

2013年6月,《广州市村庄规划编制技术指引(试行)》出台。这一轮村庄规划决定"用一年时间完成全市1 142个行政村的规划",规划指引带有"全覆盖,运动化"的特点,仅仅按照各个村庄的地理区位,将村庄分为"城中村、城边村、远郊村、搬迁村"4种"发展类型",忽略了村庄等级规模和职能结构等其他发展要素的重要性。但其内容显示出这一轮村庄规划与2008年的村庄规划相比,在很多方面都有了不同程度的提升,包括对乡村经济发展、生态环境、人文景观的重视,并明确了成果要求,包括村庄布点规划和村庄规划两个层次,强调布点规划是对全区村庄发展的整体部署,是村庄规划的上位规划。村庄布点规划的编制要求同样经过了多轮变更,从最初"大而全"的架构逐步精简,反映出政府在不断修正规划的目标和价值取向。

6. 规划管理政策问题

(1)农村地区规划区重叠现象严重,规划主体和规划许可制度执行不清晰

从《城市规划法》到《城乡规划法》,规划区从行政单位(市区、近郊区)

转向空间实体（建成区），规划管理的主体也由单一转为多个，因为"城市—镇—乡—村庄"各级规划都需要划定规划区控制范围，就意味着允许多个规划区重叠存在。因为《城乡规划法》中规定了城市、乡镇使用不同的规划行政许可制度，而不同优先级、不同尺度的规划是从不同角度对村庄用地进行管理的，因此也就遵循着不同的规划许可制度。并且法规未明确乡村规划许可证的具体内容、性质，在地区发展中乡村建设往往遵照城市发展的需要，规划管理存在较多问题。现实状况中，广州市城镇化速度快，城镇建设用地对农村集体用地侵蚀严重，从规划层面就已落实了这一客观现象。但由于规划编制数量多、频繁、各类规划编制时间不同，经常存在总规、分区规划与控制性详细规划的规划区与村庄规划区范围重叠的现象。这将导致以下几个问题：

①规划区重叠导致管理主体不清晰，规划难以实施

若在城市规划区内辖有村庄规划区，而村庄没有核发"三证一书"的权力，这就直接导致村庄规划失去效力，而村庄并未转变成城市社区，导致管理主体模糊，规划难以实施。

②"规划区重叠"使得"规划区"内乡村规划许可制度执行不清晰

《城乡规划法》第3条规定："县级以上地方人民政府根据本地农村经济社会发展水平，按照因地制宜、切实可行的原则，确定应当制定乡规划、村规划的区域。"乡、村规划是应城乡统筹的要求而编制的，编制乡、村规划实质上是一种权力的下放。《城乡规划法》41条、65条，对应的是以乡村建设规划许可证为基础的控制实施权利。"一书两证"对应的是城市规划区，乡村建设规划许可证则对应的是乡、村地区，两者进行差别化对待，前提是必须两者不重合，而城市、镇规划区内下辖乡、村规划区，必然使规划许可的行政空间范围模糊不清，也使得规划主管部门对于乡村地区的职权模糊不清。

（2）缺乏具有实际操作意义的规划实施保障机制

通过对已编制完成的村庄规划实施情况进行调研分析，可以看到影响规划实施的并非完全是规划编制问题，还包括土地问题、资金问题、部门协调等问题，主要涉及规划实施的法规、行政体系还未架构完善。一方面，缺乏相关的配套法规和相应的管理规定；另一方面，缺乏相应的政策与制度配套，尤其是土地、人口、财税等政策体系的缺失或不完善，导致规划实施困难。

在公民参与的民主决策制度下，公众参与也只能限制于政治领域，且间接参与、被动参与的情况居多。在行政首长负责制的决策机制下，决策权最终归于个人或领导集体手上，是权力与知识垄断的决策方式；经营决策下是个人或领导集体的价值观念、知识结构在行政决策过程的融入。公众参与使公众意见与利益诉求的发展决策难以融入行政过程中，压制了公众参与的积极性和有效性。

在城市规划、基层建设、环境保护、社区自治等行政过程中，公众参与的

行政决策模式和执行机制处于刚起步阶段，几乎都依靠政府发动的自上而下的参与，公众无法没能在宪政结构内根据自身的需要和实际情况选择高效的参与方式和渠道。而且不同的行政项目中，如何界定公众主体，如何甄别利益相关公众与一般公众，如何培育关键公众，在实际做法中还没探索出标准的界定规则。如旧村改造工程，工作量大、内容繁复，包括改造项目启动、选择合作企业和改造模式、项目编制和制订实施计划、项目监管、项目完工验收等工作环节，并且每个阶段又包括许多细小内容，如选择合作企业阶段，包含了公开招标、集体表决、结果公示等，每个阶段都是紧密联系，上一阶段的执行效果直接关乎着下一阶段的执行情况。每一阶段又是包含非常专业的知识和技术，仅仅依靠当前的体制内参与渠道，已无法实现公众高效参与。政府又很少真正做到资源整合、项目信息公开透明，未建立起政府、企业、居民三方的信息交流平台，难以发挥新闻媒体和群众组织的作用。目前为了提高改造速度，旧村改造项目的规划制定延续传统的封闭操作的精英决策模式，城市规划行政主管部门一手操作了从立项到执行管理、监督的全过程，直接导致了在改造规划编制前期缺乏公众的意愿表达，编制后公示期间缺乏公众监督、批评、建议，公共政策的制定缺乏民主化和透明度，最终偏离了改造的生态效益目标，损害了社会公共利益。

广州旧村改造的公众参与问题

关键信息封锁：公众对改造决策缺乏信任。天河区猎德村改造采用了"政府主导＋开发商参与＋村集体改造实施主体"的改造模式，村民集体享有的决策权有限，但是能采取合作态度，积极与政府共同解决问题，最终改造成功。而冼村采用的是"村集体主导＋开发商参与"的改造模式，相较于猎德村，村民集体享有更大的决策权，但是在改造中出现对抗与冲突的现象，增加了改造成本，对改造项目造成了阻碍影响。白云区萧岗村采用的是"村集体自主改造"模式，是村民最大限度享有自治权和决策权的改造模式，最终结果反而是村集体退出改造，导致改造失败。给公众充分授权的初衷本是实现和谐改造，但在这一案例中充分授权反而导致改造失败，改造目标无法达成，实际结果与原来的初衷相违背，导致这一现象的原因是政府虽然让村民集体参与了项目实施过程，但决策却仍是自上而下传达的，关键权力仍被掌控在上层手中。这使得参与其中的群众反而加剧了被侵犯权益的感知，对合作失去了信任，产生了抵触情绪。

过程封闭：公众参与范围狭窄。比如在改造方案编制阶段，采用通过出让土地融资的改造模式时，如何划分复建安置区、集体物业区、村民公寓等决策，都是政府、村委会或开发商来划定，而公众只能在规划方案公示期间才能得知规划结果。

法人组织能力不足：公众参与无序化。"三旧"改造成效如何，直接关系着当地官员的政绩考核。因此，城中村改造是必须推行的重要项目，村委会的领导班子承受着来自上级政府的巨大政治压力和本地村集体经济组织的经济压力，还有自身仕途发展的政绩压力。因此，村委会在城中村改造中必定先定位于政府的准行政组织，作为上级政府政策执行的基层组织，工作的第一位是保证政策的落实。当与村民发生利益冲突时，其惯性地作为政府利益和村委会利益的代言人，甚至不惜损害村民利益。

参与渠道狭窄：公众参与低效。在"三旧"改造政策中，由于三年时间的限制以及优惠政策的吸引，城中村改造在许多改造环节都是采取公示、告知等事后的公众参与方式，在政府主导的公众参与机制下公众参与渠道狭窄。如改造方案设置、卫生、医疗、交通、照明等公共产品的提供计划没有广泛征求公众意见，且由于公众对规划的专业性知识的欠缺，以及先入为主的思维定式，面对政府的决策结果难以提出更好的改进意见，难以充分表达自身意见。最终通过的都是决策者的封闭式决定，并没有建立在公众需求之上，导致公共产品的供给过剩。特别是在广州"三旧"改造进程缓慢的形势下，为了减轻村委会的工作负担，政府更是在《广州市人民政府关于加快推进"三旧"改造工作的补充意见》中（14）条规定"穗府〔2009〕56号文件附件2第3条第（5）款关于村民意见听取方式的相关规定不再执行"，简化了村委会发动公众参与的程序。由于长期以来传统的封闭式决策惯性，缺乏有效的监督机制和处罚机制，村委会工作偏向于忽略公众的知情权、表达权和参与权，这容易导致公众参与流于形式，缺乏实质性意义。

（3）公共参与规划缺乏严格执行的反馈机制，实效性低下，未能实现乡村自治和规划的优化组合

广州市村庄规划经过了4个阶段，特别是从2012年的"美丽乡村"试点规划到2013年全面覆盖的村庄规划，政策对规划过程中的村民参与环节进行了严格的规定，包括村民问卷调查、村民代表大会表决、批前公示、批后公示等，但由于缺少具有实效性的激励机制和反馈机制，村民参与的积极性不高、村民意愿得不到反馈或非真实意愿反馈等问题普遍存在。可见，村庄规划编制缺乏与村民自治的转化路径，同时村庄规划并非由村集体自愿展开，而是由镇政府负责统筹，导致村民参与度不高。

第四节　小结

广州规划管理政策经历了起步和奠基、兴起和确定、提升和细化三个阶段。1993 年的《村庄和集镇规划建设管理条例》作为国家层面的基本政策，从村庄规划制定、实施、施工管理、房屋、公共设施、村容镇貌和环境卫生管理等方面规范了村庄建设的各个程序，奠定了省级、市级村庄规划建设政策的基调。2006 年，中央一号文件《中共中央 国务院关于推进社会主义新农村建设的若干意见》将新农村建设提升至国家战略的地位。新农村规划建设着重于提高农业综合生产能力，加强农村基础设施建设、农村基础教育建设以及对农民培训的投入，提高农民素质，提升农村自身发展的能力；基础设施建设强调农田水利工程建设以及加强村庄规划和人居环境治理。同时，"三旧"改造兴起，关于城中村、城边村等旧村整治改造的相关政策也相对增多。2012 年，党的十八大报告中明确新型城镇化下"以城带乡、以工促农"的城乡发展路径。全国开始第二轮大规模的村庄规划编制，广州市以"美丽乡村"工程开展村庄建设，重点转向村庄配套设施均等化和现代化、村容村貌整治和农业产业化发展，强调通过美化村庄和完善设施工程，以及农村旅游业、工业的发展加强城乡联系。

从政策关注的内容分类，把涉及广州村庄规划管理的政策归类为用地规划、"旧村"改造、历史村落保护、基础设施、村庄分类政策、规划管理等 6 个方面（表3-6）。通过总结广州市村庄规划建设现状问题，结合政策分析发现，广州市村庄规划管理政策在用地规划方面存在农村人均建设用地规模标准空白，农村建设用地指标少、规划落地实施难度大，村庄规划与控规、土规相互掣肘的问题。"旧村"改造方面存在实施与规划脱节、改造总量和计划缺乏控制，城中村改造政策主体多元、缺乏横向衔接，用地补偿措施不统一、公益性项目难落实的问题。历史村落保护方面存在历史村落保护机制较完善，但缺乏相关政策指引和规范利用的问题。基础设施方面存在农村基础设施配套规划建设滞后，市场化水平低、营利性设施难以运营，可再生资源利用水平低的问题。村庄分类政策方面存在缺乏与村庄分类政策对应的规划指引规范和实施政策的问题。规划管理方面存在农村地区规划区重叠现象严重，规划主体和规划许可制度执行不清晰，缺乏具有实际操作意义的规划实施保障机制，公共参与缺乏严格执行的反馈机制，规划公众参与的实效性低下，未能实现乡村自治和规划的优化组合的问题。

针对现有政策存在的问题，用地规划方面以"总量 + 分项"控制的思路，确定村庄建设用地规模，从增量规划到存量规划，充分利用村庄废弃建设用地；

表 3-6　农村规划编制与管理政策的问题和建议

政策分类		问题	建议
规划编制与管理	用地规划	农村人均建设用地规模标准空白	"总量＋分项"控制的思路，确定村庄建设用地规模
		农村建设用地指标少、规划落地实施难度大	从增量规划到存量规划，充分利用村庄废弃建设用地
		村庄规划与控规、土规相互掣肘	以"空间管制＋规划实施"思路，构建城乡一体化规划管理体系
	"旧村"改造	实施与规划脱节、改造总量和计划缺乏控制	分区对待，有收有放
		城中村改造政策主体多元，缺乏横向衔接	政策与规划互动，充分运用规划技术减少改造障碍，提高项目的可实施性
		用地补偿措施不统一、公益性项目难落实	同地同权同价
	历史村落保护	缺乏相关政策指引和规范利用问题	尊重历史文化资源保护，塑造岭南特色，加快建设改造标准的制定
	基础设施	农村基础设施配套规划建设滞后	区域统筹农村基础设施建设项目
		市场化水平低、营利性设施难以运营，可再生资源利用水平低	建立、健全基础设施建设标准、规范
	村庄分类政策	缺乏规划指引规范和实施政策	根据城镇化的不同发展阶段，加强村庄分类指导
	规划管理	农村地区规划区重叠现象严重，规划主体和规划许可制度执行不清晰	构建具有广州特色的村庄规划编制体系
		缺乏具有实际操作意义的规划实施保障机制	倡导村民全过程参与规划编制，推进以村民代表大会为核心的公众参与制度
		公共参与缺乏严格执行的反馈机制，规划公众参与的实效性低下	

以"空间管制＋规划实施"思路，构建城乡一体化规划管理体系。"旧村"改造方面分区对待，有收有放；政策与规划互动，充分运用规划技术减少改造障碍，提高项目的可实施性；同地同权同价。历史村落保护方面尊重历史文化资源保护，塑造岭南特色，加快建设改造标准的制定。基础设施方面区域统筹农村基础设施建设项目；建立、健全基础设施建设标准、规范。村庄分类政策方面根据城镇化的不同发展阶段，加强村庄分类指导。规划管理方面构建具有广州特色的村庄规划编制体系；倡导村民全过程参与规划编制，推进以村民代表大会为核心的公众参与制度。

第四章　土地政策

第一节　历史演变脉络

　　1986 年原国家土地管理局的成立结束了我国长期以来多部门分散管理土地的局面，1998 年原国土资源部的成立进一步强化了土地管理体制。广州市现行的土地政策，都是在《中华人民共和国土地管理法》的既有框架下制定的。其作为农村土地使用与管理的根本依据，从集体土地确权登记，土地承包、经营及流转，征地补偿及留用地，土地开发整理，土地集约利用和耕地保护等方面做出了原则性规定，奠定了省、市、区级农村土地政策的基调。广州市的农村土地政策发展演变大概经历了三个阶段。

1. 探索阶段

　　探索阶段主要指 1999 年《土地管理法》第一次修订之前。改革开放后，广州市城市化进程提速，农村地区掀起了一轮建设热潮。为规范农村土地管理，衔接党和国家的土地政策，在《中华人民共和国土地管理法》（1986 版）等核心法律法规的指导下，广东省于 1987 年制定了《广东省土地管理实施办法》，重点对集体土地的使用权、征地及补偿、耕地保护及宅基地使用进行了规定。此后，由于城市拓展造成对农村土地占用现象的加速，为规范征地管理，保障农村地区的发展权益，广东省于 1993 年出台了《广东省征地管理规定》。随后，广州市以省层面的土地法规为基础，于 1995 年颁布了《广州市土地管理规定》，对土地利用和保护、集体所有土地的征用、农村居民住宅用地等方面进行了详细规定。

这一时期广州市土地政策出台的重要意义在于，其率先在全国范围内探索实行留用地征地补偿措施，提出了"征用集体所有土地，市辖区可按所征土地总面积的 8%~10% 留出，供被征地单位发展第二、第三产业，安置剩余劳动力，但不得用于建房出售"。

2. 形成阶段

2000—2006 年，广州市农村土地政策重在确权登记，探索集体用地流转。1999 年版《土地管理法》正式出台，与《广东省征地管理规定》《广州市土地管理规定》等地方性土地法规在部分内容上存在矛盾。因此，广东省在 2000 年 1 月 8 日颁布了"广东省实施《中华人民共和国土地管理法》办法"，同年 7 月 19 日，广州市十一届人大常委会第 18 次会议表决通过了关于废止《广州市土地管理规定》的决定。2004 年《土地管理法》再次修订，将集体土地发展权列入，巩固完善了集体用地内涵，这一时期，广州市农村土地政策重在加强对农村集体土地的确权登记，并探索农村集体建设用地使用权的流转。如广州市在这一时期先后制定了《广州市农村房地产权登记规定》（2001）、《〈广州市农村房地产权登记规定〉实施细则》（2001）、《关于印发广州市农村（城中村）初始土地登记工作程序的通知》（2003）、《关于进一步加快集体土地所有权登记发证工作的通知》（2004）等一系列政策文件；广东省出台了包括《广东省人民政府关于试行农村集体建设用地使用权流转的通知》（2003）、《广东省集体建设用地使用权流转管理办法》（2005），积极探索农村集体土地的流转问题。

3. 完善阶段

2007 年至今，广州农村土地政策注重完善留用地和土地流转，严格集约用地。经历了改革开放 40 年的快速发展，广州市城乡二元结构矛盾越加显现，农村土地被侵占、农民利益受损的现象日益严峻。这一时期，广州市先后响应国家新农村建设规划和美丽乡村规划，进一步改进农村土地政策，并重点完善留用地和土地流转政策，严格执行耕地保护制度，实施集约节约用地政策。这一时期，广州市先后出台了《广州市人民政府办公厅关于统筹解决我市各区农村留用地遗留问题的意见》（2009）、《关于加快推进农村集体土地确权登记发证 进一步推动节约集约用地试点示范工作的通知》（2011）、《广州市集体建设用地使用权流转管理试行办法》（2011）、《广州市人民政府办公厅关于土地节约集约利用的实施意见》（2014）等（图 4-1）。

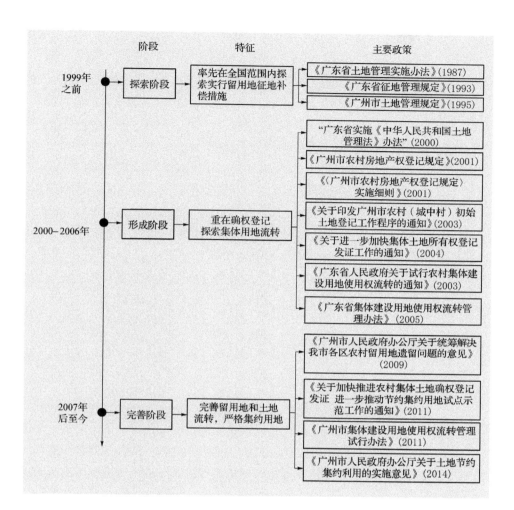

图 4-1 广州市土地政策历史演变情况

阶段	特征	主要政策

1999年之前 — 探索阶段 — 率先在全国范围内探索实行留用地征地补偿措施
- 《广东省土地管理实施办法》(1987)
- 《广东省征地管理规定》(1993)
- 《广州市土地管理规定》(1995)

2000-2006年 — 形成阶段 — 重在确权登记探索集体用地流转
- "广东省实施《中华人民共和国土地管理法》办法"(2000)
- 《广州市农村房地产权登记规定》(2001)
- 《〈广州市农村房地产权登记规定〉实施细则》(2001)
- 《关于印发广州市农村（城中村）初始土地登记工作程序的通知》(2003)
- 《关于进一步加快集体土地所有权登记发证工作的通知》(2004)
- 《广东省人民政府关于试行农村集体建设用地使用权流转的通知》(2003)
- 《广东省集体建设用地使用权流转管理办法》(2005)

2007年后至今 — 完善阶段 — 完善留用地和土地流转，严格集约用地
- 《广州市人民政府办公厅关于统筹解决我市各区农村留用地遗留问题的意见》(2009)
- 《关于加快推进农村集体土地确权登记发证 进一步推动节约集约用地试点示范工作的通知》(2011)
- 《广州市集体建设用地使用权流转管理试行办法》(2011)
- 《广州市人民政府办公厅关于土地节约集约利用的实施意见》(2014)

第二节　政策依据及核心内容

1. 集体土地确权登记政策

（1）政策依据

①国家层面。原国家土地管理局颁布的《土地登记规则》中明确规定：国有土地使用者、集体土地所有者、集体土地使用者和土地他项权利者，必须依法申请土地登记；土地登记分为初始土地登记和变更土地登记。此外，涉及农村集体土地所有权和使用权登记的政策还包括原国家土地管理局下发的《关于

印发〈农村集体土地使用权抵押登记的若干规定〉的通知》（〔1995〕国土〔籍〕字第134号）、《确定土地所有权和使用权的若干规定》（〔1989〕国土〔籍〕字第73号）等相关政策法规。

②广东省层面。广东省于2008年颁布了《广东省农村土地登记规则》，其规定农村土地登记以宗地为基本单元；必须依照土地、地籍调查、权属审核、注册登记、颁发或者更换土地证书的程序进行登记申请。

③广州市层面。广州市于2001年颁布了《广州市农村房地产权登记规定》《〈广州市农村房地产权登记规定〉实施细则》，又于2003年先后发布《关于印发〈广州市农村土地登记发证工作方案〉的通知》（穗国房字〔2003〕386号）以及《关于印发〈广州市农村（城中村）初始土地登记工作程序〉的通知》（穗国房字〔2003〕651号），指导农房的确权登记工作。随着《中华人民共和国物权法》（2007）以及《广东省农村土地登记规则》（2008）的实施，原有农房登记政策与最新法规在部分内容上存在矛盾，广州市于2011年出台了《广州市集体土地及房地产登记规范（试行）》《关于加快推进农村集体土地确权登记发证 进一步推动节约集约用地试点示范工作的通知》（穗国房字〔2011〕1018号）等政策文件。

（2）核心内容

①关于登记发证程序：农村土地登记以宗地为基本单元。按照"土地登记申请、地籍调查、权属审核、注册登记、颁发或者更换土地证书"的程序进行。

②农地权属登记：农村土地登记，属集体土地所有权的，颁发集体土地所有证；属国有土地使用权的，颁发国有土地使用证；属集体土地使用权的，颁发集体土地使用证；属依法抵押、出租等土地他项权利的，颁发土地他项权利证明书。

③严禁通过土地登记使违法用地合法化：经批准同意使用集体建设用地、宅基地建设房屋的，可以一并申请办理房地产权登记，未经批准建设房屋或虽经批准但房屋存在扩、加、改建的，暂不办理房屋所有权登记，但应在土地登记簿及土地权利证书上记载房屋情况。

④先登记，才能实施土地流转和征地补偿：农村土地登记结果和颁发的土地证书是农村建设用地审批和落实土地补偿的依据。征用、依法批准使用农村土地时，凡未依照规定办理农村土地登记、领取土地证书的，应首先办理土地确权登记手续。

⑤所有权、使用权的初始登记：集体经济组织对本集体所有的土地应当申请办理集体土地所有权初始登记；集体经济组织依法使用本集体土地进行建设或准备依法流转其集体建设用地使用权的，应当申请办理集体土地使用权初始登记；集体经济组织、集体经济组织成员或其他合法集体建设用地使用权人在集体土地上依法建设房屋的，可以申请办理房屋所有权初始登记；集体经济组织成员

经批准使用宅基地建设住宅的，可以直接申请办理宅基地使用权与房屋所有权统一的初始登记。

⑥所有权、使用权、他项权的转移登记：集体建设用地使用权及地上建筑物、附着物因出让、作价入股（出资）或者转让等依法发生流转的，应当申请办理转移登记；宅基地上的村民住宅因买卖、互换、赠予、继承、受遗赠等情形依法发生所有权转移的，可以申请房屋所有权转移登记；法人或其他组织分立、合并，夫妻财产约定以及其他共有房地产析产等原因导致集体土地使用权或房屋所有权发生转移的，应当申请办理转移登记；经依法登记的抵押权因主债权转让而转让的，可以申请办理抵押权转移登记；已经设定地役权的土地使用权发生转移的，可以申请办理地役权转移登记。

⑦所有权、使用权、他项权的变更登记：集体土地所有权从上级集体经济组织细化至下级集体经济组织，综合地类细化至单一地类以及其他需要进一步细化所有权的，应当办理集体土地所有权细化变更登记；集体土地所有权、集体土地使用权、房屋所有权、他项权的权利人姓名或名称发生变更的，应当申请办理名义变更登记；集体土地、房屋的面积增加或减少，应当申请办理面积变更登记；集体土地所有权宗地范围内部分土地被依法征收的，剩余未征收地块应当申请办理所有权面积变更登记；集体土地、房屋的坐落、用途或房屋结构等现状发生变化的，应当申请办理其他变更登记；被担保债权的数额发生变化等导致经依法登记的抵押权登记事项变更的，应当申请办理抵押权变更登记；经依法登记的地役权设立内容等发生变更的，应当申请办理地役权变更登记。

⑧关于宅基地登记：1997 年 4 月 15 日后，农民新建的宅基地，应符合一户一处宅基地的规定，并不得超过规定面积标准。凡已有旧宅基地的，应注销原土地登记，交回旧宅基地的土地使用证，并将旧宅基地退回原农民集体，才能办理新宅基地的土地登记。

2. 留用地政策

（1）政策进程

所谓"留用地"，指"国家征收农村集体土地后，按实际征收土地面积的一定比例，作为征地安置另行安排给被征地农村集体经济组织用于发展生产的建设用地。留用地的使用权及其收益全部归该农村集体经济组织所有"。

广州市农村留用地政策主要经历了以下 7 次进程，总体上形成了从无到有并逐步完善的态势：

● 1992 年，番禺先行试点，按征用耕地面积的 15% 返还。

● 1993 年，《广东省征地管理规定》出台，作为有关留用地管理的第一份正式文件，规定了留用地返还比例按照不超过征用土地面积的 10% 返还。

● 1995 年，《广州市土地管理规定》颁布，规定按征地面积的 8%~10% 返还，以发展二、三产业，但不能用于建造商品房。

● 2000 年，在国家"新土地管理法"出台后，原《广州市土地管理规定》由于部分内容与"新土地管理法"存在矛盾，因而废止，留用地政策暂停。

● 2005 年，"广东省 51 号文"恢复了留用地政策，但仍存在返还标准不统一的情况。

● 2008 年，广州市颁布了《关于统筹解决我市各区农村留用地遗留问题的意见》，主要清理留用地历史欠账问题。

● 2012 年，"广州市 7 号文"建立了以村集体为单位的留用地指标管理系统，完善了留用地政策。

（2）政策依据

广州市现行涉及征地补偿及留用地的政策主要包括国家层面的《中华人民共和国土地管理法》，广东省层面的《广东省征收农村集体土地留用地管理办法（试行）》（2009）、《广东省征收农民集体所有土地各项补偿费管理办法》（2008）、《广东省国土资源厅关于深入开展征地制度改革有关问题的通知》（粤国土资发〔2005〕51 号），以及广州市《关于贯彻实施〈广东省征收农村集体土地留用地管理办法（试行）〉的通知》（穗府办〔2012〕7 号），《关于统筹解决我市各区农村留用地遗留问题的意见》（穗府办〔2009〕118 号）、《广州市人民代表大会常务委员会关于落实农村土地征用留用地政策的决议》（穗府办〔2008〕40 号）等法律、法规和地方性规章、通知等文件。

全国各地留用地政策差异性较大，国家没有制定统一标准。

◎ 江苏、浙江、福建、湖南等地为 10%。

◎ 广东和河北是 10%~15%。

◎ 深圳按 6%~10% 预留；佛山、顺德分别按征地面积的 10% 提留给村，5% 给镇。

广州市各时期的标准有变化，且各区标准不一致。

◎ 2000 年以前，按 8%~10% 返还；2012 年确定为 10%。

◎ 2012 年以前，越秀、海珠、天河、白云、黄埔、萝岗等区按照 10%；番禺区按 15%；花都区按 10%~15%。

政策依据：

◎《广东省征收农村集体土地留用地管理办法》（2009）第三条：留用地按实际征收农村集体经济组织土地面积的10%至15%安排，具体比例由各地级以上市人民政府根据当地实际以及项目建设情况确定。

◎ 广州市《关于贯彻实施〈广东省征收农村集体土地留用地管理办法(试行)〉的通知》（2012）第一条：从本通知颁布之日起，留用地指标面积按照实际征地面积的10%计算；本通知颁布之前已签订征地协议或已核发征地预公告的，留用地指标按原规定的标准执行。

（3）核心内容

① 返还比例：征地留用地指标按照实际征地面积的10%计算返还。

② 用地性质：留用地可以按照规划要求用于除商品住宅建设以外的用途。

广州市留用地政策与其他地区、城市的对比：

◎共同点：都明确规定留用地是用于发展二、三产业，不得用于商品住宅开发。

◎ 差别点：上海、杭州等地对留用地的开发性质有细致的指导，广州仅规定了"不能做什么"，弹性更强。

◎第五条：严禁将留用地项目用于商品房等开发建设。市政府各有关部门应密切协作，在规划条件、方案设计、施工许可、房地产转让等各环节严格把关。

征地留用地的用途：留用地主要用于能使农民获得长期稳定收益的项目开发，如标准厂房、商铺、仓储等不动产项目。征地留用地不得用于商品住宅开发，不得用于风险担保。留用地开发的项目可以由集体经营，也可以采用承包经营、租赁经营等形式。

③ 用地权属：留用地应当依法转为建设用地。留用地原则上保留集体土地性质；在城镇规划区范围内的留用地可征收为国有土地。留用地办理转为建设用地或征收土地手续的费用，纳入征地成本，由用地单位承担。其中，征收为国有建设用地的，市、县（市）人民政府可以无偿返拨给被征地农村集体经济组织，用于发展壮大集体经济。

留用地到底是国有土地还是集体土地，城镇用地还是村庄用地？
◎ 广东省规定是国有土地与集体土地共存，广州市则按省规定执行；上海、浙江、福建等地要求先征收为国有用地。
转为国有用地后如何出让给被征地村？不同地区存在差异。
◎ 上海市：协议出让。
◎ 台州市：挂牌出让给被征地集体村再返还出让收益。
◎ 广东省：划拨土地使用权。

④ 兑现方式，包括以下三种方式：

折算货币补偿款。留用地指标可以折算为货币补偿款，留用地折算货币补偿额按照不低于发布征地预公告时留用地指标面积与被征收土地所在区域工业用地基准地价级别价乘积的 1.5 倍计算，具体标准可由各区根据本辖区实际情况制定。

安排留用地。留用地包括集中留用地和分散留用地。集中留用地，即留用地集中安排在本区（县级市）或本镇（街）工业集聚区，或者集中安排在本区（县级市）的留用地集中安置区内；分散留用地，即留用地分散安排在本村集体经济组织所属集体土地范围、符合土地利用总体规划和城乡规划的区域内。

等价置换房屋。被征地的农村集体经济组织可以按照留用地指标核定书载明的留用地折算货币补偿额与征地单位提供的有权处分的房屋进行等价交换，并签订书面置换协议。

⑤ "三鼓励一适度"，主要是指：

鼓励留用地指标折算为货币补偿款。农村集体经济组织取得的留用地折算成货币补偿款，是征地补偿安置费用的组成部分，按国家有关规定征、免各项税费。

鼓励统筹集中留用地。农村集体经济组织应在安置区进行留用地选址，自行办理用地手续。区（县级市）、镇（街）人民政府可对集中安置区进行储备，也可在政府储备用地中安排留用地选址，统一办理用地手续，按划拨方式供地给农村集体经济组织。属块状征地项目的，应在征地范围内安排留用地，同步办理用地手续。

鼓励留用地指标等价置换房屋。被征地农村集体经济组织通过留用地指标置换获取房屋，是征地补偿安置措施之一，在办理该房屋所有权和土地使用权登记过户时按国家有关规定征、免各项税费。

适度分散留用地。集体土地范围内有符合土地利用总体规划和城乡规划的用地、拟建设项目符合规划要求可以独立供地、拟用地面积不超过可用的留用地指标总面积的，可以安排分散留用地。不能同时具备上述分散留用地条件的，应当选择集中安置区留用地或者以置换房屋、折算货币补偿款等其他方式兑现留用地指标。

3. 集体土地流转政策

（1）政策依据

①国家层面。广州市现行集体土地流转政策以《中华人民共和国土地管理法》《中华人民共和国土地管理法实施条例》以及《中华人民共和国农村土地承包法》等法律法规为依据。现行国家层面关于集体土地的流转主要是针对经过承包的农业用地，但对农村集体建设用地使用权的流转并无明文规定。改革开放以来，农村集体建设用地的资产性质逐渐显现出来，以出让、转让（含以土地使用权作价出资、入股、联营、兼并和置换等）、出租和抵押等形式自发流转农村集体建设用地使用权的行为屡有发生，数量和规模上有不断扩大的趋势，集体建设用地隐形市场客观存在。这虽然与现行的农村集体建设用地管理制度之间存在一定的矛盾，但反映了市场经济条件下对农村集体建设用地使用权流转的内在需求。

②广东省层面。在此背景下，广东省于 2003 发布了《广东省人民政府关于试行农村集体建设用地使用权流转的通知》（粤府〔2003〕51 号），此后又于 2005 年颁布了《广东省集体建设用地使用权流转管理办法》（粤府令第 100 号），用以规范指导农村集体的建设用地使用权的出让、转让、出租等行为。

③广州市层面。为落实《广东省集体建设用地使用权流转管理办法》，考虑到广州市农村的实际特点，广州市于 2011 年制定了《广州市集体建设用地使用权流转管理试行办法》（穗府办〔2011〕37 号），至此，广州市已经形成了相对完善的农村集体土地流转的政策。

（2）核心内容

① 农地承包经营权流转

不得改变土地所有权的性质和土地的农业用途；流转的期限不得超过承包期的剩余期限；受让方须有农业经营能力。

② 农村集体建设用地使用权流转

原则和条件：任何单位和个人不得买卖或者以其他形式非法转让农村集体土地所有权。农村集体建设用地使用权符合下列条件的，可以出让、转让、出租和抵押，并享有与城镇国有土地使用权同等的权益：a. 经依法批准使用或取得的建设用地；b. 符合土地利用总体规划和城市、镇建设规划；c. 依法办理土地登记，领取土地权属证书；d. 界址清楚，没有权属纠纷。

流转物规定：通过出让、转让、出租和抵押方式流转农村集体建设用地使用权的，其地上建筑物、其他附着物所有权随之流转。流转时须取得合法的房地产权属证书。地上有违法建筑物及其附着物的，不得流转。

用途管制：通过出让、转让和出租方式取得的集体建设用地不得用于商品房地产开发建设和住宅建设（即小产权房）。

出让价格：集体建设用地使用权的出让价格不得低于同区域、同类别国有土地使用权基准地价的 30%。

交易方式：广州集体建设用地流转将在全市统一的交易平台上进行，工业用地和商业、旅游、娱乐等经营性集体建设用地以及同一宗地有两个以上意向用地者的，都需要通过"招标、拍卖、挂牌"方式取得。

流转收益：农村集体建设用地使用权流转的收益，其中 50% 以上应当存入规定的银行专户，专项用于本集体经济组织成员的社会保障支出，不得挪作他用；剩余的 50% 左右，一部分留于集体，发展村集体经济，大部分仍应分配给村民。鼓励村民将这部分收益以股份方式，投入发展股份制集体经济。

4. 土地开发整理政策

（1）政策依据

20 世纪 90 年代后，随着我国经济的迅猛发展，出现了耕地锐减、人地矛盾日益突出等一系列土地利用问题，大力挖掘土地利用潜力、加强土地整理，被提到前所未有的战略高度。农村土地开发整理可以分为农用地开发整理和农村建设用地整理两类。农用地开发整理主要包括耕地整理、中低产田改造、未利用地开发以及小流域综合整治等；农村建设用地整理主要涉及迁村并点、旧村改造、宅基地（或其他低效建设用地）复垦，以达到增加耕地的目的。

①国家层面。《土地管理法》第 4 章第 41 条："国家鼓励土地整理。县、乡（镇）人民政府应当组织农村集体经济组织，按照土地利用总体规划，对田、水、路、林、村综合整治，提高耕地质量，增加有效耕地面积，改善农业生产条件和生态环境。"《土地管理法实施条例》明确规定："土地整理新增耕地面积的 60% 可以用作折抵建设占用耕地的补偿指标。"2003 年，原国土资源部在

总结全国各地区土地开发整理经验的基础上，印发了《土地开发整理若干意见》（国土资发〔2003〕363号），鼓励单位和个人依法运用土地整理新增耕地指标折抵政策，开展农地整理，运用建设用地指标置换政策，整理农村废弃建设用地。之后，原国土资源部又于2005年印发了《关于加强和改进土地开发整理工作的通知》，要求在土地开发整理中要切实加强土地权属管理工作，切实维护农村和农民的利益。此后，国家又颁布了《土地复垦条例》（2011）、《土地复垦条例实施办法》（2012），具体指导农地复垦工作。

②省、市层面。目前，省市层面关于土地开发整理的配套政策相对较少，主要依据《广东省实施〈中华人民共和国土地管理法〉办法》《关于广州市城乡统筹土地管理制度创新试点的实施意见》（2012）中提到要积极推进农村土地综合整治。

（2）核心内容

① 土地开发整理内容：采用工程、生物等措施，平整土地，归并零散地块，修筑梯田，整治养殖水面，规整农村居民点用地；建设道路、机井、沟渠、护坡、防护林等农田和农业配套工程；治理沙化地、盐碱地、污染土地，改良土壤，恢复植被；界定土地权属、地类、面积，进行土地变更调查和登记等。

② 土地整理折抵：土地整理新增耕地面积的60%可以用作折抵建设占用耕地的补偿指标。

③ 以基本农田整理为土地整理重点：在严格保护基本农田的同时，加大对基本农田的投入，以建设促保护。基本农田整理应集中连片，整理后基本农田的耕作条件和质量应达到当地基本农田的较高水平。经过整理的基本农田要切实加以保护，不得违法占用。

④ 旧村改造与整治：搬迁改造旧村庄，需占用农用地的，经县级以上人民政府批准，可用新增耕地面积的60%置换。

⑤ 土地开发整理要与农业生产结构调整有机结合：开发整理土地的用途应根据土地适应性和农业生产需要合理确定，最大限度地发挥土地效益。

⑥ 农村建设用地整治：采用城乡建设用地增减挂钩政策，结合生态环境治理、"迁村并点"、农村居民点改造、乡村基础设施建设等，对散乱、废弃、闲置、低效的农村建设用地进行整治。

第三节　农村土地政策的评估

1. 广州农村土地资源问题

（1）土地流转率较低，难以发挥土地规模效益

随着市场化进程的推进，农民单家独户、小农经营的模式越来越受到市场化、规模化、集约化的严重冲击，实现土地规模经营势在必行，而土地是分散在农民手中的，要实现规模经营必须推进土地流转。从广州近年来推进土地流转的情况来看，成效并不显著，土地流转率在31%左右，落后于我国西南部的成都、重庆，以及华东一带的苏州、杭州、宁波等城市。原因主要在于：一是各级政府推进的力度不够，对于流转的激励和补偿不足以让农民把土地交出来进行流转，特别是有些外出务工的农民，宁肯土地丢荒也不愿意流转。二是农民囿于小农思想的束缚，认为将土地交给别人耕种不放心还是自己耕种。三是农村集体建设用地管理不够规范。我国国有土地有偿使用制度已经建立起来，但目前为止政府对农村集体建设用地流转没有统一、规范的管理措施与办法，导致集体建设用地自发地进入市场流转的现象时有发生。随着市场经济的发展，农村集体建设用地和宅基地有了较大的增值空间，自发隐形无序流转在城乡接合部尤为突出。由于缺乏规划指导、用途管理指导和用地指标，大量农村集体建设用地盲目无序地进入土地市场，造成"两违"建筑屡禁不止，建设用地供应总量很难得到有效控制。目前市场上出现的众多"小产权房"就是农村集体建设用地管理混乱的集中表现，已使正常的土地市场秩序受到严重干扰。

（2）土地资源管理粗放，低效用地、违法占地现象严重

从2000年至2015年底，广州市的农村人口减少了近一半，农村建设用地面积反增长了75%，人均农村建设用地面积竟达到人均城市建设用地面积的4倍，其中，"闲、散、乱"用地面积占农村建设用地面积的60%以上，农村建设用地的投资开发利用强度不足，土地利用方式单一，利用效率普遍低下。

农村低效用地情况较普遍。目前，广州市村庄容积率低于1的非居住建设用地面积达到5 064 hm²，占村庄居民点用地面积的13%；空心村用地面积达到2 326 hm²，占村庄居民点用地面积的6%；大量的用地闲置浪费，得不到充分利用。农村人均建设用地达到145.8 m²（图4-1），远高于《广东省城市规划指引——村镇规划指引（GDPG—002）》确定的中心村规划期内户籍人口建设用地人均120 m²以内的标准，距离《广州市城市总体规划（2011—2020）》确

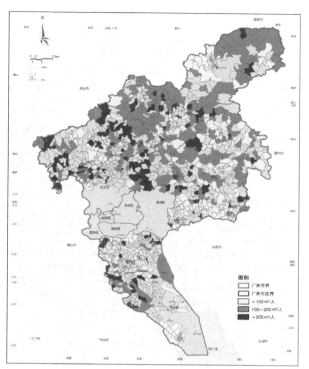

图 4-1　人均农村居民点用地图

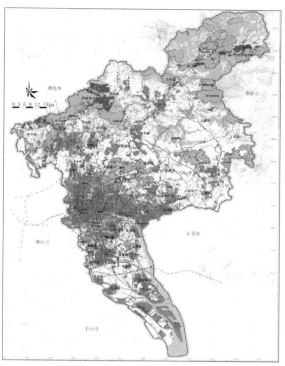

图 4-2　土地利用总体规划图

定的 118.3 m²/ 人的目标有较大差距（图 4-2、图 4-3 ）。其中白云区和花都区人均农村居民点用地面积都超过 200 m²，从化区、南沙区和萝岗区均超过 120 m²/ 人，人均占用建设用地面积过大，土地资源利用效率低。广州市农村集体建设用地产出率为 1.21 亿元 /km²，仅为国有建设用地产出率的 1/10，农村集体将土地作为重要生产要素的价值得不到充分体现。同时，北部从化、增城地区存在大量"空心村""空壳村"，留守农村的大多是老人、妇女和儿童，大量房屋和土地闲置，不仅导致了土地资源的浪费，也与经济较发达地区城乡建设用地相当紧张的格局形成了鲜明对比。

部分村镇建设用地闲置。在白云区太和镇的某村，虽然面临着严重的土地资源压力，但长久以来该村的闲置村镇建设用地高达 30 % 以上，造成这种土地浪费局面的主要原因是当

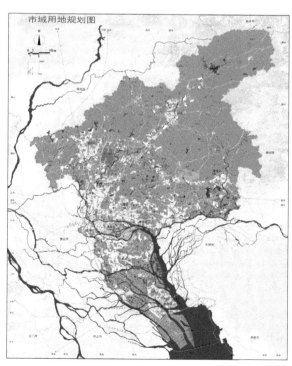

图 4-3　城市总体规划图

地村民的"恋乡情结"。另一方面，有相当多的村民在观望，因为国家已经试点允许集体经营性建设用地入市，这让村民们觉得能够从土地转让、转租中获得更大的经济收益，利益的驱动让村民们普遍选择通过闲置的方式等待未来土地价值上涨。

村镇建设用地经济效益低。村镇建设用地的经济收入主要来源于物业租金，包括村镇建设用地出租、厂房出租和住房出租等多种形式。由于改革开放初期，当地村集体为了吸引企业进驻，以低廉的租金（一般月租金约为 1~3 元／m²）出租土地或厂房，即使其租金根据厂房标准和区位的不同而有所差别，差别的幅度也仅为 6~12 元／m²。简易厂房的月租金一般为 3~5 元／m²，而标准厂房的月租金是 10~12 元／m²，厂房租金的上涨幅度也较低。由此可见，村镇建设用地的经济效益较差。

以广州市天河区和白云区为例，两区内部的村镇建设用地中，主要的企业类型包括物流、仓储、皮革、轮胎等占地广、产业附加值低、提供就业组合层次低的行业，且一半以上的企业用地租期为 10 年以上。总的来说，该区域内的低效工业仓储用地面积比较大，并且分布相对零散，缺少规模效益。白云区除景泰街和京溪街没有低效工业仓储用地外，其他街区均存在着该类用地，北部四镇和石井街的低效工业仓储用地数量均较大。该类用地上的已有建筑以建筑容积率低、环境差的单层星皮瓦房为主，有些建筑使用租期长达几十年，使得现有土地租赁价格远远滞后于市场供需反映的真正价值。另外，在该区域内也存在着数量不可忽视的"历史厂房"，即建造于 20 世纪 80 年代末 90 年代初的老旧厂房，这些厂房建设用料低廉，现大多已出现不同程度的老化破碎，房屋安全隐患严重。在居住用地中，"握手楼""接吻楼"现象比较普遍，这些建筑少量用于自住，多数用于向低收入人群出租。这样的建筑楼层高度比较高，一般在 5 层以上，且空间布局无序，公共设施及基础设施不完善，环境卫生、社会治安比较差，极易引发社会问题。我国法律法规严禁农村出现"一户多宅"的情况，《土地管理法》也明确规定，农村每户村民只能拥有一处宅基地，如果出现农村村民出卖或出租自己的房屋后，再以自身没有宅基地为由申请宅基地的情况是不予批准的。但是，由于村镇建设用地缺乏有效的管理机构及有关的管理措施，加之存在不可避免的相关历史原因，"一户多宅"现象在农村地区日益蔓延，已经形成了相当的规模。据调查，在白云区农村"一户多宅"现象非常普遍，既有一户2宅、3宅，也有一户4宅、5宅，最多的一户甚至达到了9宅。白云区江高镇大田村内现有私有房屋 1 873 栋，其中"一户多宅"的农户就有 1 059 户，占全村私有房屋的56.5%，最多的一户有7宅。从建设时间来看，多数住宅建在 1998—2002 年，一户多宅问题可以说是一个严峻的历史遗留问题。

2. 留用地政策问题

（1）比例标准不统一，历史欠账严重

由于政策的不连贯、执行管理不利等诸多原因导致广州市留用地历史欠账情况十分严重。根据 2008 年 12 月起组织开展的留用地历史欠账的摸底清查，1992—2007 年由市、区政府主导的征地项目，全市 9 区核定征地面积共 281 万亩（未含萝岗区），应留未留的农村留用地历史欠账 13 361.2 亩，涉及 273 个村。其中，花都、番禺、白云 3 区欠账最严重，共有 253 个村，欠账面积 10 472 亩，约占欠账总面积的 86%（表 4-1）。

表 4-1 广州市各区留用地历史欠账情况

区属	花都	白云	番禺	黄埔	天河	海珠	荔湾	萝岗	合计
欠账（亩）	5 707	3 201	1 564	1 074	374	293	148	0.2	12 361.2
比例（%）	42.7	24.0	19.2	8.0	2.8	2.2	1.1	0.001	100

《广东省征收农村集体留用地管理办法》的部分内容表达模糊不清，导致各市（县）在具体操作时自由裁量权过大，多次在留用地落实上的差异引发了不同区域群众对该政策的不满。一是留用地确权方式不明确。广东省 20% 的市（县）留用地确权为集体建设用地，其余 80% 则被赋予国有土地性质。集体土地和国有土地在转让、出租、抵押等方面的收益相差很大，导致落实留用地收益分配上差别较大，也容易出现地方领导人员权力寻租问题。二是具体落实方式指导不明确。目前广东省各地落实留用地主要有划拨、协议出让、挂牌出让和货币折算等几种方式，具体采用哪一种方式，没有明确的标准，容易出现法规漏洞，让违法行为有机可乘。三是留用地比例不明确，上级文件仅要求按 10%~15% 的比例落实，但缺少具体的操作参考标准，各市（县）未经科学测算确定留用地的比例，大部分按照 15% 予以承诺，部分地区承诺比例还会超过广东省规定的标准。留用地比例不一引发各地互相攀比的心理，给后期再安排留用地带来较坏的示范作用。

（2）指标难以落实

尽管根据 2008 年广州市对留用地历史欠账摸查出了 13 361 亩留用地，市国土局已将拖欠的留用地指标核算到村，但在实际操作过程中，这些指标因与两规不符、实际建设用地已超过土地利用总体规划等原因，绝大多数无法办理用地报批手续，进而无法真正落地。因此，广州市实际上并未在真正意义上解决留用地历史欠账问题。截至 2012 年 7 月 31 日，广州市 9 区 90% 以上留用地历史欠账指标难以落地（表 4-2）。

表 4-2　广州市 9 区留用地历史欠账落实情况

项目	分散留用地	集中留用地	指标调剂	货币补偿	折算房屋	具结兑现	合计
面积（亩）	6 764.2	4 632	1 096	225	10	634	13 361.2
比例（%）	50.6	34.7	8.2	1.7	0.1	4.7	100

备注：不愿申请选址又不接受其他兑现方式，以及因无符合"两规"地块等暂不申请选址兑现的，采取"具结书"的方式，即由村、镇（街）、区三级盖章确认暂不要求兑现后，申请财政资金安排货币补偿作为"兜底"保障，村集体可待条件成熟后选址落地或申请以货币补偿方式落实。

导致留用地落实难现象有以下几方面原因：一是地方政府用地指标有限，意愿上抗拒安排留用地，推诿工作，延缓优先级。为了在短期内加快本地区经济增长速度，实现地方政府财政收入显著增长和领导任期内政绩最大，地方政府往往优先安排市政基础设施、地方重点建设项目以及其他各类建设项目，无形之中把留用地的农转用指标排除在工作计划之外，留用地落实进展缓慢。二是国家重点工程项目涉及的留用地无法打包报批。在国家重点工程项目报批时，不允许将留用地一并打包报批，存在制度层面的障碍，而地方政府也不愿为落实这部分留用地而追加设置专项指标。三是选址难以达成一致意见。待搬迁的农村集体往往认为政府划出的留用地比原先居所区位的位置偏远、交通不便、增值收益低，不愿意接受。而村集体希望得到的留用地多存在不符合土地利用总体规划或城乡规划的问题，政府很难为其报批。部分村集体由于无地可选，往往需要采用异地安置的方式，这种情形下村集体因为担心落实在异地的留用地开发管理困难，通常不肯接受。四是村集体资金短缺，因各项经费不足无法办理留用地手续。办理留用地手续均需要交纳青苗补偿费、耕地开垦费、耕地占用税、新增建设土地有偿使用费等费用，对于经济较薄弱的村集体来说是一个沉重的负担。

（3）以经济社为单位落实留用地，加剧土地破碎化

由于留用地指标的台账管理体系及留用地的核定、调剂、兑现、注销等管理以村为单位，且根据留用地政策，留用地返还以经济社为单位，进一步加剧了农村土地破碎化。尽管现有留用地政策提出鼓励集中留用地，但在实际操作过程中，因鼓励集中安排留用地的激励机制缺失，使得这种鼓励成为空想。实际上，因看重留用地带来的直接和间接经济带动效应，村民更愿意将留用地留在本村，即使没有符合"两规"的建设用地，也宁愿选择"挂起"而不肯集中使用留用地指标。且已落地的分散留用地也因为规模过小、经济组织实力不强等原因导致大量留用地仍以村里自建厂房出租的形式落实，建设质量较低，土地的经济效益没有得到很好的发挥。

留用地上的项目经营方式粗放，经济效益普遍不高。以村集体为单位落实的经济发展留用地，基本都为面积小、零星分布的土地，难以承载规模产业，因此单独招商很难引进综合效益好、土地利用率高的好项目。现状是虽然土地用途五花八门，但多为效益低的传统型项目。工业用地项目普遍存在投资强度低、容积率低的问题，商服用地可供建设的多为档次低、层次低、设计简单的项目。在经营方式上，留用地一般以租赁经营为主，很少有自主经营或合作经营的，经济效益普遍不高。部分农村集体无法引进项目，也无力自行开发，让留用地长期闲置荒废，或者干脆允许村民违规建房。

以广州市花都区三华村和五华村的留用地返还情况为例（图4-4），相邻两村的留用地数量多达13块，同时不少留用地采用路边沿线模式，地块狭长，不利于城乡景观的塑造，也加大了管理的难度。

（4）用地指标限制同农民要求实物留用地存在矛盾

由于重大发展平台、重大基础设施、产业项目和民生工程等项目对建设用地的需求十分巨大，广州市新增建设用地指标捉襟见肘。广东省国土资源厅每年下达给广州市的新增建设用地指标约为 15 km²，扣除专项下达的计划指标后，每年市一级可安排的计划指标只有 10 km² 左右。这些指标既要满足本市产业发展、城市建设和民生工程等新增建设用地需求，也要保障已选址留用地欠账的

图 4-4　广州市花都区两村留用地分布情况

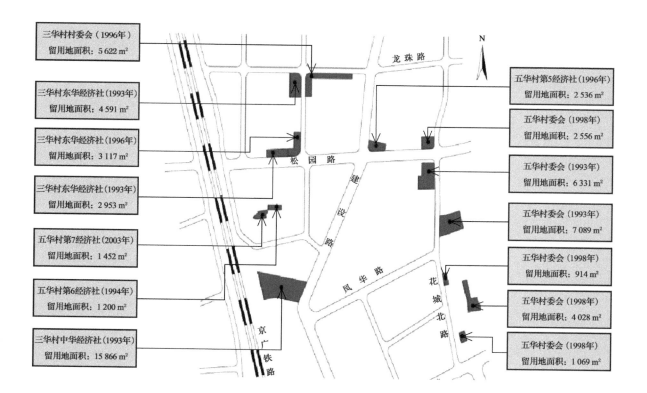

三华村村委会（1996年）留用地面积：5 622 m²

三华村东华经济社（1993年）留用地面积：4 591 m²

三华村东华经济社（1996年）留用地面积：3 117 m²

三华村东华经济社（1993年）留用地面积：2 953 m²

五华村第7经济社（2003年）留用地面积：1 452 m²

五华村第6经济社（1994年）留用地面积：1 200 m²

三华村中华经济社（1993年）留用地面积：15 866 m²

五华村第5经济社（1996年）留用地面积：2 536 m²

五华村村委会（1998年）留用地面积：2 556 m²

五华村村委会（1993年）留用地面积：6 331 m²

五华村村委会（1993年）留用地面积：7 089 m²

五华村村委会（1998年）留用地面积：914 m²

五华村村委会（1998年）留用地面积：4 028 m²

五华村村委会（1998年）留用地面积：1 069 m²

龙珠路

松园路

建设路

凤华路

花城北路

京广铁路

N

用地报批。事实上，各区出于自我发展需要，希望把用地规模和用地指标多用于发展本级政府主导的建设项目，不愿过多用于安排留用地。

与此同时，政府尽管鼓励农民以货币补偿、等价置换等方式减少对新增建设用地的需求，但在实践中，农民因看重土地资产所带来的增值收益，而普遍要求办理农转非后取得实物留用地。此外，鼓励货币化兑换留用地后没有形成有效的激励机制，也导致了村民要求取得实物留用地的意愿远大于其他兑现留用地指标的方式。

在对广州市外围的萝岗区、增城区被征地农村的实地调查中发现，农村集体普遍意愿主要呈现出以下几种分类：① 强烈倾向于实物留用地，认为政府给予货币补偿的标准太低；② 支持政府做好"中间人"角色，公开出面将留用地统一规划、统一招商，由企业与村集体协商使用留用地的具体内容，产生效益全部归村集体；③ 坚持由村集体自主开发经营，但可以尝试通过土地作价入股、出资等方式结合社会资本与外界力量合作开发；④ 不同意采取物业形式等价置换留用地，特别是城区的村庄更加不愿意以工业基准地价的1.5倍折算货币补偿；⑤ 不同意简单交由政府通过土地交易市场招标、拍卖、挂牌等方式进行流转，认为这种形式无法保障村集体利益最大化；⑥ 支持留用地集中，不同意分散使用，避免降低效益。结合调查结果综合分析，农村集体不同意货币补偿的原因主要有：① 货币补偿价格太低，与留用地实际市场价值不符，村集体利益受损；② 当前的农村财务管理制度不完善，容易造成资产流失；③农村集体需要不动产的收益来保障今后的农民收入。部分农村集体不同意物业置换的原因主要有：① 领导成员年纪偏大、管理思想比较保守的村两委班子难以接受新鲜事物，认为集体土地永远是属于农村的，而国有土地上的物业是有期限的；② 政府没有充裕的现成物业供农民挑选，看不到实物导致村民对政府工作缺乏信任，担心政府不兑现而造成"房地两空"；③ 政府没有一套系统的置换厂房、置换商业的政策，还没有妥善处理好物业置换与货币补偿之间关系的工作能力；④ 部分村干部出于小团体或个人"权""利"的考虑，掌握实物土地就相当于掌握了招商选择和租金标准的控制权。

（5）留用地选址与布局和城市规划存在矛盾

城市规划是对国有土地的空间安排。但《广东省征收农村集体土地留用地管理办法》（2009）原则确定留用地为集体土地，导致城市规划没有对留用地进行统一安排的"原动力"，留用地与城市规划不协调现象屡有发生。

村集体的"个体选择"与整体城市利益出现冲突。现有的城市规划和土地利用总体规划难以满足农民的留用地意愿，被征地村提出的选址要求往往位于不符合上述"两规"的地方。

留用地的使用开发是一种权属关系的工作过程，不是一种规划使用功能，因此留用地需要按照城市规划要求来用。全国各地出台的相关法规均明确规定了留用地不能发展经营性房地产，仅可作为商业和服务业设施以及工业仓储用途，其目的是保障农民具有长期的收益。经营性土地市场不受留用地落实后带来的供需关系变化的冲击，但是在操作上还存在一些待解决的现实问题：① 通常农村集体会提出希望留用地能在本村土地上进行安排，避免后续为农民生产生活带来不便，但如果本村土地范围内没有规划商业服务业设施或者工业、仓储功能的话，即无法落实留用地选址；② 农村集体的经济实力和经营管理实力有限，很难有能力自主招商、开发、建设商务办公、购物中心等盈利高、附加值高的大型项目，一般只能以出租土地给企业建设低端专业市场、厂房和仓库的方法获取收入，这对于非工业区的留用地来说是难以符合城市规划要求的；③由于商务办公、购物中心等大型项目建设过程中需要将土地抵押融资，而且需要出售部分物业回笼资金，但留用地在性质、价值、使用权出让法规上皆不同于普通商业用地，租赁留用地开发建设无法满足融资和尽快回笼资金的要求；④ 在进行城区规划时，一般不会安排工业、仓储用地，但在某些规划单元内是否需要集中布置这么多的商业服务业设施，是否所有商业服务业设施都由留用地来承担值得商榷；⑤由于级差地租的规律作用，规划城区中的农村不同意把其留用地集中安排到工业区中去，自然也不同意其留用地规划性质设定为工业、仓储性质，因此留用地集中异地安置仅仅在封闭管理的工业区当中适用。综上所述，传统的留用地政策与城市规划方案发生冲突是不可避免的。

（6）留用地集中安置区建设资金问题

推进留用地集中安置区建设是促进留用地集中布局、集约利用的重要措施。但是，集中安置区建设涉及异村征地问题，涉及的资金较多、程序复杂。目前以集中留用地选址落实用的留用地欠账共 4 632 亩，尽管广州市政府已明确减免留用地历史欠账市级审批权限内的各项税费，但由于当时的征地政策未明确对于留用地历史欠账办理手续费用的筹措方式，即未明确将费用纳入征地成本由项目单位负责，因此许多留用地历史欠账面临着建设资金问题，一定程度上延缓了已审批留用地的建设工作。

3. 土地流转政策问题

（1）流转机制不完善，交易平台尚不透明

一是在供求机制上，供求信息传播渠道不畅通，土地流转的中介服务组织匮乏，提高了土地流转的交易费用，在一定程度上影响了土地流转的速度、规模和效益；二是在价格机制上，租金定价随意性很大，土地流转的租金形式呈现多样性（包括实物、税费负担和现金等），农户的土地利益容易受到强势者的侵害。

在实际的租金定价过程中，发挥作用的并非市场规律，而是村委会或某种乡村非正式制度。

在集体建设用地隐形无序的交易中，获得土地使用权的企业主体往往通过压低租赁价格、拖欠租金等方式侵犯农民土地财产权益。集体建设用地流转收益的收取及分配缺乏法规依据标准，集体建设用地所有权归农村集体所有，故按照基于产权的原则流转中的土地收益分配也应当全部归村集体所有，但由于国家尚未出台明确的规定，土地公平分配的操作性较差。集体土地收益在分配过程中也容易遭受集体的侵蚀，被村集体、经济社等组织人员层层截留的现象时有发生，真正到达农民手中的部分很少。相较于其他一些地方的镇层面及区层面也参与集体建设用地收益的提成，一些经济联社要将集体建设用地流转获得收益的5%~20%上交给村作为管理费用，广州市的集体克扣现象相对较轻，但农民利益被瓜分的现象依然普遍，农民土地财产权益缺乏保障。土地财政权益纠纷造成农民集体上访频发，农民土地收益受侵害成了影响农村社会稳定的重要因素。集体建设用地流转的管理措施和办法的制度漏洞，导致政府对集体建设用地流转管理缺乏法律依据，违规使用集体建设用地的现象普遍。

（2）农地流转方式多元化，但流转程序尚不规范

在2012年广州市出台关于集体建设用地流转的管理措施和办法之前，集体建设用地流转长期处于自发和无序的状态，集体建设用地流转管理工作无法可依。规划和国土资源管理部门尚未把集体建设用地纳入城市建设规划和土地年度利用计划，规划部门缺少对集体建设用地进行有效规划管理的工作经验，村镇建设规划编制工作和后续实施计划严重滞后。同时，城市土地利用总体规划与城市总体规划本身缺乏有效衔接，规划内容存在矛盾与疏漏，使集体建设用地流转最为活跃的城乡接合部地区成为规划建设管理的真空地带。广州市集体建设用地的基本管理工作如权属登记、四至划分、所有权发证等已经完成，但集体建设用地的使用权确权的登记工作才刚刚起步，全市范围内集体建设用地的基础信息统计数据有待完善、时效性难以保证，政府不能及时掌握土地的实际情况，无法对流转和使用进行有效的管理和规范。目前，还存在城市规划相对滞后，一些郊区农村的发展计划没有纳入城市总体规划范围，集体建设用地无法报建的实际问题。在集体建设用地流转与利用中，违反现行国家土地管理制度如国家用途管制、规划控制等情况比较严重，不符合规划要求、尚未办理农地转为建设用地的审批手续，就私自搭建违章建筑用于流转等违规现象比较普遍，问题比较突出。

花都区的土地流转，主要以部分农业企业、农民专业合作社、种植大户等连片租赁农村土地，进行集中经营的模式为主，转包和转让方式流转的只占全部流转土地的29.2%。而从化区的土地流转分政府、企业和股份入股三种模式。其中，政府通过协议，委托村社两级经济组织，把土地集约后，流转给农业企

业的模式成为主流。增城区的流转方式主要是村民将土地流转给经营大户或投资经营农业的企业（表4-3）。

　　由于没有出台统一的配套实施细则，广州农村土地流转大部分仍处于自发、分散和无序状态，阻碍了土地资源的优化配置。第一，授予土地流转关系的不稳定，期限短，缺乏制度保障，使得经营者对土地的投资积极性不高，不利于土地的有效利用；第二，多以口头达成协议进行私下流转，缺乏有效的合同来规范双方的权利义务关系，对耕地保护和管理带来很大困难。

表4-3　广州市部分区农村土地流转方式构成

流转方式 ＼ 地区	增城区（%）	从化区（%）	花都区（%）
农户与对方自由流转	10.00	3.53	1.08
通过集体经济组织作为中介流转	75.00	26.92	90.02
通过合作社作为中介流转	15.00	69.55	8.90

　　（3）土地股份合作社缺乏明确的法律地位

　　经济联社的主要经济收益来源于集体建设用地流转收益，其收益主要用于以下方面：一是部分收益用于经济联社的日常开支；二是部分土地收益用于村内再生产和原始积累，壮大集体经济；三是部分收益主要用于给村民上养老险等福利事业以及维护村教育、补充医疗文化体育设施、修建道路等社会公益事业。由于不同村集体拥有集体建设用地规模不同，价格水平存在差异等因素影响，集体建设用地流转收益水平存在差异，各村收益分配计算方式不同，农户个体从集体建设用地流转中获得的收益差异也较大，有的村村民每年分红高达2万元，有的村村民则没有分红。根据实地调查结果显示，一般集体建设用地流转取得的收益将有40%用于村集体日常管理开支，60%用于股份分红，村委会将在集体建设用地流转收益中提取5%~20%不等作为管理费用，具体比例由村与经济联社协商达成一致。集体建设用地流转制度建设主要受村民公约规范，一些村的公约规定40%以上村民同意集体建设用地流转方案，就可以实施流转计划。由于集体建设用地利用分配制度不完善，利益分配（如外嫁女股份分配、村及农转居民利益分配比例、外出就业人员利益分配等问题的解决方案）存在很大争议，极易引起矛盾纠纷，会影响到社会的和谐稳定。到目前为止，针对这些问题也没有具体的规范出台，大多解决方案是通过村民公投等方式加以规定。

　　在天河区猎德等村推行的农村土地股份合作制的过程中，普遍以村为单位，相应建立了土地股份合作社。在组织形式上，该机构类似于股份制公司，但没有进行工商登记注册，不具有独立法人资格，也没有进行税务登记，在分红时是违反《税法》的，与《公司法》规定的股份制公司设立条件也相距甚远。综上所述，应该尽早在法律法规里明确土地股份合作社等的法律地位。

第四节 小结

广州市农村土地政策大致经历了探索、形成到完善的三大阶段，在 1999 年新《土地管理法》实施之前，广州市城市化进程提速，农村地区掀起了一轮建设热潮，其率先在全国范围内探索实行留用地征地补偿措施；之后的 2000—2006 年，重在确权登记，探索集体用地流转；此后，经历了改革开放 20 多年的快速发展，广州市城乡二元结构矛盾越加显现，农村土地被侵占、农民利益受损的现象日益严重。这一时期，广州市先后响应国家新农村建设规划和"美丽乡村"规划，进一步改进农村土地政策，并重点完善留用地和土地流转政策，严格执行耕地保护制度，实施集约节约用地政策。

从政策关注的内容进行分类，课题组把涉及广州农村土地的政策归为集体土地确权登记、征地补偿及留用地、集体土地承包经营及流转、土地开发整理和土地集约利用及耕地保护等 5 大方面，研究发现广州留用地政策还存在"历史欠账严重、指标难以落实、以经济社为单位落实留用地，加剧土地破碎化"等问题，土地流转方面还存在"流转机制不完善、交易平台尚不透明，流转程序尚不规范，土地股份合作社缺乏明确的法律地位"等问题。

本书建议按照"上下双向"确权、确权确股不确地的思路改进土地登记政策；按照从"留"到"流"、集中统筹的思路改革留用地政策；按照统一城乡要素市场、创新流转模式、出台管理细则的思路改进农村土地流转政策；按照双限双控、增减挂钩、盘活空心村、统筹分配的思路，改进农村土地政策。

第五章　建房政策

第一节　历史演变脉络

广州市的农村住房政策大致经历了三个阶段的发展演变过程：宽松管理阶段，强化管理阶段和优化管理阶段。

1. 宽松管理阶段

1999 年之前，镇政府审批宅基地，农村住宅管理宽松。在 1999 年新《土地管理法》实施之前，广州市对于农村住房建设并没有形成专门的指导性文件，宅基地等的审批权由镇级政府行使，对农村住宅建设的管理相对宽松。20 世纪 90 年代广州市城市化进程逐步加快，创业条件改善、外来人口激增和经济利益驱动赋予了农村村民住宅特有的经济属性。在追逐租金收益的情况下，广大农村村民的建房热情空前高涨，各地农村住房如雨后春笋般迅速增长。由于相关制度的欠缺，政府部门审核把关不严以及规划引导控制不强，造成农村住宅建设管理混乱，监督不到位，一户多宅、超面积超层数、重证、非村民持证、非住宅用地发证等各种违法现象严重，问题突出。

2. 强化管理阶段

2000—2011 年，加强管理，规范建设行为。为了响应国家《土地管理法》对农村宅基地建设的相关规定，且由于 20 世纪 90 年代农村住宅建设无序蔓延，造成土地利用效率低、社会管理复杂、安全隐患大等问题，广州市在这一时期开始加强对农村住宅建设的管理，并于 2001 年出台了 4 个地方性规章制度，包括《广州市农村村民住宅建设用地管理规定》《广州市农村房地产权登记规定》《广州市村庄规划管理规定》《广州市村庄建设管理规定》，以规范农村住宅建设行为。

为深入贯彻落实党的十七大、十七届三中全会精神，着力构建新型工农关系、城乡关系，推进新形势下农村改革发展，加快形成全市城乡经济社会发展一体化的新格局，广州市委市政府在 2009 年出台了《关于加快形成城乡经济社会发展一体化新格局的实施意见》，进一步强化了包括宅基地在内的农村住房建设管理。

3. 优化管理阶段

2012 年之后，简化优化程序，探索有偿使用和退出机制。2012 年，原国土资源部批复同意《广州市城乡统筹土地管理制度创新试点方案》（简称《方案》），《方案》在扩大土地管理权限、加强农村土地管理、强化市场配置土地资源能力等方面赋予了广州市 19 项先行先试政策，为广州市全面推进新型城市化发展提供了土地管理方面的重大政策利好和顶层制度保障。对于农村住房建设的实际管理，广州市在《方案》的基础上，制定了《广州市农村村民住宅规划建设工作指引（试行）》以及 3 个配套文件，用于指导全市村庄规划的梳理和修编工作、指引农民建房规划许可申请和指导基层规划管理部门规范办理农民住宅的规划许可，以及简化和优化新增宅基地审批程序。

为进一步提升广州市土地节约集约利用水平，促进新型城市化发展，市委市政府 2014 年制定了《关于我市土地节约集约利用的实施意见》，对农村地区的土地利用进行新的优化部署，在住房建设方面，主要提出明确宅基地供应标准、明确农村分户建房的标准、实行差别化的宅基地审批政策、探索宅基地的有偿使用、建立宅基地退出和激励机制等（图 5-1）。

第二节　政策依据及核心内容

1. 宅基地管理政策

所谓"宅基地"，指"农村集体经济组织成员经依法批准（或合法使用）建设住宅占用的农村集体土地。宅基地使用权人依法对其享有占有和使用的权利，

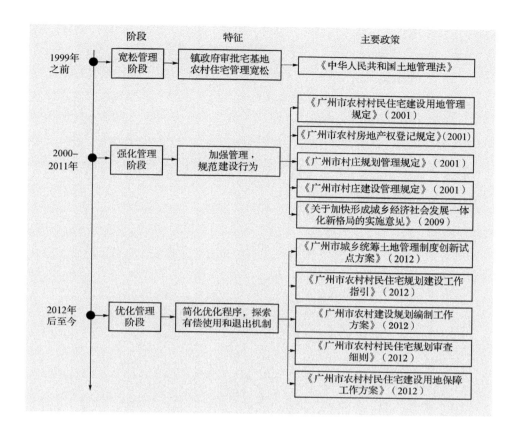

图 5-1 广州市农村住房政策历史演变情况

阶段	特征	主要政策
1999年之前 宽松管理阶段	镇政府审批宅基地农村住宅管理宽松	《中华人民共和国土地管理法》
2000-2011年 强化管理阶段	加强管理，规范建设行为	《广州市农村村民住宅建设用地管理规定》(2001) / 《广州市农村房地产权登记规定》(2001) / 《广州市村庄规划管理规定》(2001) / 《广州市村庄建设管理规定》(2001) / 《关于加快形成城乡经济社会发展一体化新格局的实施意见》(2009)
2012年后至今 优化管理阶段	简化优化程序，探索有偿使用和退出机制	《广州市城乡统筹土地管理制度创新试点方案》(2012) / 《广州市农村村民住宅规划建设工作指引》(2012) / 《广州市农村建设规划编制工作方案》(2012) / 《广州市农村村民住宅规划审查细则》(2012) / 《广州市农村村民住宅建设用地保障工作方案》(2012)

有权依法利用该土地建造住宅及其附属设施。农村宅基地的所有权属于农村集体经济组织"。

（1）政策依据

①国家层面。1995年为了确定土地所有权和使用权，依法进行土地登记，根据有关法律、法规和政策，制定《确定土地所有权和使用权的若干规定》。2004年10月21日，国务院下发了《国务院关于深化改革严格土地管理的决定》，针对当时存在的圈占土地、乱占滥用耕地等突出问题，提出了深化改革、健全法制、统筹兼顾、标本兼治，进一步完善符合我国国情的最严格的土地管理制度的明确要求。为认真贯彻落实该文件精神，同时制定了《关于加强农村宅基地管理的意见》，正确引导农村村民合理建设住宅，节约使用土地，切实保护耕地。

②广东省层面。为加强国家对集体建设用地的管理，合理利用土地，规范集体建设用地使用权流转市场秩序，2005年出台《广东省集体建设用地使用权流转管理办法》。2008年又出台《广东省实施〈中华人民共和国土地管理法〉办法》《广东省农村土地登记规则》分别规定了新批准宅基地的面积标准和宅基地登记发证程序。2013年《广东省农村宅基地管理办法》公开征求意见，今后广东省农村宅基地将可以在本镇、本集体内部流转，这或将成为广东在集体

土地流转政策方面迈出的先行先试的一步，也将解决"洗脚上田"进城农民所持宅基地的处置问题。

③广州市层面。2001年出台了《广州市农村村民住宅建设用地管理规定》加强农村村民住宅建设用地管理。围绕"加快转型升级、建设幸福广州"的核心任务，为了切实增强土地资源的保障和支撑作用，加快土地资源利用方式转变，服务生态文明建设，促进新型城市化发展，2014年广州市出台《关于土地节约集约利用的实施意见》，进一步提升土地节约集约利用水平。

（2）核心内容

①宅基地供应标准。国家规定一户一宅标准，具体面积由地方确定。农村村民一户只能拥有一处宅基地，面积不得超过省（区、市）规定的标准。②广东省规定三类地区宅基地面积标准。农村村民一户只能拥有一处宅基地，新批准宅基地的面积按如下标准执行：平原地区和城市郊区80 m²以下；丘陵地区120 m²以下；山区150 m²以下。有条件的地区，应当充分利用荒坡地作为宅基地，推广农民公寓式住宅。③广州市落实上层规定，逐渐收紧对宅基地的管控。农村村民一户只能拥有一处住宅建设用地。在市土地利用总体规划确定的城市建设用地规模范围外、镇土地利用总体规划确定的建设用地规模范围内，经村民会议讨论决定，农村村民可以户为单位申请使用本集体经济组织所有的建设用地建设非公寓式住宅，有条件的村推广建设公寓式住宅。新批准的村民住宅建筑面积不得超过280 m²，建设用地面积按平原地区80 m²以下、丘陵地区120 m²以下、山区150 m²以下执行。

宅基地供应标准的政策"大事件"：

◎ 1986年，《中华人民共和国土地管理法》提出：农村建住宅应使用原有宅基地和空闲地，面积不得超过省市规定。

◎ 1998年，《中华人民共和国土地管理法》进行修订，明确了"一户一宅"的原则。

◎ 2000年，《广州市农村村民住宅建设用地管理规定》规定，农民新建房屋的建筑面积不得超过280 m²。

◎ 2008年，《广东省实施〈中华人民共和国土地管理法〉办法》规定新批准的住宅建设用地面积供应标准为平原和城市郊区80 m²以下、丘陵120 m²以下、山区150 m²以下。

广州与其他城市的政策对比情况：

◎关于宅基地面积标准：均强调"一户一宅"原则；但各地标准不一，主要以地形、户内人数或者人均耕地进行划分。

地区	技术文件	宅基地供应标准
广州市	《关于加快村镇建设步伐，推进城市化进程的若干意见》（2000）《广州市农村村民住宅建设用地管理规定》（2001）《关于土地节约集约利用的实施意见》（2014）	农村村民一户只能拥有一处住宅建设用地。新批准的住宅建设用地面积按如下标准执行：平原地区 80 m² 以下；丘陵地区 120 m² 以下；山区 150 m² 以下。新批准的村民住宅建筑面积不得超过 280 m²。城市规划发展区内村镇新建农民住宅，一律由村镇统一规划建设农民公寓，不再"一户一地"批地建设
上海市	《上海市农村村民住房建设管理办法》（2007）	农村村民一户只能拥有一处宅基地，其宅基地的面积不得超过规定标准。 （一）4 人户或者 4 人以下户的宅基地总面积控制在 150 m² 至 180 m² 以内，其中，建筑占地面积控制在 80 m² 至 90 m² 以内。不符合分户条件的 5 人户可增加建筑面积，但不增加宅基地总面积和建筑占地面积。 （二）6 人户的宅基地总面积控制在 160 m² 至 200 m² 以内，其中，建筑占地面积控制在 90 m² 至 100 m² 以内。不符合分户条件的 6 人以上户可增加建筑面积，但不增加宅基地总面积和建筑占地面积
苏州市	《苏州市宅基地管理暂行办法》（2003）	农村村民一户只能拥有一处宅基地。其中房屋占地面积不得超过宅基地面积的 70%。市辖区及人均耕地在 $\frac{1}{15}$ hm² 以下的县级市，每户宅基地不得超过 135 m²，与已婚子女合住并且总人数在 6 人以上（独生子女一人按两人计算，一户只计算一次）的不得超过 200 m²；人均耕地在 $\frac{1}{15}$ hm² 以上的县级市，每户宅基地不得超过 200 m²

◎ 关于新增分户标准：均以婚姻状况或婚龄为标准；上海、苏州对子女数量、原有宅基地面积等有要求，广州则没有相关要求。

地区	技术文件	宅基地供应标准
广州市	《关于土地节约集约利用的实施意见》（2014）	（七十八）明确农村分户建房的标准。家庭户籍成员子女已结婚且家庭户籍名下现有存量住宅不能满足"一户一宅"需求时，经村民委员会（或村集体经济组织）同意，可在分户后单独申请宅基地或公寓式住宅，也可在整村拆旧建新时统一申请
上海市	《上海市农村村民住房建设管理办法》（2007）	第十一条 符合下列条件之一的村民，可以申请建房用地：（三）同户居住人口中有两个以上（含两个）达到法定结婚年龄的未婚者，其中一人要求分户建房，且符合所在区（县）人民政府规定的分户建房条件的
苏州市	《苏州市宅基地管理暂行办法》（2003）	第十一条 申请宅基地的标准和条件：（三）一户全为农业户口的农村村民中有两个以上（含两个）已婚子女（超计划生育的除外）或有两个以上（含两个）未婚子女（超计划生育的除外），其中一人已达到法定结婚年龄，并且该户现有宅基地面积在 200 m² 以下的，可以分户另行安排宅基地

②宅基地申请报批程序。国家：农村村民建住宅需要使用宅基地的，应向本集体经济组织提出申请，并在本集体经济组织或村民小组张榜公布。公布期满无异议的，报经乡（镇）审核后，报县（市）审批。经依法批准的宅基地，农村集体经济组织或村民小组应及时将审批结果张榜公布。广东省：农村村民建设住宅使用本集体经济组织农民集体所有土地的，由村民提出用地申请，经村民会议或者农村集体经济组织全体成员会议讨论同意，乡（镇）人民政府审核后，报市、县人民政府批准。广州市：a. 公寓式住宅：提出建房申请，村民会议或者农村集体经济组织全体成员会议讨论同意，签订农村村民建房协议；各申请户现居住情况及农村村民建房协议审查及审核；申请选址，办理用地手续；进行建设用地预审，申领建设用地规划许可证，办理用地手续；批准建设用地，核发《农村村民住宅建设用地批准书》，并对审批结果予以公告。b. 非公寓式住宅：提出用地申请，村民会议或者农村集体经济组织全体成员会议讨论同意，申请人现居住情况审查及审核；申请建设用地规划许可证；办理用地手续；办理用地审查报批手续，核发《农村村民住宅建设用地批准书》，并对审批结果予以公告。

③宅基地退出和激励机制。国家：确定农村居民宅基地集体土地建设用地使用权时，其面积超过当地政府规定标准的，可在土地登记卡和土地证书内注明超过标准面积的数量。以后分户建房或现有房屋拆迁、改建、翻建或政府依法实施规划重新建设时，按当地政府规定的面积标准重新确定使用权，其超过部分退还集体。空闲或房屋坍塌、拆除两年以上未恢复使用的宅基地，不确定土地使用权。已经确定使用权的，由集体报经县级人民政府批准，注销其土地登记，土地由集体收回。各地要因地制宜地组织开展"空心村"和闲置宅基地、空置住宅、"一户多宅"的调查清理工作。制定消化利用的规划、计划和政策措施，加大盘活存量建设用地的力度。农村村民新建、改建、扩建住宅，要充分利用村内空闲地、老宅基地以及荒坡地、废弃地。凡村内有空闲地、老宅基地未利用的，不得批准占用耕地。利用村内空闲地、老宅基地建住宅的，也必须符合规划。对"一户多宅"和空置住宅，各地要制定激励措施，鼓励农民腾退多余宅基地。凡新建住宅后应退出旧宅基地的，要采取签订合同等措施，确保按期拆除旧房，交出旧宅基地。广东省：1997年4月15日后，农民新建的宅基地，应符合一户一处宅基地的规定，并不得超过规定面积标准。凡已有旧宅基地的，应注销原土地登记，交回旧宅基地的土地使用证，并将旧宅基地退回原农民集体，才能办理新宅基地的土地登记。广州市：已有宅基地的村民申请新建住宅（含公寓式住宅）的，应与所在村民委员会（或村集体经济组织）签订旧宅基地退出合同，约定未按时退回旧宅基地的违约责任，确保按期拆除旧房。尚有留用地指标的，鼓励村集体经济组织在符合规划前提下，向国土房管部门申请将成片的闲置、低效宅基地用地改为村经济发展留用地，原产权人可按宅基地基底面积折算成

股份，获得村经济发展用地的经营收益分成。

④差别化的宅基地审批政策。国家：各地要采取有效措施，引导农村村民住宅建设按城市规划区内的农村村民住宅建设，应当集中兴建农民住宅小区，防止在城市建设中形成新的"城中村"，避免"二次拆迁"。对城市规划区范围外的农村村民住宅建设，按照城镇化和集约用地的要求，鼓励集中建设农民新村。在规划撤并的村庄范围内，除危房改造外，停止审批新建、重建、改建住宅。广州市：在土地利用总体规划确定的城镇建设用地范围内的，纳入住房保障体系，主要通过"城中村"改造和盘活农村存量集体建设用地统筹安排住房；在城镇建设用地范围外的，继续执行宅基地"一户一宅"政策，鼓励新增宅基地审批与旧有多余宅基地的腾退相挂钩，引导和鼓励集中建设公寓式住宅。涉及华侨宅基地按省国土资源厅、侨办《关于切实维护华侨在农村的宅基地权益的若干意见》（粤侨办〔2011〕3号）执行。

⑤宅基地有偿使用。国家：各地一律不得在宅基地审批中向农民收取新增建设用地土地有偿使用费。广州市：有条件的村，经村民会议讨论决定，可以由村民委员会（或村集体经济组织）向申请建房农民收取宅基地有偿使用费。宅基地使用费实行专款专用，主要用于本村的基础设施和公益事业建设。

⑥耕地置换。国家：农村宅基地占用农用地的计划指标应和农村建设用地整理新增加的耕地面积挂钩。县（市）国土资源管理部门对新增耕地面积检查、核定后，应在总的年度计划指标中优先分配等量的农用地转用指标用于农民住宅建设。广东省：整理后的土地经省人民政府土地行政主管部门会同省农业行政主管部门验收后，其新增耕地可按国家规定折抵建设占用耕地的补偿指标。搬迁改造旧村庄，需占用农用地的，经县级以上人民政府批准，可用新增耕地面积的60%置换。广州市：农村村民建设住宅，应当尽量使用原有的宅基地和村内的空闲地，严格控制使用耕地。占用耕地建设住宅的，应当按国家和省里的有关规定补充耕地。

2. 住宅规划建设政策

（1）政策依据

①国家层面。1993年公布的《村庄和集镇规划建设管理条例》规定农村村民在村庄、集镇规划区内建设住宅的，应当先向村集体经济组织或者村民委员会提出建房申请，经村民会议讨论通过后，按照审批程序办理。2011年公布的《农村住房建设技术政策（试行）》规定要根据"生产发展、生活富裕、乡风文明、村容整洁、管理民主"和建设节能省地型住房的要求，引导农民建设安全适用、经济美观、节能省地、具有地方特色的住房。

②广东省层面。为改变村镇建设滞后，规划工作落后，土地资源浪费，环境脏乱差等问题，1998年公布《关于进一步加强村镇规划建设管理工作的通知》，加强村镇居民建房和房屋管理。2009年公布《广东省建设厅关于开展社会主义新农村住宅设计竞赛的通知》，通过竞赛，评选出优秀设计方案汇编成新农居设计图集，免费下发给全省农村供农户选用，从而规范农村住宅建设，节省农民建房成本，提高房屋建设质量，使新农村住宅更加实用美观。

③广州市层面。《广州市村镇建设管理规定》规范建制镇辖区范围内的房屋设计、施工，市政基础设施和公共设施的配套、建设与维护，以及相应的管理活动，明确各级人民政府对村镇建设的管理职责。《广州市农村村民住宅规划建设工作指引（试行）》规范了广州市行政村村民新建、原址拆建住宅的用地、规划、建设和产权登记的管理。

（2）核心内容

①住房建设，规划先行。国家：农村住房建设必须坚持规划先行原则，逐步使农村传统的无序建设模式转向"规划—设计—建设"的科学的有序轨道。广东省：村镇建设必须符合土地利用总体规划和村镇规划。广州市：村镇各项建设必须符合土地利用总体规划和村镇规划，依法取得建设用地规划许可证、土地使用证和建设工程规划许可证。

②建设申请程序。国家：农村村民在村庄、集镇规划区内新建住宅的，应当先向村集体经济组织或者村民委员会提出建房申请，经村民会议讨论通过后，按照审批程序办理。建设单位或者个人在取得乡村建设规划许可证后，方可办理用地审批手续。广州市：按"村民会议表决通过村宅基地使用方案、递交《农村村民住宅建设申请表》及符合'一户一宅'的保证书、村民小组或经济合作社审核、公示申请建房情况、镇人民政府（街道办事处）审核、政务窗口初步审核、材料递交区（县级市）牵头部门核查及相关行政主管部门联合办理、并联审核、发放乡村建设规划许可证"程序进行。

③住宅设计资质要求。国家：2层以上（含2层）的住宅，必须由取得相应的设计资质证书的单位进行设计，或者选用通用设计、标准设计。广州市：2层以上（含2层）和跨度超过6m的单层房屋建筑，建设单位和个人必须委托具有相应资质等级的设计单位设计，或者直接采用市以上建设行政主管部门已发布的通用设计图纸、标准设计图纸。前款以外的建设工程，可以由具有工程结构专业技术员职称以上的人员，按照建设工程设计规范和标准进行设计，或者直接采用市以上建设行政主管部门已发布的通用设计图纸、标准设计图纸。建设工程项目的施工图应当报送审查机构，对结构安全和强制性标准、规范执行情况进行审查。

④住宅施工资质要求。国家：承担村庄、集镇规划区内建筑工程施工任务

的单位，必须具有相应的施工资质等级证书或者资质审查证明，并按照规定的经营范围承担施工任务。广州市：3层以上（含3层）和跨度超过6 m的房屋建筑的新建、扩建、改建，必须由具有相应资质的施工单位承担施工任务。前款以外的建设工程，可以由具有相应资质的施工单位或者建筑工匠承担。建筑工匠应当持有所在地建设行政主管部门核发的建筑工匠资格证书，并经项目所在地的镇人民政府登记后，方可承接施工任务。禁止无证和越级施工。

⑤开工审批程序。国家：农村居民住宅建设开工审批程序，由省、自治区、直辖市人民政府规定。广州：总投资额30万元以上或者建筑面积300 m²以上的建设工程开工前，建设单位或个人应当向区、县级市建设行政主管部门申请领取建设工程施工许可证；超过20层及跨度24 m以上的建筑工程和市重点建设工程，建设单位或个人需向市建设行政主管部门申请领取建设工程施工许可证。

⑥竣工验收。国家：村庄、集镇的建设工程竣工后，应当按照国家的有关规定，经有关部门竣工验收合格后，方可交付使用。广州：农村村民住宅建设完工后，应当持资料向所属地区规划分局（县级市规划局）申请竣工规划验收。

⑦住房建筑类型选择。国家：贯彻"一户一宅"政策，并根据当地社会经济发展水平和主导产业特点选择相应的住房建筑类型。以第一产业为主的村庄和集镇，一般宜以低层独院式联排住房为主；以第二、第三产业为主的村庄和集镇宜引导村民建设多层住房；适当控制建设独立式住房。旅游型村庄应考虑旅游接待需求。提倡散居农户集中居住。广东省：对经济较发达的村镇，要逐步以公寓住宅为主建设住宅小区，要在方便生产、生活的前提下，按规划适当集中建房，改变过去分散建设的不良状况。广州市：鼓励集约节约用地、统一建设农民公寓。

⑧住房空间、平面布局。国家：为满足村民的不同需求，可采用垂直和水平分户两种布局方案：垂直分户（2~3层），较适用于从事农业和发展庭院经济的农户；水平分户（4~5层），较适用于部分脱离农业生产的农户。住房平面布局要多样化，以适应不同农民生活水平对住房的要求。住房层高一般宜在2.6~3.0 m，其中底层层高可酌情增加，但一般不超过3.3 m。

⑨节约用地。国家：农村住房用地的选址要与建设用地分类相一致，不能占用农田耕地等保护类用地。通过建设用地挖潜、不同用地置换、零散用地整合等多种措施达到集约节约用地的目的。要在满足使用要求的前提下，合理加大建筑物进深，合理压缩建筑物间距，合理提高建筑物层数，高效利用建筑物室内空间。

⑩体现传统文化、乡土气息、地方特色与民族特色。国家：在住房单体设计中，充分挖掘当地民居的地方特色，在建筑形式、细部设计和装饰装修方面应充分吸取地方的、民族的传统建筑风格，优先采用地方材料和传统做法，并结合辅助用房及院墙形成错落有致的建筑整体；属于风景保护和古村落保护范围的村庄，建筑风格应与原有建筑保持一致，建筑高度应符合保护要求。

⑪建筑节能。国家：农村住房建筑一般宜采用两户式或多户并联式；住房体型宜简单、规整，降低建筑体型系数。各地区均宜以生物质能的高效清洁利用为主，结合太阳能、风能、浅层地能等可再生能源的利用，优化能源结构，逐步降低商品能源的需求和对煤炭的依赖。对农村既有住房要在不断总结危房改造试点节能示范经验的基础上根据村民意愿逐步进行节能改造。

⑫防灾减灾。国家：农村新建住房应选择对抗震有利的场地。农村住房建设要尽量避免洪涝灾害。住房结构和所用建筑材料应具有耐水性。新建农村住房必须考虑防火分隔，设防火墙和防火间距。梳理村镇各种用电线路，确保线路安全、有序。

3. 房地产权登记政策

（1）政策依据

①国家层面。2008年出台《房屋登记办法》，依法利用宅基地建造的村民住房和依法利用其他集体所有建设用地建造的房屋，可以依照该办法的规定申请房屋登记。

②广州市层面。为加强农村房地产的管理，依法确认房地产权属，保障房地产权利人的合法权益，根据《广东省实施〈中华人民共和国土地管理法〉办法》，结合广州市实际情况，2001年制定了《广州市农村房地产权登记规定》，同年为贯彻该规定，规范农村房地产登记和农民集体土地所有权登记业务，制定《广州市农村房地产权登记规定实施细则》。为规范广州市集体土地和集体土地范围内的房屋权属登记行为，依法保护权利人的合法权益，2011年制定《广州市集体土地及房地产登记规范（试行）》。

（2）核心内容

①产权登记条件。广州市：申请登记农村房地产权，权利人具有农民集体所有的建设用地使用权及其上所建房屋所有权的权利主体资格，房地产权属来源合法，界址无争议的，依照《广州市农村房地产权登记规定》的规定和程序办理登记。申请人备齐产权登记资料向国土房管分局申请办理产权登记。涉及违法建设的，需提交规划或城管综合执法部门出具的违法建设处理决定通知书及查处结案材料，方可办理产权登记。

②产权登记时间。广州市：权利人应当在下列规定的期限内向房地产行政主管部门申请房地产权属登记：a. 新建的农民公寓式房屋，自房屋竣工验收合格之日起30日内，由村民委员会统一申请初始登记；b. 新建的农民非公寓式房屋，自房屋竣工验收合格之日起30日内，由权利人申请初始登记；c. 扩建、加建、改建的房屋，自房屋竣工验收合格之日起30日内，由权利人申请变更登记；d. 经

确认权属的房地产发生继承、赠予及其他合法转移的，权利人自有关合同签订之日或者有关法律文件生效之日起 30 日内，申请转移登记。

③产权登记程序。国家：办理村民住房所有权初始登记、农村集体经济组织所有房屋所有权初始登记，房屋登记机构受理登记申请后，应当将申请登记事项在房屋所在地农村集体经济组织内进行公告。经公告无异议或者异议不成立的，方可予以登记。广州市：房地产行政主管部门按下列规定程序办理农村房地产权登记，即受理申请，地籍房产调查，权属审核，注册登记，核、换发房地产权证书，立卷归档。办理农村房地产权初始登记，房地产行政主管部门应对权属审核结果发布公告，公告期为 15 日；公告期满无异议的，方可核发农村房地产权证书。

④产权登记资料。国家：登记申请书、申请人的身份证明、宅基地使用权证明或者集体所有建设用地使用权证明、申请登记房屋符合城乡规划的证明、房屋测绘报告或者村民住房平面图、房屋所在地农村集体经济组织成员的证明、其他必要材料。广州：申请书；身份证件、户籍证明或法人、其他组织的资格证明，用地、规划批准文件、房屋竣工验收合格证明或者农村房地产赠予、继承、转移合同书或批准文件等权属来源证明，房地产测绘图，法律、法规规定的其他文件资料。申请集体土地使用权与房屋所有权统一的初始登记，应提交申请书、身份证明、土地权属来源证明、房屋来源证明、权利证书附图、房屋门牌证明以及其他要求需提交的资料。

⑤转移登记。国家：申请农村村民住房所有权转移登记，受让人不属于房屋所在地农村集体经济组织成员的，除法律、法规另有规定外，房屋登记机构应当不予办理。广州市：宅基地上的村民住宅因买卖、互换、赠予、继承、受遗赠等情形依法发生所有权转移的，可以申请房屋所有权转移登记。转让人必须是经依法登记的农村房地产权利人，其房屋未依法登记的，需先办理房地产权设定登记，才能受理其转让房地产的变更登记。受让人必须是本农民集体的经济组织法人或个人，非本集体成员不得受让农村房地产。转让的房地产现状与权源文件的有关内容须相一致，并符合法律法规的规定。

4. 危房改造政策

（1）政策依据

①国家层面。农村危房改造和农垦危房改造是国家保障性安居工程的组成部分。农村危房改造于 2008 年开始试点，2012 年实现全国农村地区全覆盖。2013 年为提高农村危房改造的质量水平，规范工程建设与验收，制定《农村危房改造最低建设要求（试行）》。2014 年国家继续加大农村危房改造力度，出台《关于做好 2014 年农村危房改造工作的通知》，完善政策措施，加快改善广

大农村困难群众住房条件。

②广东省层面。2011年出台《关于推进我省农村低收入住房困难户住房改造建设工作的意见》推进全省农村低收入住房困难户住房改造建设，目标是从2011年开始到2015年将全省农村54.15万户低收入住房困难户的住房改造建设成为安全、经济、适用、卫生的安居房，实现"住有所居"。

③广州市层面。2009年为保障房屋建筑结构使用安全，出台了《广州市房屋安全管理规定》，农村房屋安全管理由区、镇级政府参照该规定执行。2014年通过的《广州市改造农村泥砖房和危房三年工作方案》提出三年改造26 790户唯一居住的泥砖房和低保低收入农户唯一居住的危房，并将允许农户使用补助资金购买安置房，但须将宅基地交由村集体依法处理。

（2）核心内容

①危改房建设标准。国家：危改房建筑应符合以下要求：寝居、食寝和洁污等功能分区，设置独用卧室、独用厨房和独用厕所。一人户建筑面积不小于20 m²，两人户建筑面积不小于30 m²，三人以上户建筑面积不小于人均13 m²。室内净高不小于2.40 m，局部净高不小于2.10 m且其面积不超过房屋总面积的1/3。广东省：住房改造建设要在满足最基本居住功能和安全要求的前提下，按农户不同类型实行分类指导。对于建设资金全额由政府扶持的五保户、无劳动能力的低保户，住房建设面积可控制在人均20 m²左右；对有一定经济能力的贫困户，建房面积可根据家庭人口规模适当增加。

②改造（补助）对象。国家：农村危房改造补助对象重点是居住在危房中的农村分散供养的五保户、低保户、贫困残疾人家庭和其他贫困户。广东省："农村低收入住房困难户"必须同时具备"低收入"和"住房困难"两个条件；农村低收入家庭标准，珠三角地区7个地级以上市，按年人均纯收入在2 500元以下的农户；农村住房困难标准，珠三角地区农村人均有效居住面积在15 m²以下的农户。重点解决农村特困特危户，即五保户、无房户、茅草房贫困户、低保危房户的"住房难"问题。广州市：唯一居住的泥砖房和低保低收入农户唯一居住的危房。

③补助标准。国家：2014年中央补助标准为每户平均7 500元，在此基础上对贫困地区每户增加1 000元补助，对陆地边境县贫困农户、建筑节能示范户每户分别增加2 500元补助。各省（区、市）要依据改造方式、建设标准、成本需求和补助对象自筹资金能力等不同情况，合理确定不同地区、不同类型、不同档次的省级分类补助标准，落实对特困地区、特困农户在补助标准上的倾斜照顾。广东省：省财政从2011年开始到2015年按每户1万元的标准安排补助资金，扶持农村低收入住房困难户建设或改造住房。各有关市县两级财政合计要按每户不低于5 000元的标准安排地方专项补助资金。省级补助资金必须落实到户，

市县两级补助资金可由各有关县（市、区）在确保完成农村低收入住房困难户住房改造建设任务的前提下，统筹用于有关村庄公共设施和村容村貌整治规划。广州市：市、区两级财政按照低保低收入家庭6万元/户、非低保低收入家庭3万元/户的标准，将补助资金直接发放给农户。

④资金筹措。国家：采取积极措施，整合相关项目和资金，将抗震安居、游牧民定居、自然灾害倒损农房恢复重建、贫困残疾人危房改造、扶贫安居等资金与农村危房改造资金有机衔接，通过政府补助、银行信贷、社会捐助、农民自筹等多渠道筹措农村危房改造资金。广东省：各地要按照农民自筹为主，政府补一点、银行贷一点、社会捐一点、帮扶单位助一点的办法，多渠道多方式筹集农村低收入住房困难户住房改造建设资金。广州市：改造将按照"三个一点"，即市出一点、区出一点、农户出一点的办法来筹措改造资金。

⑤改造模式。国家：各地要因地制宜，积极探索符合当地实际的农村危房改造方式，努力提高补助资金使用效益。危房改造以农户自建为主，农户自建确有困难且有统建意愿的，地方政府要发挥组织、协调作用，帮助农户选择有资质的施工队伍统建。坚持以分散分户改造为主，在同等条件下保护发展规划已经批准的传统村落和危房较集中的村庄优先安排，已有搬迁计划的村庄不予安排，不得借危房改造名义推进村庄整体迁并。积极编制村庄规划，统筹协调道路、供水、沼气、环保等设施建设，整体改善村庄人居环境。广东省：选择有条件的地区实施整村改造。对实施整村改造所腾出的拆旧地块，由村集体统筹使用。鼓励地方通过招标、拍卖、挂牌等出让方式，提高农村拆旧建新结余建设用地的市场价值。广州市：采取集中改造与分散改造两种改造模式相结合的方式。集中改造提倡与美丽乡村建设、农村土地综合整治等项目结合，实现资源整合，改造房屋的同时完善农村基础设施和公共服务设施，做到既有新房又有新村。零散改造则农户通过原址翻建彻底消除房屋安全隐患，实现居有所安。

⑥推进措施。广州市：简化农村建房报批手续；提前补助资金的拨付，核准资格后将70%的补助资金拨付给农户，房屋主体承重结构完工后拨付剩余资金；鼓励成片改造，对于改造规模10户以上的集中改造点，市财政按照5 000元/户的标准另行给予镇（街）奖励。区财政参照市财政做法以不低于市财政的奖励标准给予镇（街）奖励。专款将用于集中改造点基础设施建设等合理支出等。

第三节　农村建房政策的评估

1. 广州农村住房建设问题

（1）农民建房缺乏疏导，"一户多宅"与新增分户无地可建并存

广州市 2000 年出台了《中共广州市委、广州市人民政府关于加快村镇建设步伐，推进城市化进程的若干意见》，要求城市规划发展区内不再批地建设"一户一宅"，一律由村镇统一建设农民公寓。文件发布后，广州市农民建房的门槛被大大抬高，由于农民公寓的建设缺乏政策指引、相关配套措施不到位、农民对政策认同度和支持度有待提高等问题，造成农民建房报建难、审批难，农村建房处于混乱无序状态——户均住宅面积普遍超标，有证住宅的比例较低。户均宅基地面积 160 m²、全市户均住宅建筑面积 303 m²；其中萝岗区的户均住宅基地面积达 261 m²，户均建筑面积达 526 m²，均大大超出了《广州市城乡规划技术规定（试行）》中规定的住宅建筑基地面积 80 m²、建筑面积 280 m² 的标准（图 5-2、图 5-3）；从化区、萝岗区的有证住宅比例不到 10%，最高的南沙区也只有 76.80%，村民住宅违法建设形势异常严峻（图 5-4）。

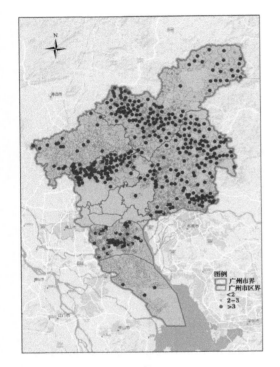

图 5-2　户均住宅数量分布图

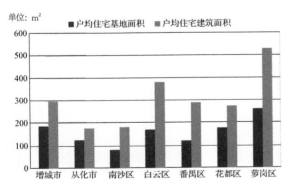

图 5-3　户均住宅情况统计图

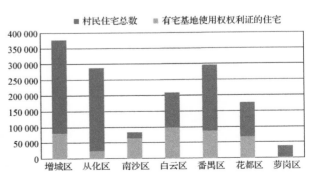

图 5-4　有证住宅与住宅总量统计图

由于历史原因，广州市农村村民住宅基础数据不完善，管理部门未对全市农村宅基地的审批和集体使用证核发等做过全面的摸查、统计，因此基本情况长期以来未能厘清。"一户一宅"的要求在农村无法严格贯彻执行，同时新增分户和农民建房需求持续增加，建设用地规模长期不足，由于多数村民建新不拆旧，加之继承房屋、非本村人使用宅基地等原因造成"一户多宅"情况严重。一方面，部分村民拥有多处宅基地，造成农房空置率高、土地资源浪费；另一方面，随着经济社会发展及人口增长，部分住房困难村民申请建房的需求越来越多，但由于用地规模限制、村庄规划未完善等原因而无法申请取得农村住宅。"一户多宅"与新增分户需求的结构性矛盾比较突出。

以广州市北郊 7 个村落为例，55.4% 的村民拥有 1 处宅基地，25% 的村民拥有 2 处宅基地，拥有 3 处以上宅基地的占 16.1%。但不同类型的乡村宅基地的数量存在差异，比如，在远郊和近郊的乡村中，近一半的村民拥有 2 处以上的宅基地，而在城中村，只有 28.6% 的村民有 2 处以上的宅基地。

以白云区凰岗村及番禺区石基村为例，两村户均宅基地及人均住宅面积均已超过标准，且一户多宅与多户一宅现象并存。实际上，凰岗村未经审批的以及超高超面积的宗数占总量的 90% 以上，人均住宅建筑面积接近 150 m²；而石基村未发证的宅基地宗数也达到总数的 25% 左右，无宅基地的户数有 240 户。

（2）泥砖房改造、空心村等旧村改造和整治工作面临诸多困难

近些年来，广州市新农村建设、农房改造工作深入推进，各区不断探索和创新整治改造措施，但在整治改造中也遇到许多困难。一是在旧村原址拆建，但由于历史原因，旧村住宅均有权属，且各权属人的宅基地面积均较小，达不到广州市规定的农民建房标准，因而农民不愿意在原址拆建，宁愿另辟新址建设（图 5-5）。二是拆除旧村异地新建，由于各村除现状建成区外，均为非建设用地，新村落地难度大。另外，广州市各区还有不少具有传统岭南特色的古村落，大都已经废弃，虽然大部分村民希望对这些古村落进行保护并加以开发利用，用于发展乡村旅游，但缺乏维护资金使这些古村落保护困难。

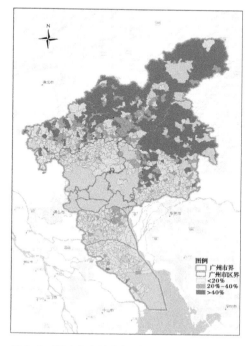

图 5-5　泥砖房比例分布分析图

图 5-6　村庄空心
化现状调研照片

自 2000 年广州停止审批新建农民住房以来，新建房屋各区基本上都采取拆旧建新形式，部分农民以拆旧建新的名义进行扩建、搭建和加建，更有个别村民假借各种名义违规占地建房，有的以发展生产兴办家庭工商业为由要求建房，有的以父母与子女分家、祖父母与孙子女分家等要求立户建房。由于目前的法律法规还没有对农村违章自建建筑做出明确的处理规定，违章界定的随意性、盲目性使改造整治工作更加复杂。按规定程序，农民申请建房时，先由村民本人提出申请，村委会加盖意见后报镇政府审核和批准。从目前农村建房的现状来看，村委会对村民的建房信息没有进行认真审核把关，部分农民没有通过审批手续也抱着侥幸心理自行建房，造成农村建房既缺乏统一规划，也不遵守相关建房规定与标准，有新房没新村现象较为普遍。

以从化区万花园美丽乡村群为例，当地土地利用现状南北部差异较大，建设用地和农田主要集中在乡村群南面，北部为丘陵山地。现状土地总面积为 7 835.93 hm^2，建设用地面积为 326.22 hm^2，占美丽乡村群规划区土地面积的 4.16%，其中，镇建设用地为 7.25 hm^2，占总用地的 0.09%，村建设用地为 268.36 hm^2，占总用地的 3.42%。现状村庄建设用地分布较为零散，大部分房屋零星散布在农田、水塘周边，缺乏系统的规划（图 5-6）。空心村现象较为普遍，通过初步调查统计，各居住群落内部和外延的建筑存在很大的空置率，闲置住宅占村庄建设用地的比例达 36.11%，而且基本都是建于 20 世纪七八十年代的土砖结构一层瓦房，人均建设用地面积反而偏大，村庄可用于未来发展的建设用地匮乏。由于产权不明晰、经济利益分割困难等多方面因素的影响，现状土地使用难以管理，特别是宅基地使用不规范，没有严格执行"一户一宅"政策，存在"一户多宅"现象。

2. 宅基地管理政策问题

（1）农村宅基地退出机制缺失，导致大量空心村

宅基地收回制度不健全，缺乏可操作性。依法对宅基地使用权实施收回是宅基地退出的重要途径。虽然现行《土地管理法》第 65 条确立了宅基地的收回

制度，并原则性规定了宅基地使用权收回的几种情形，但对宅基地收回涉及的具体政策界线、收回程序等却没有做出相应规定，更没有明确宅基地收回时的补偿标准等相关问题，致使实际管理中真正收回的宅基地寥寥无几。现行宅基地收回制度基本失效，并使得农村宅基地的使用长期处于增量供应状态，存量盘活利用几乎为零。

中国现行农村宅基地管理制度在保障农村社会稳定、维护农民基本权利方面具有重要作用，但现行的宅基地管理制度一方面限制了农村建设用地从本地集体组织向外流出，另一方面还缺少宅基地的退出机制，面对城市化快速推进、城郊土地高效集约使用需求的发展背景，宅基地管理体系显然存在弊端。按照国家、省、市相关文件规定，新建住宅的需将旧宅基地退回原村集体，但从目前广州农村宅基地管理的实际情况来看，对如何退、不退回又如何执行等问题均无具体的操作细则规定或指引。由于广州市十多年前就停止了农民新建房屋报批，农民建房的主要形式是拆旧建新，但很多村民在建设新房的同时，原有的旧宅基地虽然与村里签订了拆除协议，但因监管和处罚措施不到位，建新不拆旧现象仍很普遍，而且有多少占多少，节约集约利用率低，造成土地严重浪费和违法用地面积较大。总的来说，广州农村宅基地利用现状普遍存在规模大、面积超标、闲置低效、一户多宅等多重问题，可以认为农村宅基地退出机制的缺少是导致宅基地低效利用问题的主要原因，健全完善的宅基地流转体系能够大大帮助宅基地整理、规模调控等方面的工作有序展开。

"空心化"是当今社会经济发展、工业化、现代化普及环境下人的需求层次提升、追求现代生活的必然规律。随着农村经济社会发展及村民对改善居住环境需求的不断增长，绝大多数村庄都建有不同形式的新村，村民多选择在新村建房，而旧村逐渐衰落、凋敝，空置率较高。由于农村集体经济基础薄弱，无力对破旧村落进行整合翻修；农村土地价值偏低难以引入外来资本投资发展；农民受传统意识影响，认为祖屋即使无法居住也不能拆除，不肯转让旧宅基地的所有权，以及有些房屋的权属关系不清，加之农民对土地集约、节约利用的意识不强，使得旧村无法改造，导致了大量空心村出现，造成土地资源大量闲置。

（2）宅基地缺乏明确政策指导，无法正常流转

目前我国还没有一部专门调整农村土地和房屋管理的法规，宅基地管理基本依靠地方规划、规范性文件。宅基地流转缺乏有效指导主要表现在三个方面：一是没有形成健全的土地转让交易价格体系，土地没有区分公益性、经营性等性质；二是宅基地信息登记不完整，流转缺乏上位法律法规的支撑，行政管理部门难以对宅基地使用权的流转状况进行记录；三是部分宅基地流转不符合法定规划，所有者私下交易换取利益，主管部门难以查证，存在较大的管理真空区域。

农村宅基地流转从流转条件、范围、方式、期限、收益分配及流转后土地

产权关系的调整等方面，均缺乏明确的法律法规及政策的规定和指导，这样，一方面增加了管理的难度，另一方面导致大量宅基地流转私下进行，扰乱了土地市场的正常秩序。而且自发流转行为和结果不受法律保护，无法律的约束和保障，当转让、出租行为发生后，双方一旦产生矛盾和纠纷，各执一词，如果对簿公堂，法院只能依据法律的规定，判处此项交易不成立，从而不分谁对谁错，一味地维护本村村民（即宅基地使用者）的利益，这在一定程度上损害了承租人或者是买方的利益，助长了村民在处理宅基地交易案件上的无理行为。

在农村建设用地"规模只减不增"政策导向下，大多数村庄基本没有预留规划建设用地，大量土地规划指标落在保障国家、省、市重点项目及历史留用地上，尤其农转用指标审批更难，造成涉及农地的农民建房无法报批。多年来，广州市由国家、重点项目征地农民安置区安排了少量农转用指标，但在纳入城市控规范围的村庄，已暂停受理农村住宅用地申请（包括拆旧建新申请和新申请住宅用地）多年。由于建设规划滞后，部分村并没安排安置区，征地拆迁安置工作缓慢，导致城市控规范围内农村住宅违法用地大量发生。

农民申请在自家宅基地建设房屋仅需建筑工程施工许可证和建设用地规划许可证，流程规章内容粗浅，部分地区存在大量法律真空。对政府而言，进一步增加了管理难度；对农民而言，不完善的政策也加剧了使用农用地建房报批的难度。由于规定农民宅基地报建每户不超过 80 m²（增城区、从化区为120 m²），选址分布零散，如进行用地报批，根据规定必须出具测量报告书、规划选址意见等文件，缴纳测量费等相关费用，且每年只能申报一个总批次（每年广州市只下达一次用地指标）上报到广州市审批，报批资料收集复杂烦琐，审批时间长（农用地转建设用地审批权在广州市人民政府，再由省国土厅备案）。

3. 住宅规划建设政策问题

（1）建设用地指标缺乏，住宅报建困难

由于建设用地指标供应政策问题，省市下达的建设用地指标原本有限，划拨往往倾向于供应产业园区，下拨到村民建房建设的指标极为有限。一方面，部分村庄在土地利用总体规划中除了现有村庄建设用地外，已无其他建设用地指标，如要占用农用地建设住宅，只有办理过农转用审批手续后方可投入使用，而农转用的审批手续少则几个月，多则几年，还不一定能办下来；另一方面由于农村 30 年不变的土地承包政策，住宅规划用地的调整、置换存在一定难度。

（2）农民公寓建设缺乏政策指引

虽然广州市各区远郊的村庄对建设农民公寓接受程度不高，但相当一部分城中村、城边村由于土地资源日益紧缺，新增分户人口逐年增加，而且地理位置靠近城市中心区，对于建设农民公寓有积极性，但苦于广州市迟迟未能出台建设农民公寓的政策措施，这些村庄迫切要求广州市尽快出台建设农民公寓的政策措施或实施意见，以缓解建设用地不足问题，提高土地集约利用水平。

4. 房地产权登记政策问题

（1）违法建设现象突出，登记发证困难

当前城市建设"违建"呈现出越挫越勇、积重难返的趋势，由于城乡二元制分异现象严重，经济高速发展导致建设用地需求膨胀，在利益驱使下集体"违建"屡屡发生。相关配套制度不健全、不完善，致使有关规定长期难以得到执行。城市房屋产权产籍管理工作已经步入正规化、制度化之路；而农村房屋登记管理还未起步，农村房屋建设管理跟不上，违法建筑面广量大，少批多建、未批先建现象突出，登记发证工作推进困难。由于广州土地资源缺乏，土地价值和升值预期大，农村住宅违法用地现象屡禁不止，据初步统计，农村违规建筑 70% 是农民建房。在村庄治理行动中为配合城乡发展而组织的乡村建设用地拆迁行动，相关管理部门为了更温和、圆满解决拆迁问题，为了帮助重点项目早日完成，放宽补偿标准，对抢建建筑同样给予补偿。农村住宅违法用地建设或建成后，各级政府基于维稳等原因，对涉及的农村住宅很少组织强制停工和强拆，即使移送法院也极少予以执行，因此农村违建成本极低。

在广州"旧村"改造过程中，就出现了大量"抢建""违建"现象，不但村民、村集体自己抢建，甚至村集体组织外的投资者也投机取巧通过村委会购得土地建造房屋，坐等拆迁补偿。在这种局面下，"法不责众""合理违规"成了"违建"长期存在的社会心理背景，消极影响形成恶性循环。如天河区龙洞街凤凰村、萝岗区联和街联和圩在政府公布改造规划后，纳入规划的待改造村庄竟出现先建设再拆迁的居民。这不但扰乱了乡村治理的社会秩序，日益猖獗的违章建筑使土地利用更加杂乱无章，加大了清理的难度；而且经历"建—拆—建"的过程，浪费了大量人力物力，无端消耗了社会财富。市属各辖区的违建特点不同，像越秀区、荔湾区等老城区内新增违法建设较少，部分房屋乱搭建都属于历史遗留问题，作为新兴城区的天河区、海珠区，主要表现的突出问题是城中村违法建设相对较多，例如天河区的凌塘、龙洞等地，海珠区的土华、新洲，白云区的太和、钟落潭等地。

此外，执法人力不足、强制执行难也是一大阻碍。在"违建"常态化的城市局面下，拒不停工、业主与执法部门"游击战"等情况时有发生，执法人员只能反复劝导、蹲点监督，管理手段耗时耗力，起不到应有的惩戒效果，还易遭遇群众抗拒。广州市城市管理综合执法局是广州市违法建设治理的主要部门，城管执法人员共有 3 500 多名，在查处违法建设工作的同时，还要肩负其他 107 项执法项目。在番禺、南沙、黄埔、从化、增城等区，农村或者是城乡接合部区域较广，管理幅度较大，例如：萝岗区九龙镇正处于知识城的中心区内，辖区内有 28 个行政村，面积超过 100 km²，而辖区内仅设一支城管执法中队，队员 13 名，负责该区域的违法建设控制工作。

（2）房地产流转政策限制，农民对房屋登记的内在需求受到抑制

一方面，集体土地和农村房屋的流转只限于集体成员内部继承、析产、赠予等情况，而集体外部的房屋买卖则依照政策规定予以了限制，因此土地房产交易的政策限制制约了农村房屋价值的变现，房屋价值无法体现，直接导致了农民办证积极性不高。另一方面，房屋权属证书在生产生活中无法发挥作用，不能体现使用价值。由于农村住宅房屋大部分都没有进行房屋登记，在房屋征收中不能以房屋所有权证作为征收安置补偿的唯一依据，故很多地方未将房屋所有权证作为征收安置补偿的主要依据。这在很大程度上制约了农民办理房屋登记的主观能动性。

广州市"旧村"改造中对小产权房的政策尝试：

①以租赁的方式进行流转。允许村民在小产权房的租赁方面创新，尽量保障小产权房所有者的权益和实现其市场价值。如猎德村改造项目，2007 年 5 月，该项目作为广州首个城中村整体改造试点正式启动，改造模式是通过市场化方式筹集资金，同时满足村民拆迁安置和集体物业发展的要求。为实现改造项目自身经济平衡，改造地块划分为三部分：西部地块转为国有建设用地，按商业用地进行市场化拍卖，所有土地拍卖款用于支付旧村改造项目资金；东部地块仍保留为集体土地，作为复建安置小区使用；南部地块也为集体土地，将建成五星级酒店，作为集体经济支柱。项目安置用房 2010 年竣工，占地面积约 14 万 m²，总建筑面积约 92 万 m²，其中地下室约 23 万 m²。这种房屋广州称为"村民安置复建房"，因为建设在集体土地，房屋产权流转受限，猎德村村民平均每人分到 100 m² 的安置居所后采取租赁和销售两个途径利用房屋生财，销售的方式是卖 20 年"产权"。广州市基本上默许了这一做法，因为它部分解决了小产权房不能流转，阻碍权利人利益获得的问题。"旧村"改造正式启动后，初期确定了将其土地全部征为国有土地，《关于加快推进"三旧"改造工作的补充意见》则就集体土地转为国有土地的问题提出，决策结果需要遵循村集体的选择，需要 90% 以上的村民同意，这一改变让建设在集体土地上的小产权房有了一个良好的出口，减少了村民的损失，目前广州市的"旧村"改造基本上在这个经验的基础上实施。

②允许有条件的买卖。政府允许小产权房在缴交地价之后，可以进行转让。

《关于广州市推进"城中村"（旧村）整治改造的实施意见》规定"全面改造项目的安置房（含非住宅复建安置房）可以办理国有房地产权证，并注明未办理土地有偿使用手续。安置房交易转让时，房屋业主应该按照基准地价的30%缴交国有土地使用权出让金"。即这类用于安置的小产权房在缴交地价后是可以转让的，广州市从一定意义上对小产权房的权利进行了认可，对其流转进行了一些尝试，具有借鉴意义。

③小产权房流转司法先行。"旧村"改造中，小产权房除了在农村集体经济组织中可以发生流转，还可以基于法院的判决，向集体经济组织之外流转。第一种情况是在法定继承中，因继承人或者部分继承人已经处于集体经济组织以外，法院根据法定或者遗嘱继承的程序对小产权房进行分割，集体组织之外的继承人得到了小产权房，根据"地随房走，房随地走"的规则，集体组织之外的主体也可以获得集体土地的使用权。第二种情况是在离婚判决中对共同所有的小产权房进行分割，离婚后任何一方离开集体经济组织，也发生小产权房向集体经济组织以外流转的事实。第三种情况是在经济纠纷中，法院判决执行农民多余的小产权房和乡镇企业用房时，小产权房发生了物权的流转和变动。因法院裁判引起的小产权房的物权变动和集体土地的流转在一定程度上是对法律本身的一个突破，无疑具有讨论和借鉴的意义。

5. 危房改造政策问题

（1）缺乏监督机制，把关不严

由于缺乏监督机制，把关不严，改造对象不是按照"两最"原则确定。农村危房改造要解决的对象：一是在经济上最困难的农户，如农村低保户、五保户、残疾人家庭户和一般贫困户；二是居住在最危险的房屋里，按照《农村危险房屋鉴定技术导则》，经鉴定属于整栋危险房屋或局部危险房屋的。要优先解决塌房户和整栋危房中的最贫困户，解决他们最基本的居住安全问题。实际操作发现，有的乡村未按要求经过村民大会民主评议或公示，就将"意中人"上报镇政府，加上镇民政部门为尽快完成上级交办的任务，因对象众多未逐一实地对其审核，造成把关不严，不符合条件的对象充斥其中，没有选出全村最贫困、居住最危险的农户，容易激发矛盾。

农村危房改造监管方面的问题主要表现在政策执行不到位、有关部门未能联合工作和监管措施不完善三个方面。在危房改造档案管理方面，基层政府普遍存在信息录入不及时、不能实时更新、资料填写不全面等问题。在改造实施过程中，个别地方私自简化审批程序，不及时进行公示，缺乏群众监督，个别干部存在优亲厚友等以权谋私现象。

在某危房改造项目中，2013 年至 2015 年，住房困难户危房改造补助款为每户 15 000 元。一位村民的住处并没有进行加固或改建，却被确定为 2014 年危改补助对象，并领了 6 000 元补助资金，另一位村民的房子也已破旧不堪，根本没有进行修葺改建，也被纳入了补助对象，并用同样的方式通过验收。经实地走访，8 户危房改造补助对象中，仅有 1 户有明显改造迹象，其余均是"挂羊头卖狗肉"，从别处拍照伪造改造成果。除改造不实外，村领导也存在克扣补助资金的情况，没有一户村民拿到了危改补助的存折或者银行卡。

（2）资金不足，难以有效解决最困难群众危房重建的问题

农村危房改造补助资金有限，项目投入单一，而真正最困难群众的危改户自身积累较少，政府补助的资金额度仍解决不了房屋重建的问题。按照上级文件精神，农村危房改造优先要解决居住在危房中的农村分散供养五保户、低保户、贫困残疾户和其他特困户的住房安全问题，但因为这些困难家庭户经济条件差，根本没有能力自筹资金投入建设，光靠上级这点补助，难以实施危房改造。各级政府虽然一直不断加大对农村危房改造资金的扶持力度，然而由于危房农户本身经济条件差，政府出资额度有限，村集体经济空白、自筹资金难度大等因素，改造资金的短缺始终难以避免。

资金投入解决较好的案例有广州市 2012 年的危房改造项目，项目计划完成 9.88 万 m² 的城市零散危破房和 1 万户农村泥砖危房改造。政府共投入补助资金 42 360 万元，泥砖房改造规模居同类城市第一，农村泥砖房危房改造全部实行拆旧建新模式，在解决房屋安全隐患的同时也为全国、全省农村住房保障体系建设起到投石问路的作用。有两类农民可以申请这个补助项目——唯一住房为泥砖房的农户和住在危房的低保低收入农户。市、区两级财政补助总额为：低保低收入家庭 5 万元 / 户、非低保低收入家庭 3 万元 / 户，是中央补助标准的 4~6.6 倍，是省补助标准的 3~5 倍，补助通过市、区两级财政支付。政府通过"启动重建拨 50%、拆旧建新拨 50%、收工验收付 20%"的"分期付款"方式将补助拨入农民账户，目的就是为了监督农户将危房拆掉重建。

第四节　小结

广州农村建房政策大致经历了宽松管理、强化管理到优化管理的三大阶段，在 1999 年新《土地管理法》实施之前，广州市对于农村住房建设并没有形成专

门的指导性文件，宅基地等的审批权由镇级政府行使，对农村住宅建设的管理相对宽松；之后的 2000—2011 年，广州市在这一时期开始加强管理，出台地方性规章指导农村住房建设行为；2012 年原国土资源部批复同意《广州市城乡统筹土地管理制度创新试点方案》赋予了广州市 19 项先行先试政策，此后广州市在试点方案基础上出台相关政策指引和规范农民建房，简化和优化新增宅基地审批程序，探索宅基地的有偿使用、退出和激励机制。

从政策关注的内容进行分类，课题组把涉及广州农村住房的政策归类到宅基地管理、住房规划建设、房地产权登记、危房改造等 4 大方面（表 5-1），研究发现广州市宅基地管理方面还存在"退出机制缺失、缺乏流转政策指导"等问题，住房规划建设方面还存在"建设用地指标缺乏、农民公寓缺乏政策指引"等问题，房地产权登记方面还存在"违建现象导致登记困难、房地产流转受限"等问题，危房改造方面还存在"缺乏监督机制、资金不足"等问题。

建议按照推广"宅基地换房""两分两换""地票"制度的思路改进宅基地管理政策；按照增减挂钩、规划统领、集中建房的思路改进住房规划建设政策；按照"照顾大多数、减少处罚面"、房屋普查登记的思路改进房地产权登记政策；按照"三最"优先、"加减结合"、多措并举的思路改进危房改造政策。

表 5-1　农村建房政策的问题和建议

政策分类		问题	建议
农村住房政策	宅基地管理政策	宅基地缺乏明确政策指导，无法正常流转	建立农村宅基地收回补偿制度
		农村宅基地退出机制缺失，导致大量空心村	完善宅基地退出机制，积极推行"地票"制度
			探索宅基地使用权流转制定"按需分配、有偿使用"政策，促进优化配置
	住房规划建设政策	建设用地指标缺乏，住宅报建困难	增减挂钩，整理用地进行建设
		农民公寓建设缺乏政策指引	规划统领、集中选址、分类指导建设农民公寓
	房地产权登记政策	违法建设现象突出，登记发证困难	"照顾大多数、减少处罚面"，推进农村房地产权登记
		房地产流转政策限制，农民对房屋登记的内在需求受到抑制	开展集体土地房屋普查登记，建立较为详细的产权产籍资料
	危房改造政策	缺乏监督机制，把关不严	坚持"三最"优先，严格监督机制；"加减结合"，多措并举，改造危房
		资金不足，难以有效解决最困难群众危房重建的问题	

第六章　产业政策

第一节　历史演变脉络

广州市的农村产业政策大概经历了三个阶段的发展演变过程：构建阶段、稳定阶段、推进阶段。

1. 构建阶段

1978—1991 年，推行家庭联产承包责任制，发展商品经济。1978 年 12 月召开的党的十一届三中全会提出集中主要精力恢复和发展农业生产，逐步实现农业现代化。1982—1986 年，我国农村改革史上第一轮"五个一号文件"出台并实施，初步构建了"土地集体所有、家庭承包经营、长期稳定承包权、鼓励合法流转"的土地制度框架。这一时期政策重点是实行家庭联产承包责任制；鼓励农民面向市场，发展商品经济，确立农户独立的市场主体地位；逐步取消农产品统购派购制度，推进农产品流通体制改革；调整农村产业结构，发展乡镇企业和建设小城镇等。

2. 稳定阶段

1992—2003 年，稳定家庭联产承包责任制，推进产业化经营。1992 年 10 月党的十四大召开后，农村产业政策重点是稳定家庭联产承包责任制，减轻农民负担，深化粮食流通体制改革。1993 年首次通过并于 2002 年修订、2003 年施行的《中华人民共和国农业法》提出国家要把农业放在发展国民经济的首位，巩固和加强农业在国民经济中的基础地位，深化农村改革，发展农业生产力，推进农业现代化。1997 年施行《中华人民共和国乡镇企业法》，推进乡镇企业转变经营机制，发展农业产业化经营，初步形成以家庭承包经营为基础，以农业社会化服务体系、农产品市场体系和国家对农业的支持保护体系为支撑的农村经济体制。这一时期广州市先后出台了《广州市农村集体经济审核规定》（1995）、《广州市人民政府关于加强和推进我市乡镇企业工作的通知》（1997）等政策。

3. 推进阶段

2004 年以后，推进经济结构战略性调整，加强"三农"投入力度。2004—2008 年国家连续 5 年出台中央一号文件支持农业发展，制定了"少取、多予、放活"

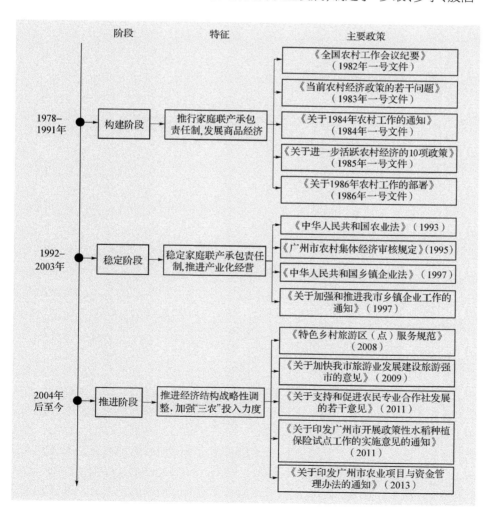

图 6-1 广州市农村产业政策历史演变情况

和"工业反哺农业、城市支持农村"的指导方针及一系列惠农政策。这一时期，广州市先后出台了《特色乡村旅游区（点）服务规范》（2008）、《关于加快我市旅游业发展建设旅游强市的意见》（2009）、《关于支持和促进农民专业合作社发展的若干意见》（2011）等政策，发展旅游业等农村非农产业，促进乡镇企业改革，拓展农村私营经济。

在对农村税费改革成功试点的基础上，2006年中央"一号文件"宣布在全国范围取消农业税，农业生产进入到无税时代。伴随农村税费体制改革，为加强农业发展和改善农民生产生活环境，国家还大幅度增加财政投入，健全农业投入保障制度和农业补贴制度。广州先后出台了《关于印发广州市开展政策性水稻种植保险试点工作的实施意见的通知》（2011）、《关于印发广州市农业项目与资金管理办法的通知》（2013）等政策，通过安排专项资金、财政补贴等形式，促进农业产业化经营（图6-1）。

第二节　政策依据及核心内容

1. 农业现代化发展政策

（1）政策依据

①国家层面。2002年修订并于2003年施行的《中华人民共和国农业法》提出国家把农业放在发展国民经济的首位，巩固和加强农业在国民经济中的基础地位，深化农村改革，发展农业生产力，推进农业现代化。国家采取措施，保障农业更好地发挥在提供食物、工业原料和其他农产品，维护和改善生态环境，促进农村经济社会发展等多方面的作用，1993年出台了《中华人民共和国农业技术推广法》，1999年出台了《关于当前调整农业生产结构若干意见的通知》，2012年出台了《关于印发〈全国现代农业发展规划（2011—2015年）〉的通知》，2014年出台了《2014年国家深化农村改革、支持粮食生产、促进农民增收政策措施》。

②广东省层面。2011年制定《广东省农业和农村经济社会发展第十二个五年规划纲要》提出加快转变农业发展方式，用现代发展理念引领农业，用现代物质条件装备农业，用现代科学技术改造农业，用现代产业体系提升农业，用现代经营形式推进农业。2008年出台《广东省现代标准农田建设标准（试行）》加快发展现代农业，规范现代标准农田建设，提供农田建设的参考标准。

③广州市层面。1996年出台《广州市蔬菜基地管理规定》，加强蔬菜基地的管理，稳定菜地面积，发展蔬菜生产。2011年为切实加强对广州市农业和农村经济发展的指导，进一步提高农业现代化水平，增加农民收入，促进城乡协调发展，制定《广州市农业和农村经济发展第十二个五年规划》。

（2）核心内容

①农业产业化。国家：采取措施推进农业产业化经营。广东省：以特色优势种植业产品为重点，以优势区域为依托，加快建立一批产业化基地；推进土地的适度规模经营；大力扶持培育农业龙头企业；积极发展各种合作经济组织和行业协会；大力发展农产品加工业。广州市：推进土地流转，发展规模经营。做大做强农业龙头企业，扶持农业企业上市。培育农民专业合作社和种养大户，市级以上示范性合作社达50家。完善产业化利益联接机制，提高农业生产组织化、规模化和集约化水平。延长产业链条，提升农产品附加值，大力发展农产品加工业、会展农业、现代农产品物流业等相关产业。

②农业机械化。国家：鼓励和支持农民和农业生产经营组织使用先进、适用的农业机械，加强农业机械安全管理，提高农业机械化水平。国家对农民和农业生产经营组织购买先进农业机械给予扶持。广东省：探索农机化示范、推广的新模式，结合项目实施和政策扶持，以点带面，提升全省农业机械化水平。推进粮食生产全程机械化，加快经济作物、园艺、养殖业和农产品加工业机械化。落实中央和省财政对农业机械化的扶持政策，加快农机合作组织发展，扶持建设一批农业机械化示范县。广州市：加快农业机械化、设施化发展，逐步把农业设施纳入农业机械购置补贴范围。

③农业信息化。国家：采取措施促进农业信息化。广东省：大力发展数字农业，积极应用现代信息技术，推动互联网和物联网的有机结合，改造和提升传统农业。广州市：加强市级农业信息服务平台和数据库建设，推进地理信息系统、遥感和管理信息系统等信息技术运用。开设农业技术实用信息服务，提供农业通、热线电话等信息服务，加快农业信息网络向农村基层延伸、向农业产业链各节点延伸。

④农业标准化。国家：用标准化手段促进农产品质量、效益的提高，发展农业产业化经营，建设农业标准化示范区。广东省：加快农业标准的示范推广，新建一批省级农业标准化示范县。加快全省大宗农产品和特色农产品生产标准的制订修订工作，逐步实现与国际标准接轨，形成具有广东特色的农业标准化生产体系。广州市：加大农业品牌培育和认证力度，加强农业标准化生产技术示范推广。

⑤农业基础设施建设。国家：采取措施加强农业和农村基础设施建设。广东省：加强农田基础设施建设，加快现代标准农田建设，增强农田抗灾能力和生产能力。推进农业现代化示范区建设，扶持建设一批现代农业园区，全面提高现

代农业水平。广州市：加强农田水利基本建设，推进连片农田和鱼塘标准化改造，结合都市农业结构调整和基本农田保护提高重点农业基地和现代农业园区的整治标准。加强农业机械化示范区和示范基地建设，重点推广连片温室大棚、节水灌溉、农产品冷链保鲜等农业设施应用。

⑥农业技术推广。国家：扶持农业技术推广事业，建立政府扶持和市场引导相结合，有偿与无偿服务相结合，国家农业技术推广机构和社会力量相结合的农业技术推广体系，促使先进的农业技术尽快应用于农业生产。广东省：开展以主导品种、主推技术和主体培训"三位一体"的技术推广模式，建立科技人员直接到户、良种良法直接到田和技术要领直接到人的农业科技推广新机制。建立和完善以农业科技推广机构为主导，农村专业合作组织、农业科研教育单位和社会各界广泛参与的多元化新型农业科技推广服务体系，推广应用先进、成熟、适用的农业新品种、新技术、新产品，显著提高农业科技成果转化率。广州市：完善市、区（县级市）、镇（街道）三级农业技术公共服务体系，构建以农业技术推广机构为主导、农村合作经济组织为基础、涉农主体广泛参与的基层农业技术推广体系。实施农业科技入户工程，引进、示范和推广良种良法等先进适用农业技术。加快农业机械化、设施化发展，逐步把农业设施纳入农机购置补贴范围。

⑦打造优势品牌。国家：实施"一村一品"强村富民工程，以现有的专业村镇为基础，整合各类资源要素，整村整乡推进优势资源开发，推行农业规模化、标准化、集约化生产，打造特色优势品牌，促进主导产业优化升级，壮大村级经济实力，带动农民增收致富。广东：充分发挥各地农业资源优势，大力发展特色产业和特色产品，努力推进农产品生产的标准化、设施化与规模化，通过特色与安全生产提升农产品品质，形成农产品的品牌，提高农产品的市场竞争力。广州：推进优势产业基地和"一村一品"建设，引导其向优势区域集聚。

⑧现代标准农田及蔬菜基地建设。广东省：现代标准农田建设必须按照现代农业发展的要求，科学设计、合理布局、规范管理。通过建设垌田、墩田、洋田、围田等田类达到"田成方、渠相通、路相连、旱能灌、涝能排、渍能降、机能进、物能运、土肥沃、高产出"的标准；丘陵山区坑田、坡地基本实现梯田化；一般耕地通过土地开发整理后净增耕地面积达到 10% 以上，基本农田整理后将净增耕地面积达 3% 以上；建立现代管护机制。广州市：蔬菜基地总面积按"市辖区城镇常住人口和流动人口人均面积不少于 20 m²"确定。广州市农业委员会应按现有蔬菜基地总面积 30% 的比例建立后备蔬菜基地。

2.乡村旅游、农村物流等第三产业政策

（1）政策依据

①国家层面。2005年《关于促进流通业发展的若干意见》和2009年《关于推动农村邮政物流发展的意见》提出建立和完善农村流通体系，推进农村邮政基础设施建设，促进农村经济发展、农业产业结构调整。2009年《关于加快发展旅游业的意见》提出推动旅游产品多样化发展，实施乡村旅游富民工程。2013年《关于继续开展全国休闲农业与乡村旅游示范县、示范点创建活动的通知》提出以规范提升休闲农业与乡村旅游发展为重点，形成"政府引导、农民主体、社会参与、市场运作"的休闲农业与乡村旅游发展新格局，推动我国休闲农业与乡村旅游持续健康发展。

②广东省层面。2012年《广东省旅游发展规划纲要（2011—2020年）》提出发展农业旅游新业态。为引领全省休闲农业与乡村旅游持续健康快速发展，2014年公布的《关于开展全省休闲农业与乡村旅游示范镇、示范点创建活动的通知》，通过开展示范创建活动，培育一批发展产业化、经营特色化、管理规范化、产品品牌化、服务标准化的休闲农业示范点。

③广州市层面。2008年《特色乡村旅游区（点）服务规范》规定了广州市行政区域内特色乡村旅游区（点）的设置与服务管理要求。2009年《关于加快我市旅游业发展建设旅游强市的意见》提出推动农村生态旅游发展，持续增加农民收入。

（2）核心内容

①扶持乡村旅游。国家：开展各具特色的农业观光和体验性旅游活动。对符合旅游市场准入条件和信贷原则的旅游企业和旅游项目，要加大多种形式的融资授信支持，合理确定贷款期限和贷款利率。鼓励中小旅游企业和乡村旅游经营户以互助联保方式实现小额融资。完善"家电下乡"政策，支持从事"农家乐"等乡村旅游的农民批量购买家电产品和汽车摩托车。广东省：完善旅游扶贫政策措施，在扶贫开发、生态文明村建设、宜居乡村建设中充分考虑旅游功能。发挥旅游扶贫专项资金的引导激励作用，在培育欠发达地区旅游龙头项目上取得突破，打造一批旅游特色小镇、风情村落、乡村旅游示范区和示范村等旅游精品。广州：支持农村、农民依托当地资源发展乡村旅游，引导和鼓励农业龙头企业依托生产科研基地发展农业观光体验游。完善用地、贷款等优惠政策，鼓励有实力的农业科研基地、农业企业、"一村一品"专业村、农民专业合作社发展观光休闲农业（渔业）。按照民间投资、政府补贴相结合的原则，同步推进村庄改造与生态旅游、乡村旅游功能建设，形成"一区（县）一品""一镇（街）一景""一村一业"错位互补、协同发展的格局，着力打造一批档次高、吸引力强的休闲旅游度假

胜地。

②乡村旅游产品体系。国家：在妥善保护自然生态、原居环境和历史文化遗存的前提下，合理利用民族村寨、古村古镇，建设特色景观旅游村镇，规范发展"农家乐"、休闲农庄等旅游产品。依托国家级文化、自然遗产地，打造有代表性的精品景区。广东省：配合现代农业发展，充分利用农业文化遗产和浓郁乡土特色，依托农业基地和乡村农家乐等，发展以农业生态观赏、农民生活体验和农村度假为主体的"三农"体验游，拓展观赏型、科普型、采摘型、务农型农业旅游项目，开发茶庄、酒庄、牧场、果园等庄园式、基地型农业休闲度假旅游。依托森林公园、自然保护区、林区林场，积极开发观光度假、"给氧"运动、"森林浴"、野外探险等森林旅游项目。依托渔港、渔村、渔船、渔具等元素，大力发展渔家乐、渔事体验等休闲渔业旅游。广州市：重点抓好滨海农业乡村游、岭南水乡特色游、千年花乡观光游、北部生态农业乡村游、农业科技观光游等精品线路和重点景区建设。力争用3~5年时间，基本建立起与我市生态旅游、森林旅游、乡村旅游发展相适应的旅游基础设施体系，形成成熟的生态旅游和乡村旅游产品体系。

③乡村旅游服务设施。广东省：制定乡村客栈住宿标准，鼓励乡村客栈集聚发展。适应多元化市场需求，发展休闲农庄、农家旅馆等多元化的住宿接待设施，促进乡村客栈规范化。完善旅游公共卫生体系，加快推进高速公路、重点景区、旅游特色村镇的旅游厕所建设。广州市：规范农家乐经营行为、提升服务档次，制定农家乐旅游服务质量等级评定制度。

④旅游示范创建。国家：通过示范创建活动，进一步探索休闲农业与乡村旅游发展规律，理清发展思路，明确发展目标，创新体制机制，完善标准体系，优化发展环境，加快培育一批生态环境优、产业优势大、发展势头好、示范带动能力强的全国休闲农业与乡村旅游示范县和一批发展产业化、经营特色化、管理规范化、产品品牌化、服务标准化的示范点，引领全国休闲农业与乡村旅游持续健康发展。广东省：通过开展示范创建活动，进一步探索休闲农业与乡村旅游发展规律，理清发展思路，明确发展目标，创新体制机制，完善标准体系，优化发展环境，加快培育一批生态环境优、产业优势大、发展势头好、示范带动能力强的全省休闲农业与乡村旅游示范镇和一批发展产业化、经营特色化、管理规范化、产品品牌化、服务标准化的休闲农业示范点，引领全省休闲农业与乡村旅游持续健康快速发展。广州市：完善观光休闲农业基础设施，推进观光休闲农业示范村建设。

⑤农村物流体系。国家：发展新型流通业态，推进订单生产和"农超对接"，落实鲜活农产品运输"绿色通道"政策，降低农产品流通成本。发展改革、财政部门要加大对邮政物流体系建设的支持力度，鼓励邮政企业利用网络优势，建立"连锁经营加配送到户加科技服务"的农村物流新体系，培育连锁经营龙头企业。

鼓励优势流通企业用连锁经营方式完善农村流通网络，采取多种方式开拓农村市场，引导农村消费。广东省：推进物流配送中心的开发建设和运营，组建物流开发公司，发展一批专业化的第三方物流配送公司，初步形成农业物流网络体系框架。制定农业物流现代化推进的技术标准，组建区域性的农业物流开发（或运营）公司。重点建设 20 个左右的农产品物流基地、4 个物流园区、10 个农业物流中心。广州市：培育农村流通中介组织和各类专业合作社、农产品协会，建设农产品营销网络和冷链体系，发展农产品配送直销、电子商务、名优农产品会展等新型流通模式。

⑥农产品市场体系。国家：强化流通基础设施建设和产销信息引导，升级改造农产品批发市场，支持优势产区现代化鲜活农产品批发市场建设，大力发展冷链体系和生鲜农产品配送。规范和完善农产品期货市场。加大农村市场建设的力度，完善农村流通基础设施，促进农村市场的形成，有条件的地区要在财政预算中安排一定数量的资金给予支持。广东省：在主产地或主销区、集散地扶持发展一批具有鲜明专业特色，紧密依托当地产业或具有较强商品集聚功能，连接城乡、辐射全国、连通国外的大型化和高档次的农产品批发市场，努力把它们建设成农产品集散中心、流通加工中心、交易中心、价格形成中心和信息发布中心。广州：升级改造农产品批发市场，扶持北部山区建设农超对接生产基地。

3. 农业资金、补贴、保险政策

（1）政策依据

①国家层面。1985 年公布的《国家建设征用菜地缴纳新菜地开发建设基金暂行管理办法》规定建设征用规定的菜地，用地单位须向国家缴纳新菜地开发建设基金。2004 年粮食直补机制已初步确立，2005 年公布的《关于进一步完善对种粮农民直接补贴政策的意见》完善了对种粮农民的直补机制。2013 年公布的《中央财政现代农业生产发展资金管理办法》规范和加强了中央财政现代农业生产发展资金管理政策，提高资金使用效益。为规范农业保险活动，保护农业保险活动当事人的合法权益，2013 年施行的《农业保险条例》提高了农业生产抗风险能力，促进农业保险事业健康发展。为落实好中央财政农作物良种补贴政策，提高资金使用效益，保护和调动农民生产积极性，2014 年公布的《关于做好 2014 年中央财政农作物良种补贴工作的通知》明确农作物良种补贴实施范围和方式。

②广东省层面。2012 年公布的《关于大力推广政策性涉农保险的意见》，提高农业、农村抵御自然灾害风险和灾后复产重建能力。为堵塞执行中的漏洞，确保种粮农户及时足额收到补贴，2012 年公布《关于进一步做好对种粮农民直接补贴工作的通知》。2013 年公布的《广东省现代农业生产发展项目中央和省

级财政资金使用管理细则（修订）》加强和规范广东省现代农业生产发展项目中央和省级财政资金的使用管理。《广东省 2014 年中央财政水稻、玉米、小麦良种补贴项目实施方案》落实 2014 年中央财政水稻、玉米、小麦良种补贴政策，提高资金使用效益。

③广州市层面。2007 年为贯彻落实中央和广东省关于高度重视和抓好粮食生产，增加粮农收入的精神，下发《关于印发广州市对种植水稻的直接补贴实施办法和广州市种粮大户补贴方案的通知》，在粮食风险基金中拿出资金对种粮农民直接补贴。此后，2010 年公布了《广州市新菜地开发建设基金征收办法》，2011 年公布了《关于印发广州市开展政策性水稻种植保险试点工作的实施意见的通知》，2013 年公布了《关于印发广州市农业项目与资金管理办法的通知》，保护农民利益和调动农民生产积极性。

（2）核心内容

①新菜地开发建设基金。国家：在城市人口百万以上的市，每征用一亩菜地，缴纳 7 000~10 000 元新菜地开发建设基金。收取的新菜地开发建设基金，是城市人民政府用于开发建设新菜地的专项资金，任何单位和个人不得挪作他用。广州市：广州市新菜地开发建设基金的征收标准为 15 万元 /hm^2。

②粮食直补。国家：省级人民政府依据当地粮食生产的实际情况，对种粮农民给予直接补贴。粮食直补资金实行专户管理，并实行严格的粮食省长（主席、市长）负责制。广东省：对广东省范围内直接从事种植水稻且年播种面积 30 亩以上（含 30 亩）的种粮农民（含承包土地种植水稻的种粮农民）每亩每年补贴 20 元。省财政每年从省级粮食风险基金中安排每亩补贴 10 元。各市、县（区）每年统筹安排每亩补贴 10 元，其中地级以上市本级安排给所辖县（市、区）不少于每年每亩补贴 5 元，所需资金从各市、县（区）粮食风险基金中安排，不足部分由各市、县（区）财政预算安排。广州市：对种植水稻的农户给予每年每亩 10 元补贴。全年水稻播种面积达到省规定 30 亩以上的种粮大户，在享受省每年每亩 25 元补贴标准的同时，市里再给予补贴。

③中央财政农作物良种补贴范围和补贴标准。国家：补贴范围：水稻、小麦、玉米、棉花良种补贴在全国 31 个省（区、市）实行全覆盖，花生良种补贴在广东等 12 个省（区）实施。补贴标准：小麦、玉米为 10 元 / 亩，早稻、中稻（一季稻）、晚稻、棉花为 15 元 / 亩。花生良种补贴为每亩补贴 10 元，良种繁育为每亩补贴 50 元。马铃薯每亩补贴 100 元。广东省：补贴范围：水稻、玉米、小麦良种补贴在广东省内实行全覆盖。补贴对象：在生产中使用水稻、玉米、小麦良种的农民（含农场职工）。补贴标准：早稻、中稻（一季稻）、晚稻为 15 元 / 亩；玉米、小麦为 10 元 / 亩。

④建立和完善农业保险制度。国家：鼓励和扶持农民和农业生产经营组织，

建立为农业生产经营活动服务的互助合作保险组织，鼓励商业性保险公司开展农业保险业务。农民或者农业生产经营组织投保的农业保险标的属于财政给予保险费补贴范围的，由财政部门按照规定给予保险费补贴。国家建立财政支持的农业保险大灾风险分散机制。广东省：对具备统保条件的政策性涉农保险项目，以乡（镇）为基本单位实施区域统保。财政补贴保费资金分两次划拨，首次划拨额为补贴总额的80%，剩余20%在农户足额缴交自付部分保费后拨付。建立政策性涉农保险巨灾风险准备金。广州：建立新型农业保险保障体系，完善农业灾害补偿机制。水稻种植保险保费每造每亩15元，保险金额为每造每亩300元。保费资金由财政补助80%，即每造每亩12元；农户负担20%，即每造每亩3元；其中中央补助35%，即每造每亩5.25元；市、区两级财政的负担比例为总计45%，即每亩6.75元。

4. 农业生产经营组织政策

（1）政策依据

农业生产经营组织，是指农村集体经济组织、农民专业合作经济组织、农业企业和其他从事农业生产经营的组织。农村集体经济组织是指原人民公社、生产大队、生产队建制经过改革、改造、改组形成的合作经济组织，包括经济联合总社、经济联合社、经济合作社和股份合作经济联合总社、股份合作经济联合社、股份合作经济社等。农民专业合作社是在农村家庭承包经营基础上，同类农产品的生产经营者或者同类农业生产经营服务的提供者、利用者，自愿联合、民主管理的互助性经济组织。

①国家层面。国家鼓励供销合作社、农村集体经济组织、农民专业合作经济组织、其他组织和个人发展多种形式的农业生产产前、产中、产后的社会化服务事业。国家先后出台《关于促进乡镇企业持续健康发展报告》（1992）、《中华人民共和国乡镇企业法》（1997）、《中华人民共和国农民专业合作社法》（2007）、《农民专业合作社登记管理条例》（2007）等政策法规规范农业生产经营组织管理。

②广东省层面。1999年出台《广东省农村集体经济审计条例》，2006年出台《广东省农村集体经济组织管理规定》，规范农村集体经济组织管理，稳定和完善农村以家庭承包经营为基础、统分结合的双层经营体制，保障农村集体经济组织及其成员的合法权益。

③广州市层面。1995年出台《广州市农村集体经济审核规定》，1997年出台《广州市人民政府关于加强和推进我市乡镇企业工作的通知》，2011年出台《关于支持和促进农民专业合作社发展的若干意见》，2014年出台《关于规范广州

市农村集体经济组织管理的若干意见》加强和推进农村集体经济组织、乡镇企业、农民专业合作社的管理工作。

（2）核心内容

①农村集体经济组织职责。国家：农村集体经济组织应当在家庭承包经营的基础上，依法管理集体资产，为其成员提供生产、技术、信息等服务，组织合理开发、利用集体资源，壮大经济实力。广东省：经营管理属于本组织成员集体所有的土地和其他资产；经营管理依法确定由本组织使用的国家所有的资源性资产及其他资产；管理乡（镇）以上人民政府拨给的补助资金以及公民、法人和其他组织捐赠的资产和资金；办理集体土地承包、流转及其他集体资产经营管理事项；为本组织成员提供服务；法律、法规、规章和本组织章程规定的其他职责。

②农民专业合作社成员。国家：农民专业合作社的成员中，农民至少应当占成员总数的80%。成员总数20人以下的，可以有1名企业、事业单位或者社会团体成员；成员总数超过20人的，企业、事业单位和社会团体成员不得超过成员总数的5%。农民专业合作社应当有5名以上的成员。广州市：拓展成员范围。依法享有本市农村集体土地承包经营权的原农业户口居民，以及转居后仍从事"三农"生产服务的本市农村集体经济组织社员，均可按照农民成员进行登记。

③农民专业合作社扶持。国家：加大财政资金扶持力度，搭建合作社服务平台，切实做好工商登记和商标服务，拓展成员范围和出资方式，落实税收优惠政策，支持参与农业项目建设，加大金融服务支持力度，开展信用等级评定工作，给予用地、用电和运输优惠，鼓励人才进入合作社。广东省：进一步落实农民专业合作社在工商、质监、银行、税务登记和监管等环节免收费用的政策，加大落实农民专业合作社税收优惠、金融扶持等政策力度。鼓励农民专业合作社申请承担政府涉农经济建设项目。全面开展农民专业合作社示范工程，省财政安排专项资金，每年支持建设一批农民专业合作社示范县、示范社、示范项目，各市、县也要安排专项资金实施示范工程，全面提升农民专业合作社水平。广州市：将农民专业合作社专项扶持资金列入市、区（县级市）两级财政预算。市、区（县级市）两级政府设立联席会议制度，负责研究制定合作社发展规划和有关扶持政策，开展沟通和协调，提出工作意见和建议，统筹协调解决本地区农民专业合作社发展中的问题。

④产业化经营体系。广州市：发展农民专业合作社要同深化完善农业产业化经营紧密结合起来，逐步形成"公司＋合作社＋农户＋标准"的产业化经营体系，让农民从产业化经营中得到更多实惠，并为龙头企业扩大生产基地、延伸产品加工提供服务。鼓励有条件的合作社依法参与农村土地流转，发展农业规模经营。

⑤乡镇企业发展。国家：农民和农业生产经营组织可以自愿按照民主管理、按劳分配和按股分红相结合的原则，以资金、技术、实物等入股，依法兴办各类

企业。稳定第一产业，优化第二产业，加快发展第三产业，使乡镇企业第三产业的比重达到25.5%。推进结构调整，促进乡镇企业优化升级，积极发展农产品加工业，大力发展休闲农业等农村服务业，鼓励发展战略性新兴产业，促进产业集群发展，推进乡镇企业产业转移与承接，支持乡镇企业"走出去"。广州市：要优化资源配置，继续抓好乡镇企业有较大优势的机电、轻纺、建材、皮革、制造、化工食品等六大支柱行业，对主导型企业要在技改贴息、信贷方面予以重点支持，积极发展优势产业和产品，不断开拓产品市场。要努力提高乡镇企业与农业的相关度，抓住近年来内外客商看好农业企业发展的契机，大力兴办规模化、集约化的农业企业，充分利用农副产品的资源优势，大力发展农副产品加工、储藏、保鲜、运销业，实行种养加、产供销一条龙，农工商、贸工农一体化，形成以市场为导向，龙头建基地，基地连农户的格局，带动农业的产业化、集约化和市场化。

第三节　农村产业政策的评估

1. 广州农村产业发展问题

（1）农业生产经营水平较低，经济发展亟待转型升级

根据《2012年广州市国民经济和社会发展统计公报》，2012年村民人均纯收入16 788元，扣除价格因素，比2011年实际增长10.1%（图6-2），但与苏州、上海、杭州、北京等城市相比仍然偏低；从增长的趋势看，近几年来村民人均纯收入增幅逐渐放缓。村民人均纯收入与城市居民家庭人均可支配收入比例为1:2.267，比2011年的1:2.324略有增加，但是和苏州（1:1.93）相比，仍有较大差距，广州市城乡收入差距也高于国际公认的1:2的合理水平。2011年广州第一产业劳动生产率为3.25万元/人，低于上海、苏州、北京等市（图6-3）。由于配套设施建设用地难以解决、农业龙头企业总体实力不强、农业科技自主创新能力不强等因素，广州市目前设施农业的发展水平较低，农田规模较小、分散分布，都市型现代农业发展面临较大的问题和困难。另外，虽有一些村庄率先构建了新型农村经济组织，采用股份合作制的农村经营管理体制，并取得了较大的经济发展，但是当前相关研究及应用整体仍未成熟，农村农业规模化经营、经济合作社化经营还不成气候，尤其在增城区、从化区，小农经济仍占有主导地位，大大限制了农业发展空间和农民增收创利。

伴随着工业化、城镇化快速发展的进程，农业农村发展面临的问题和矛盾变

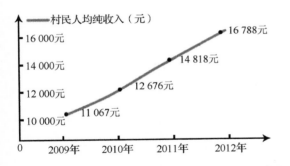

图 6-2　2009—2012 年广州农村居民人均纯收入变化趋势图

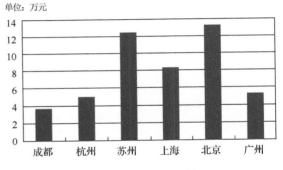

图 6-3　2011 年人均农业生产总值比较图

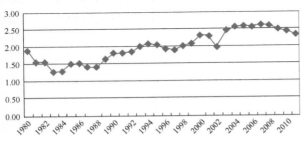

图 6-4　广州城乡差距变化情况图

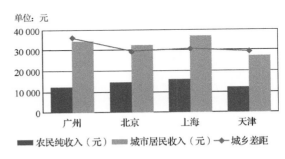

图 6-5　广州与其他城市比较图

得更加复杂尖锐，在城乡二元结构差距明显、土地资源紧缺的情况下，广州农用地数量大幅减少，生态压力巨大（图 6-4），广州与其他城市在农民纯收入、城市居民收入与城乡差距比较如图 6-5 所示。由于长期掠夺式的城市现代化发展，广州市建设用地扩张过快，低质量、低效率的经济发展惯性难以控制，工业三废排放居高不下，化肥农药施用有增无减，环保投资力度不够及管理漏洞等原因，广州市的城市与农业用地矛盾日益严峻，尤其是大面积休闲农业用地困难，对农业发展形成约束，进入升级转型期的农业发展亟须寻求新的发展策略，找到解决城乡矛盾的黄金平衡点。

农业产业结构有待调整。农业产业结构有着多层次性，农、林、牧、渔构成一级产业结构，农业结构调整是进行新农村建设、发展现代农业、促进农村农业可持续发展的重要手段。应当在保证市场制度供给、农业发展动态适应市场需求的前提下，政府部门制定并实施积极有效的产业引导政策。广州市农业产业结构的特点是传统种植业比重远远高于林、牧、渔业，政府应进一步优化，帮助农业资源向高附加值、高效益的现代农业方向转移，使农业结构不断向可持续发展方向演化，实现农业按市场导向组织生产并具有后继自发动力的一个动态的不断优化的过程。

农业品牌建设滞后。品牌是信誉的凝结，品牌建设是推动企业和经济发展的动力，2015年中央一号文件对大力发展名特优新农产品和培育知名品牌做出重要部署，打造地方农业特色品牌已经成为推动农业转型升级发展、推进农业现代化发展的一个重要部分。广州特色农产品丰富，有果树类、蔬菜类、花卉类、畜牧类、水产类、经济作物类等多类品种，但在全国范围内具有较高知名度的农业品牌不多。虽有多个都市型现代农业示范区，但迄今为止还没有一个在国内具有影响、真正意义上的都市型现代农业园区。

观光休闲农业管理不规范。观光休闲农业近年来发展迅速，但在全国各地"一窝蜂"竞争的情况下，休闲农业和乡村旅游产业也成了各地政府的机遇与挑战。总的来说，发展观光休闲农业能为农业结构调整、打破城乡二元发展壁垒、改善农民生活和加强生态文明建设做出积极贡献。但在政府主导型的发展战略规划中，也存在盲目发展、建设基础不够、缺乏后继动力等问题。大多数农业景点特色不明显，呈现出规模小，管理不规范，经营不稳定的特点。观光休闲农业管理人才短缺，景点的设置管理、市场促销都没有充分发掘潜力，只是对农业资源的简单利用，如采摘、品尝、餐饮等，不对农业活动、农产品进行深度开发，缺少乡土文化、教育内涵，不能持续吸引消费者。农业景点的简单复制甚至导致了客源大战、价格大战等恶性竞争。

（2）"吃租经济"普遍存在，农村产业发展内生动力不足

在过去二三十年的发展中，以外资为主导，以土地为主要投入要素，形成了"向土地要效益"的发展模式，促进了城镇化的快速发展。对土地的单一要素高度依赖，零散的投资方式，导致目前广州市村庄地区土地蔓延、使用低效、转型困难等一系列困境。工业吃租、宅基地吃租、农业吃租现象普遍存在。全市农村承包收入占村财务收入的53.79%，村集体经济绝大部分来自集体土地上自建的市场、商铺、厂房、仓库等物业租赁以及土地、鱼塘、山林等资源发包。全市村庄建设用地的工业企业中，78.5%为"完全租赁"企业，仅有5.7%是自主经营企业，有些村出租经济比例甚至达到100%，村庄几乎没有自有的集体经济。城中村、城边村的房屋出租现象普遍，远郊村的农业主要租赁给外来务农人员种植。这种产权高度分散的资产，在村民自治的制度背景下，很难出现内生性的产业结构调整。没有内生性的产业结构，就没有产业优质发展的基础。因此，如果不能及时调整农村集体经济的经营模式，培育新的增长点，就不可能实现农村经济的持续发展和农村社会的富裕稳定。

工业和第三产业的快速发展不断挤压农业经济的发展空间，因土地和劳动力的流失使得农业成为珠三角经济发展的短边，从不同地区来看，产业结构也存在较大差异。2014年，天河、越秀、荔湾、海珠、黄埔和萝岗区的农业GDP所占比重已经下降到1%以下，从化区和增城区农业GDP所占比重相对较高，

分别是 8.53% 和 6.55%，南沙区是 5.29%，其他各区农业所占比例均不超过 5%。天河、越秀、荔湾、海珠、白云和番禺区的第三产业占 GDP 的比重都已经超过 50%，越秀、天河、荔湾区已经转化为以服务业为主的城市，而黄埔、花都、南沙和萝岗区制造业的比重处于较高水平，增城和从化区制造业所占的比例还处于上升之中。目前，广州农村发展和农业经济整体处于边缘化，农村经济产值、农村居民收入、农业生产经营能力、农业科技、农村基本公共服务均等化水平等各部分指标甚至低于全国平均水平。由于广州地区大部分地市以城市吞并农村作为城市开发的主要发展路径，导致乡村地区的农林渔业固定投资水平低下。农村劳动力受教育水平较低，大多为中小学学历；农业生产经营水平较低，经济发展亟待转型升级；经济效益较高的农产品加工业、农业服务业以及非农业产值的绝对量和比重仍处于低位。设施农业发展水平较低，农田规模较小、分布零散，没有较大的农业产出，农产品商品化难以起步，这样的整体特点导致了绝大多数农民收入水平还处于社会基本生活水平的经济底线之下。设施农业发展水平低又会延伸导致许多基础矛盾：城市基本农产品供给保障、农产品质量监管、种植技术进步、农业环境保护等，因为务农收入微薄，很多农户家庭将农业收入作为家庭收入补充，反而更加忽视农业发展。

农村生产经营模式市场化、企业化水平不高。从广州农村生产模式的基本特征来看，主要有 5 种基本模式：自给自足小农经济模式、商品化小农经济模式、农业市场化模式、初级农业企业化模式和高级农业企业化模式。小规模的分散经营模式最多，以个体和家庭为生产主体，缺乏大规模的以企业生产为主体的经营模式，现代化程度不高。

广州农村发展面临日益严峻的土地资源瓶颈，主要表现在耕地资源流失和农村建设用地的无序低效利用。当前，广州宝贵的耕地资源在工业化和城市化进程中流失严重，优质耕地资源出现严重匮乏；在村庄自发工业化发展驱动下，农村建设用地布局散乱，无序低效蔓延，实际建设用地规模已远远超过规划上限，违法占地情况较普遍，建设用地占用耕地现象尤为严重，农村集体土地的模糊产权带来的低成本引发了村镇大规模的"非正规"土地开发。农村违法占地、低效用地现象既有外部原因，也有农村土地管理机制的问题。一方面是广州农村地区长期不审批宅基地，农村住宅报建程序复杂，农民新增住房刚性需求与宅基地审批政策存在冲突；另一方面是因为基层政府对工业或服务业项目经营用地往往采取少批多用或"先上车、后补票"方式，擅自转变农用地性质，拖欠集体经济发展留用地。

土地利用粗放和长期的低水平城镇化制约了乡村地区的产业结构升级和环境建设，陷入低成本发展的路径依赖。一方面，村庄自发工业化以及依托经济社（自然村）为单位的用地模式造成农村建设用地的布局分散，无法产生集聚效应；另一方面，传统的城乡二元体制决定了村庄的基础公共服务由集体经济组织承担，"低质量"的公共产品形成连锁效应，进一步限制了农村地区的转型与升级。

2. 农业现代化发展政策问题

（1）政策引导不够，减缓农业规模化脚步

20 世纪 80 年代初农村经营制度改革建立起来的"家庭联产承包经营制"模式取得了举世瞩目的成绩，解决了十几亿人口的吃饭问题，但同时也留下了农户经营规模细小化的后遗症。在农业生产中，由于小农意识的存在，就必然要求政府在对农业的生产上要起到一定的产业引导作用。目前，尽管政府倡导实行集约化的农业生产，但在引导上仍存在着缺位，主要表现为：一是宣传力度不够，即对于农业规模化生产的优势、效益等向农户推广普及不够；二是规模化产业项目引入的指导力度不够，即在对农民实施产业化农业过程中缺少政府对于产业项目引进的扶持办法及力度；三是对于因地制宜发展规模化农业的总体思路和规划欠缺，目前政府倾向于进行城镇建设开发，对于农业发展的关注和措施缺少必要的重视。

随着现代经济的发展，农业在产业竞争中的颓势愈加突出，农业生产经营体系与市场经济体制的矛盾日益加剧，表现在农户家庭分散经营与国内外大市场、传统农业生产方式与农业现代化、小农户生产组织与企业组织竞争力极为悬殊等方面。由于农业的生产、加工、销售脱节，效益低下，农村经济的进一步发展面临着许多新的问题。从世界各国农业发展演变轨迹来看，农业生产规模较小的国家普遍追随这一更迭轨迹，小农经济往往走向衰败和兼业发展，很难突破现代经济背景下的市场竞争阻碍。

近 5 年来，广州农业产业化耕地面积比例在 20% 左右，增速缓慢。究其原因，主要有以下几方面：第一，合作社难以产生规模经济效益，农户参与的积极性不高，合作组织规模增长缓慢。第二，龙头企业与农户之间利益联结松散，在标准化生产、农产品深加工、物流服务上的能力有待增强。2010 年广州本地农产品加工产值为 50.51 亿元，仅占全市农产品加工企业总产值的 29.9%，加工本地农产品不足，一定程度上制约了农户种植积极性。第三，农户家庭承包土地流转不足。2010 年底，全市流转家庭承包土地总面积为 60.96 万亩，占全部家庭承包土地面积的 38.5%，其中，转入农户面积 32.78 万亩，转入合作社面积 1.36 万亩，转入企业面积 6.78 万亩，转入产业化经营主体（合作社、农业企业）的面积合计 8.14 万亩，大部分流入家庭经营。

人多地少并不会必然制约农业生产，但说明我国急需集约利用农业土地，提高农用地生产率，要达到这一目标的必要条件是实现农业技术进步，例如美国农业偏重机械技术追求劳动生产率，日本农业偏重生物科技追求土地生产率。除了起步重点不同，发展到一定阶段后现今农业发展趋势必然是技术综合，减少土地零碎现象，减少阡陌占地，增加农用地面积，进一步创造技术提升条件，激励农户实现技术进步。

（2）农业技术服务体系不健全

多年来，农业科技、信息、标准化生产、防疫体系建设以及农产品检测等方面的投入严重不足，农村经济体系十分脆弱，农民生产的盲目性未得到根本改变，自然风险与市场风险对农业和农村经济冲击较大。

健全农业技术服务体系对解决三农问题、帮助农民持续增收、促进乡村稳定发展具有重要意义，而现阶段农业社会化服务定位模糊、平台功能不完善已经成为制约增收增效、集约经营的现实桎梏。广州市政府建设农业技术服务体系过程中存在以下4个方面的问题：

①基层农业技术推广机构职能弱化。目前，区级农业技术推广机构的设置不完整，有的是人员没有完全到位，职责划分没有定编；有的是机构设置过于分散，如种植业就分别设立了粮作、蔬菜、水果、花卉等专门的推广机构，造成职能重叠、力量分散、工作难以协调，降低了推广服务的效能。镇级农业技术推广机构的设置存在明显漏洞，阻碍并弱化了推广效果。表现在：一是管理体制不顺，业务上属区管，行政上属镇管，双重管理不利于开展工作，镇级推广人员因人、财、物、事四权归镇政府管，工作基本由镇政府统筹安排，往往要兼顾很多非本职工作，造成推广工作优先级后推、职责过重、难以兼顾。二是机构设置过多、过散，资源没有得到有效整合，有限的力量显得更加分散。三是公益性职能与经营性服务混杂，未能集中精力开展公益性推广工作，难以提供公平的服务技术支持。

②人员待遇偏低，经费投入不足。目前，市本级农业技术推广中心的人员经费虽为市财政核拨，但未能列入参照公务员管理单位，岗位津贴为差额拨款不由财政统发，导致人员待遇比同级公务员低。区级农业技术推广机构的人员经费来源和标准差异很大，有的区参照公务员管理，经费为全额拨款；有的区则不参照公务员管理，经费为差额拨款，总体上说，人员待遇也较同级公务员低。镇级部分推广机构中只有少部分工作人员能享受同级公务员待遇，大多数机构的人员经费仅由财政核补，基数相差很大，收入普遍低于同级公务员。推广专项经费投入明显不足，除市本级农业技术推广中心的推广专项经费能基本满足需要外，各区、镇的本级财政很少安排农业技术推广专项资金，大部分区的推广专项资金主要通过申报项目的形式向上一级财政申请补助，甚至存在区级农业技术推广机构多年来没有自己的推广项目，也没有任何专项经费的情况。镇级农业技术推广机构的专项经费缺口更大，基本来源于上级有限的项目经费投入，

而且还不能将经费全部用于推广业务开支，有的镇级农业技术推广机构甚至连基本的下乡交通费、资料印刷费都无法解决。

③基层推广人员综合素质不高。基层推广机构编制被占用的情况严重，有一定专业水平的推广人员被借调从事其他工作，而在政府机关机构改革中无法安排的非专业人员却被调进推广机构，导致基层推广机构专业技术人员的比例普遍不足50%，一些业务工作只能聘请临时推广人员去做。另外，因待遇低，基层推广机构近年来难以吸纳高素质人才，已有的推广人员因学历、职称偏低，又鲜有机会接受专业化技能培训和继续教育，普遍存在知识面窄、技术陈旧、老龄化的现象。部分推广人员只懂粮食作物，不懂经济作物，或只懂产前、产中技术，不懂产后技术，难以适应现代农业发展的需要。

④工作缺乏整体计划，推广内容针对性不强。农业技术推广是一项系统性、长期性、持续性的工作，但是，由于各年度项目资金投入不稳定，一些正常开展的推广业务资金时有时无、时多时少，一些新开设的项目会因缺乏后续资金而不得不中止，推广的内容往往跟着资金走，而资金的投入往往又带有明显的行政色彩，导致推广工作难以制订一个整体、长期的计划，或者是有计划却无法实施，造成推广内容与生产实际脱节，影响了推广工作的实效。另外，目前的推广模式主要还是自上而下的政府主导型推广模式，有的推广项目带有明显的"领导意志"，农民的参与积极性不高，缺少结合生产实际的内容，推广工作效率低下。再者，推广工作主要集中在单个项目的推广上，整体协调不够，对建设现代农业的整体推动力不强。有的地方简单地把公益性推广职能推向市场，实行"花钱买服务"的做法，难以保障推广工作的系统性和延续性。

3. 乡村旅游、农村物流政策问题

（1）乡村旅游缺乏政策细则指导

乡村地区产业发展中缺乏与乡村旅游相关的权益保护与经营规范、旅游规划、旅游安全、公共服务与监督管理、法律责任等方面详细的规则与条例。在"互联网＋"三产联动、民宿发展、网上旅行社、旅游搜索引擎、电商品牌创建等新业态方面需要进行及时的法规补充、丰富和细化，以增强上级法规引导的可操作性和可执行性。

①管理机构不健全。乡村旅游区的管理工作涉及农村社区发展，小城镇建设，农业结构调整，旅游业发展、保护等环节制定和内容监管，需要一个权威的协调管理机构进行统一的指挥调度。目前各地政府尚无一个健全的管理机构试点尝试对乡村旅游发展进行统一的协调与管理，政府部门没有充分发挥主导引领作用，宏观管理力度差，造成许多乡村旅游项目在利益方面多头管理、各自为

政的管理局面，出现问题时职责不明、无人解决、互相推诿。当经营者的利益、居民的权益和游客的需求出现矛盾时政府职能部门又无力解决，从而严重影响了乡村旅游的顺利发展。

②相应的政策法规欠缺。目前，我国《旅游法》尚未出台，乡村旅游的发展缺少能实际有效指导的相关法律条文，各地政府也未制定相应的政策法规来保护和管理旅游产业，经营者无法可依，游客的权利无法得到保护，政府行政部门管理无章可循。这种无章可循、无法可依、自由发展的状况导致乡村旅游发展常常处于自发、盲目、无序的混乱局面，一定程度上限制了当地乡村地区经济全方位的发展。

③缺乏总体规划控制。许多乡村旅游项目缺乏总体规划和时序工作计划，开发初期各利益相关主体一哄而上、修路造房、重复建设、低层次开发、环境破坏现象严重。这不仅造成乡村旅游产品品位不高、产品生命周期短等不可持续发展局面，也造成了资源、财力、人力、物力的巨大浪费，严重地影响了乡村旅游的可持续发展。

由于缺乏政策细则指导，旅游管理部门疏于管理，而采取听之任之的态度。这样致使行业发展处于一种自发的状态，而这种状态的发展往往是没有方向的。行业内部没有有效协调，没有进行有效引导，浪费巨大的人力、物力、财力。缺乏区域整合，不同区域的管理者和经营者之间缺乏行业透明度和信息沟通，往往造成同一个项目在相邻区域重复建设，品牌效应差，文化内涵挖掘得不够。

（2）物流政策不到位，物流设施薄弱、技术落后

物流政策不到位甚至缺失，物流作业不规范，物流交易成本高。影响物流交易合约顺利形成和履行的因素有很多，其中政策和信用是主要的。有的地方政策和信用还是空白，这样物流作业就难以规范，物流需求者对物流企业缺乏信任，对物流外包的结果难以预期，因此物流合约难以达成。没有政策的支持，物流业很难发展壮大以适应农村经济发展的需要。物流的运输、包装、装卸搬运、流通加工、信息处理等每一项功能的实施，都与物流的基础设施和物流技术水平有关。农村道路状况差，物流运费就高；没有公共的信息平台，物流信息就难以处理和发挥作用；没有科学的冷藏设备，鲜活农产品就难以运输、加工等实现其价值；没有科学的工艺和技术，农产品就难以实现加工增值。

与国外发达国家相比，我国乡镇产业发展在物流市场运作和管理的成熟度方面、体系的完整性和协调性方面的表现还有很大的差距。具体表现在：行业的资源整合力度远远不够，仍然以粗放式经营为主；物流业与制造业联动结合不够，偏远地区的物流业配置滞后于社会发展实际要求，在农业物流方面表现得尤为明显；现代化农产品的物流体系建设滞后，冷链物流与应急物流通道建设匮乏，农业物流总体呈现成本偏高、损耗大、效率低的特点，严重影响了我国农业产业

化发展进程，加上信息化平台缺位使得供应链的一条龙服务体系没有真正建立。农产品具有季节性和区域性的特点，实际生产对农业物流的需求量大，农产品运送过程对时间和空间要求严格，使得农业物流系统建设本身具有环节复杂、跨度大、动态性强的特征，系统的各个配备要素要随着需求、供应、渠道、价格的变化进行相应调整，难以维持长期稳定，且系统各要素具有可分性，不易操作。随着互联网技术的快速发展普及和信息技术的推广，基于电子商务模式的农业物流系统建设成为发展现代、特色、规模农业的必要环节。

现代化农业物流系统的构建是一项复杂的工程，既需要财政、银行、保险、证券等金融机构的支持，还需要地方各级机构大量的人力、物力、财力地相互配合支持，尤其是基础设施的建设和完善。针对我国物流起步晚、底子薄的现状，国家和地方在财政拨款中设立一个农业物流发展专项基金的呼声不容回避，基金款项用于农业基础设施的建设和规划，如建设农业物流园区、冷链配送中心和大型批发市场，搭建具有示范作用的应急农业物流预警系统平台，以支持农业物流的发展。同时还应成立务实、高效的农业物流专门领导协调机构，工作内容包括统一协调全国农业物流的组织和运行、制定农业物流发展的各项方针政策和具体的发展规划，对地方农业发展中遇到的重大和突出问题提供精确、高效的解决方案。专项领导协调机构还可以从宏观上规范、引导、扶持现代农业物流健康发展，协调不同地区、不同部门农业物流治理机构之间的关系，形成治理农业物流现状的联动机制，协助开展农业物流数据统计，研究分析国内外经济形势和农业物流发展情况，对我国农业物流发展进行预测、预警和提供风险规避建议。另外，在农业物流急需设施和关键技术改造方面，各级政府财政部门应当制定一定的规则，对下辖乡村地区给予适当的贴息扶持或资金上的财政担保。税收政策方面，对农产品物流园区建设可给予税收政策上的优惠，以减轻园区的土地开发成本，如减半征收土地出让金、免征城镇土地使用税等。

政府应引导和鼓励企业之间展开创新型合作，同种产业上下游企业间形成供应链联盟，或者与原有的农村工商企业进行合作，发挥工商企业的优势，还可以成立区域性的农协组织，将农户和消费市场有机地联系起来，以市场为导向，以经济利益为纽带，完成农村与都市物流的接轨，促进特色农产品现代流通的发展进程。

需要加大农业物流方面的科技与教育投入力度。地方政府可以借鉴国外先进农业生产地区的农业物流发展经验，与科研教育机构交流互通，加大对相关研究院所、高等院校以及物流企业开展与农产品采摘、保鲜、分选、包装、运输、储存等环节有关的农业技术研发的扶持力度，为农业物流发展提供人才、科技支持。在人才培养方面，可以运用各种形式加大对农业物流教育的培训投入力度。一方面可以依托农协组织拨付专项经费用于农业物流方面的学历教育，建立多层次的物流专业学历教育体系，鼓励与高等院校合作设置农业物流等专业，引导其增设和改造相关课程；另一方面要加强对现有农业物流从业人员的在职培训，组织规范化、知识实时更新的教育课堂，切实提高其从业素质与能力。

4. 农村资金、补贴、保险政策问题

（1）农业风险的经济补偿机制不健全，农民种粮积极性下降

随着农民收入渠道的拓宽，形成种粮收入效益过低，务农收入远低于外出务工收入，农业种植被副业化、兼业化对待，而农资价格不断上涨又增加了农民的种粮成本，虽国家出台最低收购价格和补贴等措施，但仍无异于杯水车薪。农业基础设施落后也增大了农业种植风险，同时国内当前对农业风险的经济补偿机制不健全，致使农民因灾损失往往无法弥补，且相关农业保险的缺失以及农民参保率低等现象均不能从根本上起到降低农业种植风险的作用。

（2）农业保险推广普及进展缓慢

究其原因，主要有以下几个方面：第一，农业保险的高风险、高赔付率使得单纯经营商业保险的保险公司投资盈利空间非常狭小，亏损风险过大。第二，农业保险品种稀少。第三，缺乏再保险的有力保障，农业保险经营机构很难将风险有效地分散转移。第四，农民收入水平较低、增长缓慢，无力支付高额的农业保险费。第五，农业保险的宣传力度不足，农民的保险投资思想尚未普及。第六，小额分散的生产经营方式不利于农业保险业务的开展。第七，农业保险的相关立法和公共支持体系建设滞后。第八，政府直接发放农业救济补贴的政策在一定程度上抑制了农民参加农业保险的积极性，产生道德风险。

（3）农村金融机构存贷款保险制度缺位

目前我国还没有建立健全的农村金融机构存款保险制度及贷款保险制度。由于中国没有存款保险制度，一旦出现大范围、程度严重的农业灾害或其他不可控的损失，导致农村金融机构经营恶化、周转困难，就会出现大面积的支付危机和信用危机，后果不堪设想。从贷款方面看，虽然近年来中国农村金融机构不良贷款率有所下降，但不良贷款所占的比例仍然较高，经营风险居高不下。统计至 2009 年年末，我国农村商业银行不良贷款共计高达 270.1 亿元，占全部贷款的 2.76%，而同期的主要商业银行、城市商业银行、外资银行的不良贷款占比分别为 1.59%、1.30% 和 0.85%，可见农村金融机构的经营风险最大，农村经济保障挑战最为艰巨。因此，建立存贷款保险制度，对减少农村金融机构的经营风险有着重要意义。

（4）农村金融担保制度滞后

农村缺少专门为"三农"服务的担保机构，农民的土地所有权、耕地、宅基地、

自留用地、自留山等集体所有的土地使用权都不能作为抵押品以换取生产贷款，农民的可抵押私有财产普遍稀缺。这导致农民和农村企业在贷款时很难提供满足农村金融机构要求的抵押品，担保制度的弊端不仅局限了农户和农村企业的贷款获取通道，缺少抵押品的信用担保也使农村金融机构面临更大的风险。

（5）农村金融机构贷款利率僵化

由于我国的利率管制一直严格遵守宏观经济调控，农村金融机构面临的经营风险远大于城市金融机构，但它们的贷款利率却相差无几，使得农村金融机构无法建立利用贷款利率补偿贷款风险的机制，导致其风险与收益处于不对称状态。

（6）政府财力支持不足

主要表现在以下几个方面：①中国缺乏立法保证地方支持农村金融保障服务的力度与覆盖面。②中国有效扶持农业以及农村金融机构的正向激励措施不如美国等国家的支农力度大。③中国仍缺乏由政府出面推广的政策性农业保险，国家力量没有对农业与农村金融的风险起到分担及补偿作用。

（7）农村金融市场发展失衡，避险手段单一

现阶段在我国的农村金融市场中提供的服务与产品主要以银行业服务为主，农村经济保险业的发展步伐相当缓慢，证券业更是处于基本空白状态，农村金融市场功能不完善，服务品种单一，缺乏有效的金融避险手段。在农村金融机构的业务中，存贷款业务量占据了绝对比重，结算、代理、保险等中间业务以及银行卡等金融产品在很多地区严重缺乏。网上银行、投资顾问、项目理财等现代银行业的创新业务大多尚未延伸至农村市场。

5. 农业生产经营组织政策问题

（1）政策不健全，发展缓慢，组织化程度低

提高农民组织化水平具有以下重要的实际意义：①提高农民组织水平可以增强农业国际竞争力。在国际贸易争端中，由于政府不方便参与权益争夺，代表农民方进行商业谈判、争取合法权益的机构通常是农民自己的组织。世贸组织规则规定，反倾销诉讼的实施必须得到该国生产力占国内同类产品总产量 25％以上的产品生产者的支持，而在我国由于农民缺少自己的组织，意见难以集聚表达，在国际竞争中处于劣势地位。②提高农民组织化水平是发展现代农业的需要。几乎所有农业发达国家都有各种各样的区域性农民合作经济组织。而我国现阶段农民的组织化程度较低，行业联合意识刚刚萌芽，起步较晚，"小规模、分散化"的家庭经营导致农户与市场、生产与技术、政府与农民之间缺乏有效联系，一定程度上制约了我国现代农业生产走上产业化、专业化和规模化之路。③提高农民组织化水平是构建新型农村组织管理体制的需要。当前，现有的农

村基层组织在协调落实政府管理职能和维护农民利益方面效果不够理想，难以搭建沟通桥梁圆满解决矛盾，是产生诸多发展瓶颈问题的重要原因。

由于农业生产经营组织政策不健全，农民合作经济组织发展缓慢，农民组织化程度低。目前农民合作经济组织发展很不平衡，有些地区尚为空白，有些地区即使已有一定的基础，但还存在规模小，数量少，辐射带动能力弱，抵御市场风险的能力差，运行不规范，发展环境差等问题。因此大多数农民孤军奋战，致使其在搜集、辨析和处理有关市场信息并做出决策时，还面临着许多困难。

（2）乡镇企业的体制和机制优势退化

乡镇企业的体制和机制优势迅速退化，企业家素质和技术、人才、创新劣势迅速凸显。20世纪80年代，乡镇企业的体制和机制优势，成为支撑乡镇企业发展的重要因素。甚至在90年代，乡镇企业的产权改革也先于城市。但是，90年代以来，随着国有企业改革的全面推进、城市民营经济的迅速发展，直至外资企业的大举进入，乡镇企业的体制和机制优势已经迅速退化。相比之下，乡镇企业在企业家素质、技术、人才、创新能力等方面的劣势迅速凸显出来。

政企不分的管理方式使得企业的经营自主权严重缺位。由于乡镇政府对企业的干预越来越多，企业作为独立法人，其管理权限受到了严重的挑战，企业的经营自主权受到制衡、得不到落实。不少乡镇企业由乡镇政府创办扶持起步，政府与企业之间有着千丝万缕的关系，如果乡镇政府在对企业的管理和帮扶中没有明确自身工作定位和目标，没有划清权力界限，就会出现管理变形、服务走调的问题。一些乡镇领导混淆了指导与指挥、扶持与把持的界限，越权把手伸到企业管理的每一个层次、每一个环节，甚至插手干预企业内部的经营决策、人事安排及利润分配，严重地削弱了企业的经营自主权。政企不分反过来还会造成乡镇企业对政府的依赖日益严重，自主经营的意识越来越淡薄，对市场变化的反应也越来越迟钝，还会造成脱离市场、不公平竞争的事件发生。

承包者的短期行为，使企业大伤元气。近年来，各地的乡镇企业普遍推行目标管理责任制、租赁制或承包制，统称为"承包"。这些不完善的"承包"经营模式都有一个共同的特点，就是负盈不负亏。经营者对企业的发展没有长远的打算，急功近利地采取短期投机行径，靠拼设备、拼消耗、抢速度等方式经营生产，设备超负荷运转，忽视企业自身的升级更新和竞争力的层次提升，为长远发展留下严重的隐患。

自我发展机制的弱化，降低了企业的竞争力。乡镇企业自我发展机制的弱化主要表现在以下两个方面：一是自我积累机制的弱化。有的企业安于现状，缺少长远发展目光，忽视资本的积累扩大再生产和规模生产的规模效益，短期行为使企业发展后劲严重不足。二是承包经营者忽视科技投入，忽视技术水平的提高和市场经济自发更新的自然规律，缺乏产品更新换代的远见。一些乡镇企业从建厂以来就只生产一个产品，产品的单一、品种的老化、质量档次的低下使企业的市场竞争力大大降低。

自我约束机制的软化产生了"穷庙富方丈"的现象。企业内部监督机制不完善，出现了许多管理上的漏洞。如前文所述，各种形式的承包制，实质都负盈不负亏，实际经营过程中软指标多、硬指标少，奖励多、处罚少。有的厂长在任几年，年年亏损，但"车子照坐，厂长照当"，只顾个人利益得失不顾集体利益损失，身在其位不谋其政。由于缺乏监督与约束，一些企业对自身存在的问题难以自查和自纠，结果造成损公肥私、铺张浪费、超前享受的行为愈趋严重。

用人机制的退化，造成企业机构的臃肿。"干部能官能民，职工能进能出，工资能高能低"曾经是乡镇企业经营机制机动灵活的显著特点，但现在很多乡镇企业并没有将自身优势特点保留延续，适应时代发展创新改进；相反，却朝改革前的国有企业看齐，铁饭碗、铁工资、铁交椅相继出现，凭关系、靠照顾进入乡镇企业的人事管理现象愈演愈烈，企业内部机构职位因人而设，迅速膨胀臃肿，效率则越来越低，这也是造成企业亏损的一个重要原因。

第四节　小结

广州农村产业政策经历了构建、稳定到推进的三大阶段：1978—1991年党的十一届三中全会召开后，政策重点是实行家庭联产承包责任制，鼓励农民发展商品经济，发展乡镇企业；1992—2003年党的十四大的召开后，农村产业政策的重点是稳定家庭联产承包责任制，减轻农民负担，推进产业化经营，推进农业现代化；2004年以后广州市响应国家要求出台相关政策加强"三农"投入，推进经济结构战略性调整，发展旅游业等农村非农产业，促进乡镇企业改革，拓展农村私营经济。

从政策关注的内容进行分类，课题组把涉及广州农村产业的政策归类到农业现代化发展，乡村旅游、农村物流等第三产业，农业资金、补贴、保险，农业生产经营组织等4大方面（表6-1），研究发现广州农业现代化发展政策还存在"农业规模化政策引导不够、农业技术服务体系不健全"等问题，乡村旅游、农村物流等第三产业方面还存在"乡村旅游缺乏政策细则、物流政策不到位"等问题，农业资金、补贴、保险方面还存在"经济补偿机制不健全"等问题，农业生产经营组织方面还存在"政策不健全、乡镇企业体制和机制优势退化"等问题。

建议按照推广"公司＋家庭农场"，"1+1+n"产业联盟的思路改进农业现代化发展政策；按照延伸产业链、"农超对接"的思路改进乡村旅游、农村物流等第三产业政策；按照推广"一卡一点一服务"贷款政策、"覆盖广、多层次"农业保险体系的思路改进农业资金、补贴、保险政策；按照发展多种形式农民合作组织，"小产业大积聚"的思路改进农业生产经营组织政策。

表 6-1　农村产业政策的问题和建议

政策分类		问题	建议
农村产业政策	农业现代化发展政策	政策引导不够减缓农业规模化脚步	发展"公司＋家庭农场"的现代农业生产经营模式推行"1+1+n"产业联盟
		农业技术服务体系不健全	
	乡村旅游、农村物流等第三产业政策	乡村旅游缺乏政策细则指导	延伸产业链，促进休闲养生旅游的产业化经营运作
		物流政策不到位，物流设施薄弱、技术落后	全面推行"农超对接""区超对接"，建立健全现代农产品流通体系
	农业资金、补贴、保险政策	农业风险的经济补偿机制不健全，农民种粮积极性下降	"一卡一点一服务"，创新农业贷款政策
			推行政策性农业保险，建立农业保险体系
	农业生产经营组织政策	政策不健全，发展缓慢，组织化程度低	大力支持发展多种形式的新型农民合作组织
		乡镇企业的体制和机制优势退化	"小产业大积聚"发展乡镇企业，加强服务体系建设

転型篇
乡村管理的趋势与困境

第七章　国内外乡村管理模式的演变

第一节　国外乡村治理的实践

1. 美国

美国是一个实行高度地方自治的国家，乡村自治是其地方自治的重要组成部分，作为乡村自治的主要议事执行机构——村委会（The Village Board），拥有较大的立法权。《纽约乡村法》所规范的对象主要为社团性村。村的设立是由一定区域内一定人口的自愿申请形成社团性村，社团性村经政府特许，具有独立的法人地位和相关权利，能够对外发生各种法律关系，有利于最大限度地发挥村的公共服务功能。

（1）村主任、理事会、专门委员会、办事机构构成村治理团体

美国村自治体机构是履行村自治职能的机构，包括议事机构和执行机构。村的议事机构为理事会，相当于我国的村民代表会。理事会成员由村民选举产生，常由具备一定地方影响力的人担当，且以男性、年轻人、商人居多，主要管理公共财产并负责保值增值，负责村里的公共事务和日常管理维护，包括公共健康、住民幸福度、总体福利、公共秩序维护、征税、集资、土地征用、惩治罪恶等管理职能，决定村办事机构、专门委员会的立废等。村主任、理事的任期为两年。为了决策的科学性，理事会之下常设立一些专门委员会，如消防委员会、供水委员会等，作为理事会的咨询机构，必要时可以承担一些执行机构的具体事务，但要由理事会决定和委托。村的执行机构职员由村主任任命，实行聘任制，对村主任负责，主要承担村里的日常事务。职员的职责包括公共秩序维护，村法的执行，

设施管理，信息管理（包括印章、书籍、档案等），征税，理事会要求承担的其他事务等。

（2）村的建立、合并、更改、撤销以公司法人的模式进行

村的合并、撤销与调整方面，《纽约乡村法》赋予村民集体对村界域调整，村的撤销、合并等方面的自主权。权利设置的出发点在于住民的生产需要和生活便利，而不是考虑地方政府的职能和利益。一旦决定公决，要在村内按规定发布公告，全村 1/3 以上的村民参与公决方为有效。由此，《纽约乡村法》对社团性村的设立、变更采取了公司法人的立法模式。

（3）村庄布局规划划分出保留区、鼓励区，对应建设布局的有关标准

村庄规划布局是乡村立法的重要组成部分，即村的综合计划。这种规划要经当地政府审批，并与州的各种规划相衔接。为了对村进行合理布局，该法提出将村分成若干功能区，包括保留区、鼓励区，由专门的分区委员会负责制定各区建设布局的有关标准，并在该区域内，严格规范建设项目的立项、重建、改变。保留区，是指在土地综合利用时，要求充分保护当地的自然、经济、文史资源而划定的保护区。鼓励区，相当于开发区，主要指工业生产加工园区，应当配置充分的资源、良好的环境质量、完善的公共设施等。《纽约乡村法》赋予村规划的准法律效力，使规划修订有一套严格的程序，如必须由涉及此规划区域内土地的 20% 以上的拥有人书面提出，并要经理事会简单多数票通过。

（4）理事会负责公共设施的建设和日常管理，拥有一套完整的协调程序

在公共设施管理方面，理事会负责街道、公路、桥梁、公园、运动场等公共设施的建设、养护，并执行一定的质量标准（技术标准、服务标准等）。对公共设施的建设、改造，规定了从提出、商议、听证到决定等一系列程序。规范街道辅助设施的使用，对于严重侵道而影响公共利益的，可由村理事会决定是否以村名义进行起诉。在治安消防方面，理事会可以通过决议建立警察、消防等部门。

（5）村庄具有独立征税权，资金用以维护本村日常运作

社团性村有独立的征税权，通过征税取得公共资金，维护本村日常运作。《纽约乡村法》对征税税种、税率、税的执行、争端解决均作出了详细规定，在一般税率上也只规定了不能超过 1% 的基本要求。对于未及时纳税的，法律规定村具有一定的强制执行权，如可以对欠税人财产进行留置、抵押。

启示： 美国重视乡村自治法律建设。美国村庄其实是一个自治集体，拥有《纽约乡村法》赋予的权利和义务，与《中华人民共和国村民委员会组织法》赋予行政村的权利大体相同，但是其自组织集体的根源属性使其拥有非常强的自治意愿和法律赋予的独立法人权利，村理事会完全代表村自身利益，有严格规定的民选领导和住民参与制度，集体有共同的发展需求，同时与地方进行协调。村理事会的资金来源于集体征税，这也使得理事会承担对村民服务的职责。我国

农村以行政村为单位，是由政府行为划定的一个管理范围，且该范围的变化基本是从地方政府统筹集聚地方资源、推动地方整体发展出发，村民基本没有决定权。同时，美国村庄地方资金和村集体征税双重治理资金来源确定了理事会作为住民的服务方而非管理方；我国于2006年取消农业税，村委会由上级政府拨款发放工资和治理资金，村委会的"政治性"逐渐大于"民主性"，这也决定了村委会更多扮演传达和落实上级政府意愿的角色，随着经济社会的崛起和精英出走，农村熟人社会的关系逐渐减弱，集体性不足也难以形成集体的意愿。我国乡村治理最重要的是要有一套完整的机制和程序，并配套法律保障和惩罚实施细则，严格遵循法律规定；划定村主任、村委和村代表大会的议事权、决定权和执行权，找准责任主体；适当调整村委收入和村庄建设资金来源，积极发展集体经济，改变村委收税格局，一定程度上实现经济独立；村民和村集体应该积极培育乡村居民精英基层，还原社会伦理，逐渐回归熟人社会，打下乡村治理的社会关系基础；最终从法律、财力和社会基础上建立乡村治理的基础保障。

案例——艾莫斯特镇的乡镇自治模式

艾莫斯特镇（Amherst Town）地处美国新英格兰地区马萨诸塞州西部，于1759年建镇，至今已有250年的历史。艾莫斯特镇常住人口约为3.5万人，是新英格兰地区6个州中比较知名的镇。当地有三所大学分别是马萨诸塞州立大学（University of Massachusetts）、罕布什尔学院（Hampshire College）和艾莫斯特学院（Amherst College），三所大学的学生就有1.6万人，为常住人口的近一半。

艾莫斯特镇政府的财政收入主要由两部分构成：税收收入和企业上缴、捐款收入。其中，税收收入占财政总收入的97%以上，是艾莫斯特镇的主要财政来源，企业上缴或捐款收入只占到政府收入的2.5%。

艾莫斯特镇政府共经历过两次治理模式变革：第一次是由"开放的镇民大会制"过渡到"镇议会经理制"；第二次是拟由"镇议会经理制"过渡到"市长议会制"。第一次治理模式选择顺利自然，第二次治理模式选择却困难重重甚至陷入困境。新英格兰地区的乡镇长期以来有自治传统，艾莫斯特镇建镇之初由于人口少、经济规模小、事务管理较为简单，采用了高度自治的"开放的镇民大会制（开放的镇民大会＋镇理事会）"。艾莫斯特镇经过170多年的发展后，经济、社会、文化等各方面都出现了巨大变化，原有的治理模式暴露出许多不足。为适应新的发展形势，更好地解决现有自治模式存在的问题并提高管理效率，1938年，该镇经过全体居民投票，用"镇议会经理制"取代了"开放的镇民大会制"，并于1955年聘任了一个专职的镇经理。进入21世纪后，随着人口、经济的快速发展，艾莫斯特镇的人口规模由最初的千人左右发展到3.5万人，财政预算由1955年的120万美元增长到2002年的5600多万美元。在这样的背景下，部分政府官员和选民开始提出采用新的高效的"市长议会制"治理模式取代传统民主低效的"镇议会经理制"治理模式。由于这是一个密切影响该镇今后发展方向的重要决策，当地官员和选民都很重视，并组织开展了各种有关治理模式选择的活动。在经过一年酝酿后，艾莫斯特镇遵循《马萨诸塞州艾莫斯特镇建议宪章》举行了全民公决，主张沿用原来模式的选民以13票的微弱优势胜出，改换新模式的提议被暂时搁置。2005年3月29日，艾莫斯特镇又举行了一次全民公决，其结果仍然是保留原先的治理模式。

艾莫斯特镇政府当前采用的治理模式是镇议会经理制。在镇议会经理制下，自治管理者由镇民代表大会、镇经理和镇理事会（The Representative Town Meeting+Town Manager+Select Board）三方组成。镇民代表大会委员和镇理事会委员由本地选民直接选举产生，任期3年，每年改选1/3成员，镇民代表大会委员共有254人，镇理事会成员有5人；镇经理则由镇理事会在全国范围内聘任。艾莫斯特镇的立法机构是镇民代表大会，它是由选举产生的240名代表（共有10个选区，每个选区选出24名代表）和14名政府官员共同组成254人的代表团体。

这14名政府官员包括：镇理事会的5名官员，教育委员会的5名官员，镇图书馆委员会主席，镇财政委员会主席，镇民大会主席和镇经理。镇民大会将在每年的四月底或五月初召开年度例会。按照法规规定，艾莫斯特镇做出任何公共事务决策，都必须首先经过镇民代表大会的数次讨论，在代表充分发表意见后，才能付诸表决。如果表决通过，就列入镇财政预算的下一年度的财政计划，当然最终能否顺利完成还要看镇财政收入的具体情况。艾莫斯特镇由选民直接选举产生领导的管理部门有住房管理局（Housing Authority）、再开发委员会（Redevelopment Authority）、教育委员会（School Committee）等，除此之外的财政委员会（Finance Committee）由选民选出的镇代表会议主席直接任命；还有民权审查委员会（Civil Rights Review Committee）、住房合作部门（Housing Partnership）、政府商业关系委员会（Town/Commercial Relations Committee）、选民注册部门（Registers of Voters）、分区上诉委员会（Zoning Board of Appeals）、设计审查理事会（Design Review Board）、儿童服务咨询委员会（Advisory Committee on Children's Services）、人事部（Personnel Board）等部门组织建构由镇理事会直接任命；由镇经理任命的部门和机构有财产评估理事会（Board of Assessors）、自然保护委员会（Conservation Committee）、历史文物委员会（Historical Commission）、规划理事会（Planning Board）、公共交通委员会（Public Transportation Committee）、医疗卫生理事会（Board of Health）、固体垃圾处理委员会（Solid Waste Committee）、老年人理事会（Council on Aging）、残疾人咨询通道委员会（Disabled Access Advisory Committee）等。

艾莫斯特镇的治理模式的选择这一事件的结果可以解释为：新英格兰地区的乡镇自治传统、宗教背景、发达的市民社会发展程度以及美国政治文化的相互作用，产生了一个共同的结果，即选民对自由、平等的重视与追求，为了确保自由、平等的实现，居民们要求直接参政，随时参政，充分行使自己的权利，决不允许治理模式威胁或影响到公共利益和目标理想的实现。

2. 法国

（1）国家治理引导乡村规划

19世纪下半叶至20世纪初，随着近现代工业化和城镇化的推进，法国的乡村开始从传统、落后的生活、生产方式逐步向现代化的方向演进。其原有的乡村共同体自治方式与性质，由于受到社会经济形势和中央集权扩张的影响而产生重大改变，"村委会"取代全体村民而拥有决议权，与此同时，中央政府利用乡村共同体早期所遭遇的经济困难，将其置于自己的"财政监护"之下。在掌握其经济命脉的同时，中央政府将共同体从具有"直接民主"性质的自治实体转变为以代表制为基础的国家正式行政单位，民选"村官"转变为"国家官员"。中央政府逐步实现了对地方最基层单位的直接控制，从而导致旧结构解体并促使传统农村社会逐步向现代社会转化，中央政府也在某种程度上实现了乡村治理的"现代化"。

（2）各级规划遵从同一管理制度

在法国的城乡规划体系中，虽然对城市与乡村的概念定义明确，但是也仅代表其不同的社会经济特征和不同地域的空间关系，在国家治理与城乡规划层面只有中央、大区、省和市镇4个行政层级，而没有"城与乡"的行政建制分别。无论城、镇、村的规模、人口、经济实力抑或城镇化程度的差异，其均享有平等的地位和权力，遵从完全相同的管理制度。

（3）规划落地的跨区域多方协作

法国是一个农业大国，农业土地面积占国土面积的55%以上，乡村市镇数量大、规模小，总量约占全国市镇总和的85%，而市镇的平均人口仅有380人。在进行乡村开发规划与建设时，国家对规划方案拥有审批权，并且地方的开发规划最终也将融入国家的城乡规划中。对于乡村开发规划的建设实施采取多方参与的落地机制，允许建设参与方跨省，甚至是跨大区进行协作，地方市镇则按律监管。

启示： 法国强调中央集控下的乡村规划与区域协作建设。法国没有城乡二元制，城与乡在管理制度上没有本质的区别，因此村庄规划与其他规划一样，属于地域规划，由国家审批，与其他规划进行协调，享有平等的权利与地位，并不存在规划之间冲突而互相让步，或者类似我国城镇规划实施权利大于村庄规划这种不成文的规则。同时，法国村庄规划允许跨区域的多方参与协作，与其平等的地域规划性质相关。

案例——奥尔良市镇联合体

从巴黎出发沿着高速公路向南方行使 180 km 便能来到一个风景如画的城市——奥尔良，拥有 22 个成员的奥尔良市镇联合体的总部就坐落在这一美丽的城市。奥尔良市镇联合体的前身，是由 12 个市镇组成的奥尔良城镇工会，工会于 1964 年设立。当时城镇工会工作的管辖事务主要分为三部分：污水处理、生活垃圾处理和消防。把这三类工作量大、运作维护成本高、不适合市镇各自分管的公共事务集中起来管理是当时成立城镇工会的主要目的。那时城镇工会在法律上有独立的法人地位，但在财政上要依靠联合体中各个市镇供给经费。

1999 年，城镇工会的发展进入第二阶段，这一阶段工会成员已达到 20 个市镇。财政上，一部分资金由各成员单位共同提供，另一部分资金依靠联合体共同建立的特定税种的税收，直接充当市镇联合体工作经费。1999 年 8 月 20 日通过了联合体的新宪章，新章程明确了联合体的主要目标及联合体与各个市镇之间的关系。2002 年奥尔良市正式成立了现在的市镇联合体。目前已有 22 个市镇加入联合体，一共管理着 7 600 家企业，350 km 的公路，140 km 的自行车路，30 230 hm^2 的土地，其中有 800 hm^2 的农业土地，840 hm^2 的森林。联合体的总人口数已达 273 万，其中大的市镇有十几万人，小的市镇只有 650 人。联合体内有 502 名工作人员，每年的财政支出预算是 4 亿欧元。

比起最初建立的城镇工会联合体，今日的市镇联合体的职责和权限覆盖面已经扩大了许多。起初，城镇工会是在市镇之间就某一个或几个问题进行合作解决，工作经费由合作的市镇提供。而现在合作的范围和领域已经很宽，合作市镇不再直接交纳经费，而是由市镇联合体征税来统一解决。各个加入市镇联合体的成员单位都把垃圾收集与处理、水的净化、道路建设与维护、绿地保护等事权移交给联合体共同处理，并且计划日后将会移交更多的事权给市镇联合体办理。像公共交通、水净化、生活垃圾处理、流动人口管理、河污染和空气污染治理、火葬场管理、住宅发展计划、促进经济发展、城市规划、卢瓦尔河自然保护区管理等等方面的公共事务，都可以省去市镇政府办理环节，全部放权给联合体执行和办理，提高工作效率，简化工作章程。有些公共事务如居住政策、城市发展、地区发展、防止犯罪、停车场管理等，可以交由市镇联合体与市镇共同负责。

总体上说，市镇联合体的事权责任将会越来越大。

奥尔良市镇联合体的正常运转由三个环节组成：第一个是决策机构，第二个是执行机构，第三个是协商机构。

决策机构就是市镇联合体议会。市镇联合体议会由22个市镇的议会派议员出席，每个市镇最少一名议员参会，然后在此基础上每个市镇每增加1 500人就增加一名中心市镇的议员名额，但要求该镇议员数不能超过市镇联合体议会议员名额的一半，并且参加市镇联合体的议员，必须是所在市镇议会中的多数派议员。这样，在22个市镇中，人口最多的市镇在市镇联合体议会中占据议员席位多达40个，最少的只有1个。联合体议会主席由议会选举产生，任期6年，同时，还选举22个副主席（每个市镇一名副主席）。市镇联合体议会由议会主席主持，每月定期召开一次，讨论计划进行的主要项目和预算分配。执行机构是市镇议会下设的22个执行局，每位副主席分管一个，每月开会一次执行市镇议会通过的各项决定。协商机构是市镇议会设置的7个专业委员会（基础设施交通委员会、经济发展委员会、领土整治卢瓦尔河委员会、社会和谐委员会、环保委员会、人力资源委员会、财政合同政策委员会）和1个行政委员会。每个专业委员会的成员皆来自各个市镇，并按照市镇人口分配成员名额。行政委员会由22个市镇的市镇长组成，每月开会一次，专业委员会讨论后的问题会提交至行政委员会继续商讨，由各位市镇长们敲定大政方针并为市镇联合体议会决策做准备。一般来说，行政委员会讨论的问题，16天后就会成为市镇议会讨论决策的问题。总的来看，市镇联合体运作机制是非常严谨规范的。

3. 德国

（1）分权治理与规划层级管理

德国是一个具有分权治理传统的联邦制国家。国家治理由"联邦、州、地方的县/乡（市）镇"三级政府构成管理体系。其中，乡（市）镇是德国最基层的地方政府自治单位，也是独立于县政府之外的地方行政单位。地方政府自主自治，处理自身事务，国家不参与地方事务的权益分配，只给予法律上的监督。地方自治遵循"民主、合作、辅助性、分权、财政平衡和法律监督"的治理原则，与联邦政府、州政府形成协同的层级管理机制，共同引导着德国的空间发展方向。

（2）"逆城市化"助推乡村更新规划

德国的乡村地区与城市地区享有平等的行政地位和权力。随着二战以后"再城市化"发展，城市问题也开始不断涌现，联邦政府于1965年颁布了《空间秩序法》，并将城市的概念修改为"密集型空间"以对应"乡村型空间"，并用以公正指导对整个国土空间进行的发展规划。而这时的德国正处于"逆城市化"时期，伴随着大量工厂和年轻人迁往乡村，景观大道、居住区、生活与公共设施这些原本不属于乡村的城市化设施和非乡村居民身份的人群等因素，改变了乡村传统的农牧业环境与景观。1970 年以后，德国基于乡村风貌破坏严重、环境生态恶化的现实，开始制定乡村更新规划，并实施"我们的乡村应该更美丽"的行动计划。由此，开始了传统乡村向现代化乡村、现代化乡村向生态化乡村转化。

（3）乡村规划采取多方广泛参与的形式

1980—1990 年代，"逆城市化"的城市居民外迁以及旅游、度假、休闲等活动为乡村市镇带来压力与发展机遇，德国地方乡（市）镇规划建设与管理工作的重点则是对其进行合理的控制和引导，并采取自上而下引入专业技术人员与自下而上社区同当地居民和有关团体广泛参与相结合的乡村风貌保护、重塑特色形象的更新规划。2004 年以后，乡村更新作为"农业结构和海岸地区保护议程"中的独立内容，要求乡村规划要从整体上思考村落与整个乡村地区的发展，并且开始积极推动乡村居民的参与、跨地区规划建设协作以及多方参与的乡村整合规划。

启示：德国重视分权统筹协作推进"美丽乡村"建设规划。德国的分权治理体制使其乡村和乡村规划编制实施具有较强的独立性，地方拥有自身事务的全部处置权，国家负责法律监督。这使得乡村治理拥有一个良好运行的条件，乡村治理在村庄规划中发挥巨大的作用，使得村庄在丧失传统后，仍能在村民、社区团体和规划师的共同努力下实现乡村的现代化改造和生态化、特色化回归。

案例——城乡等值的乡村更新：巴伐利亚州费尔堡

在德国，根据村庄的面积、人口规模将村庄划分级别类别，由小到大分别是 Daugh 为自然村，Markt 为行政村，Gamad-Start 为乡镇，其中 Start 中包含一些 Daugh。费尔堡属于 Start，是巴伐利亚州 Newmarkt 区的一个传统乡村社区，目前居民约 5 247 人，占地约 175 km²（约 17 500 hm²），是巴伐利亚地区最大的乡村区域。德国乡镇的分权治理特点体现在城乡等值的权利和职责分配上。费尔堡村议会拥有与城市相同的立法权和管理权，可自下而上地组织村民参与村镇建设和各项乡村更新事务。

德国村庄市政厅在行政职能设置上相当于中国的村委会，市长相当于村主任，不同的是在德国乡村的市长与城市的市长是平行职务。市政厅和市长的工作任务主要分为四部分：与村民共同建设村庄，领导制定地方的相关法律法规，定期举行村庄议会，通过适合本村的相关法规条例和组织自下而上的公众参与。

1994 年费尔堡议会通过了针对公共供水系统制定的供水规约，并在 2001 年和2010年分别进行了修订，对供水区域、供水系统的管理、连接和使用，以及供水系统的权限、供水质量的要求、公共卫生条件、自来水公司入驻的权限等方面提出了相关的法规条例约束。同时相关部门会定期对费尔堡的供水水质进行检测，提交研究报告，并将报告结果公示在费尔堡网站上，让村民了解自身所喝到的饮用水的安全性。

从2003年起，依照《联邦水保护法》和《巴伐利亚水法案》，费尔堡政府组织制定并通过了费尔堡当地的排水法规，法规中针对污水处理区域、排水设施的连接和使用权、污水处理装置的管理、地下排水系统和污水处理厂的连接要求、污水处理厂的成立要求、污水处理检测系统的建立、不同性质污水的处理程序等做出了详细的规定，制定了相对完善的法规条例，并根据实施过程中出现的问题于2006年和2012年对法规进行了两次修改。

费尔堡的居民中大多数不以农业生产为收入来源，一部分居民受村庄旅游业的兴盛发展影响转而进行非农业经济产业经营，如开招待所、餐厅、艺术馆等配合村庄发展；一部分村民在周边城市就职。在依据《联邦建设法》和《巴伐利亚建筑法》的基础上，费尔堡非农业乡村社区的建筑更新也制定了一套更新系统和风貌规范。

费尔堡的地方法规条例还对房屋更新的形式、高度、宽度、距街道距离等建设工作做出了导则式指引，便于保护费尔堡整个村庄的建筑风貌。费尔堡建筑更新模式可以分为两类：第一类是保持原有建筑结构，加固房屋结构，保持原有建筑风貌，采用现代材料进行翻修；第二类是改变原有建筑结构，保持当地建筑风貌的基础上扩大建筑空间，增加窗户数量，加强采光、通风，控制建筑色彩。

4. 日本

（1）法律赋予村庄自治管理权力

日本于1947年制定并公布了《地方自治法》，规定都道府县和市町村均为普通地方公共团体，必须设立各级地方议会并且由居民直接选举首长，内阁总理府提供自治管理和财政支持，日本农村开始建立了真正意义上现代民主式的自治行政管理制度。

（2）"农协"推动乡村治理，实现社会和经济利益的双赢

农民经济合作组织"农协"在农村治理方面发挥了巨大作用。"农协"组织根据《农协法》建立，并达到了百分之百的农户加入率。"农协"以行政村为基本单位，并且实现了县级联合会和全国中央会的多层网络，将全国农民联合成了一个整体，即农协中央会，在代表农民阶层争取政府支持和保护上发挥了巨大的组织优势。在经济上，"农协"通过村级组织扩大农民的经营规模，通

过县级组织垄断农村商业市场——农民90%左右的生活资料和生产资料的采购是通过县级经济联合会实施的，把农村商业利润留在了农民手里。村民通过"农协"中央会与政府进行沟通，享受到社会向农民返回的红利，最显著的是日本政府和城市同步、及时地向农村提供各种公共服务，在消灭城乡差别上走在了世界各国的前列。

（3）重视通过法律监督政府管理和城乡建设

二战以后，为了振兴国家经济，日本几乎全盘学习、借鉴西方发达国家的城市规划理论、技术与方法，并用60年的时间不断消化和本土化；逐渐调整、深入研究包括中国在内的周边国家的政府管理、国家经济发展战略经验。日本政府的行政管理围绕不同时期的发展需求制定的计划法律达150多部，同步编制全国综合开发规划，催生的计划达300多个，有效地指导了国家的开发建设以及各项事业的快速发展。

（4）市町村主体的城乡空间统筹规划

日本城市的"市"与市区以外乡村空间的町（镇）村（乡村）地位平级、没有隶属支配的关系，这使得日本的城市与乡村规划编制、审批与执行变得十分有效。以市町村为主体的各项规划在《农业振兴地区整治建设规划法》的指导下，通过上一级都道府县行政组织的规划审批和公示，并将其贯彻落实；而市町村一级的规划又是国家规划中最基础的规划，对其行为的成效将回馈到区域规划乃至国土规划的法规体系中去。因此，日本的各级规划无论是综合还是单项，都同样具有统筹运作的被监督、执行、修正与保障的作用。

启示：日本重视"农协"治理和法律保障下的村庄建设。日本通过"农协"推动农村自治，并与城市政府享有同等的权利，向国家争取农民的经济和社会利益。规划体系上，农村和城镇地区规划地位平级，村庄规划内容反馈至上级规划中，是自下而上的一种规划反馈机制。拥有自主权利的"农协"组织和自下而上落实的村庄规划保证了村庄规划的实施。

案例——乡村景观风貌保护中的村民自治力量：白川乡合掌村

白川乡合掌村坐落于日本岐阜县西北部白山山麓，是个四面环山、水田纵横的安静山村。这里虽然开发较晚，交通条件较差，但自然生态环境保存得较为完好。村内自古特有的外形酷似双掌合拢的"合掌造"的茅草屋建筑群十分少见特别，木屋屋顶被设计成60°锐角的正三角形，可使屋顶最大限度承载厚重的积雪，同时有利于积雪自然滑落。德国建筑师布鲁诺·塔特的《再探美丽的日本》一书的出版让合掌村名声大噪，它因此被誉为"日本传统风味十足的美丽乡村"。

1975 年白川乡合掌村地方政府向国家申请将"合掌造"作为重要的传统遗产历史建筑进行保护，1995 年被列为世界文化遗产。"合掌造"作为公认的日本重要的"文化财产"，由国家拨款对其建筑进行修缮保护。在政府的重视与引导下，这里的历代村民也将保护传统、保护村庄视为己任，积极参与各种乡村景观保护活动，自觉遵守"不卖、不租、不毁坏"的"三不"原则。由于"合掌造"由茅草和木材建成，极为易燃，火灾成了造成这些古老建筑消亡的最大敌人，为了防止火灾，村民义务加入了消防团，积极参加消防演练，并分区分班进行日常巡查。村民的家乡保护意识十分强烈，他们每月都会参加由村落自然环境保护会召开的会议，为村落发展献计献策，共同协商制定村落发展方案。此外，村民还通过网站建设、村史编写和宣传材料发放等多种方式积极向外宣传，使美丽的合掌村被越来越多的人知晓。

1971 年村民自发组建了"白川乡荻町村落自然环境保护会"，这个村民自治组织共有 23 名工作人员，全体村民都是会员。保护会主要负责对建筑现况变更的申请审查，保护推广，启发运动，建筑保护方法的研究培训，保护事业的实践和住民意见的汇总、调整。每月都会召开定期会议，且每年都会与其他有类似发展背景的地区进行一次考察交流。保护会制定了多部规章制度以促进村落保护，主要包括《白川乡荻町部落自然环境保护居民宪章》《白川乡荻町部落自然环境保护会章》《白川乡荻町传统建造物群保存地区景观保存基准》《关于景观保存基准方针》《白川村景观条例》《白川村景观条例施行规则》。此外，保护会在协调村民之间的利益冲突、阐释政策、宣传教育等方面也发挥了重要的"自治"作用。可以说，该保护会在指导、推动村民参与村落保护方面的作用极为重大。

保护会良好运作、效果突出的背后，村民参与保护的重要内在驱动力是他们的利益诉求得到了尊重、认可及满足。"合掌村"在对村民的行为进行约束的同时，也通过发展旅游业，为村民提供更多的就业岗位，在合掌村知名度提高的过程中村民的经济收入水平也得到了大幅提升。保护会也努力为村民们营造舒适的居住环境，如允许村民在遵守"不超过现有建筑面积一半以上"的原则基础上新增建筑面积，使用汽车、空调等现代设施设备改善家庭生活质量等。村民的利益诉求得到尊重和满足后，更加自觉、主动地参与乡村景观保护，形成了积极的循环效应。

第二节　国内乡村治理的历史变迁

　　《村镇规划编制办法》等法律条例将用地规模、用地布局和用地边界作为规划编制的强制性内容。在规划编制层面，用地规划的政策指引主要集中在规划编制指引中，包括《镇规划标准》等。广东省层面：中国是一个有着悠久历史的农业文明古国，乡村治理本身就是一个不曾间断过的源远流长的历史过程。乡村治理在我国大致经历了传统乡村社会"皇权止于县政"的乡里模式→民国时期"内卷化"的经纪模式→新中国成立初期的"行政村制"模式→人民公社时期的"政社合一"控制型模式→改革开放后"乡政村治"的政府主导型模式5大阶段。

1. 传统乡村社会

　　传统中国乡村的基本治理采用的是"皇权止于县政"的乡里模式，组织形式则表现为一种乡绅主导的相对稳定的乡里制度。这种乡里模式的制度化过程艰难而复杂，先后经历了夏商周时期乡里制度的萌生、秦汉至隋唐的乡官制度、宋元明清的乡里职役制等历史发展过程。我国传统社会的"乡"，主要职能是"劝导乡里，掌民教化，以促民风，维护统治秩序"，因此并不是国家官僚体系的组成部分，只相当于代理国家管理乡村公共事务的社会自组织。而国家行政系统实行"皇权止于县政"，国家基层政权组织设置到州县，州县以下则由乡里社会非正式权威的乡绅、族长、地方名流或保甲头目实行"乡绅自治"，这些乡村权力拥有者不具备国家官员的身份，不是通过国家官僚机构由上而下任命的，但是拥有乡村社会内生出来的权威。乡村士绅通过资历、家产、声望和势力，将行政权、家族权、治理权整合一体，从而形成以乡绅为主导的乡村自治的"乡里模式"。这种"乡绅自治"无论从组织类型还是从组织实质上讲，都不同于我国目前实行的村民自治制度，它只不过是古代中央集权统治为节约统治成本而实行的一种特殊的委托代理机制而已。

2. 民国时期

　　民国时期，未能形成合法而统一的中央权威，乡村权力结构及治理模式也随之发生重大变化，主要表现为政权下沉及其"内卷化"的经纪模式。一方面，国家权力强制性地从县一级下沉到乡一级，各地纷纷在乡镇设立行政性质的乡公所，由县政府任命保甲长，负责为上级征收赋税和劳役；另一方面，原有的乡绅精英们在军阀和之后的南京政府日益征加的税费摊派面前，不愿与民为敌，所以多不愿担任保甲长。故在很长一段时期内，乡村地痞、流氓和土豪劣绅迅速与保甲势力相融合，成为乡村社会的实际统治者。这一现象的弊端有：一方面，难以有效控制乡村社会的上层统治者愈来愈依靠地方土豪势力征收赋税和劳役，地方土豪势力因此实力倍增，甚至为谋求私利与国家分庭抗礼；另一方面，地方土豪势力又利用国家统治权强制和随意压迫一般乡民，造成国家政权的"内卷化"和乡村社会矛盾的进一步激化。乡村土豪劣绅既以国家政权的名义向乡民征收超额赋税和大量劳役，同时又巧取豪夺中饱私囊，使村民陷入国家和捐客的双重压榨之中，最终蜕变为"赢利型经济"。

3. 新中国成立初期

新中国成立后，土地改革运动中形成了"（乡）行政村制"模式，中央政府通过平均地权的土地改革运动，以强制性的剥夺方式摧毁了传统乡村社会秩序，加强了国家对乡村社会的整合力度，通过建立具有实质行政管理职能的（乡）行政村一级政权，将乡村社会纳入国家政权管理范围。新中国成立初期，村组织是国家一级政权组织，国家向各地乡村派驻土地改革工作小组，通过组织土地改革，发现并吸引一大批积极分子发展为中共党员，取代传统乡绅和原有土豪劣绅成为乡村社会新的领导者。1954 年 9 月，第一届全国人民代表大会第一次会议通过了《中华人民共和国宪法》和《地方各级人民代表大会和地方各级人民委员会组织法》，分别规定撤销行政村建制，县级以下统一设置乡、民族乡、镇为农村基层行政单位，乡政权是我国国家政权体系的有机组成部分。至此，我国行政村的建制取消，而乡镇基层政权在法律中得到确认，乡镇政府的科层制得以完成，开创了我国乡村治理的新时期。

4. 人民公社时期

人民公社时期以"政社合一"的全能主义控制型模式为主，人民公社体制集中反映了国家政权建设的集权化特征，公社党委书记和大队书记成为人民公社实际的权力核心，农村全部事务（包括个人生活事务）的决策权高度集中于党的各级组织，形成"党政合一"的权力支配形式。"政社合一"和"党政合一"呈现出的权力凝固化结构使得国家权力以前所未有的深度和广度直接渗透到乡村社会的每个角落，"不管是通过党支部还是生产队长，每个农民都直接感受到了国家的权力"。因此，人民公社时期的乡村权力结构最直接的特点就是"同质、单一"。乡村社会的一切权力都集中于国家，包括公社、大队、小队等各个层级都是一个单纯接受党中央指令的受控体，村庄权力结构是严重失衡的、一边倒的。国家包办乡村社会一切事务的全能主义模式建构了中国乡村社会发展的逻辑起点，高效的权力运作形式和强大的社会动员能力实现了乡村社会的农田水利等基础设施的大量改善，但同时也积累了农民对国家政权的不满与对抗，国家政权对乡村社会的控制成本随之增加，最终决定了人民公社体制下全能主义治理模式的终结命运。

5. 改革开放后

改革开放后，形成了"乡政村治"的政府主导型模式。十一届三中全会之后，在全国范围内逐步推行的以"大包干"为主要形式的家庭联产承包责任制，不仅归还了农民的生产经营自主权，也使乡村治理体制的演变路径得以改变。人民公社体制迅速瓦解，生产大队和生产队两级基层组织因农业经营制度的变化失去组织职能，乡村社会出现一定程度的无序和混乱状态。在这种背景下，广西宜山、罗成等地的一些农民开始自发组织自己的"小政府"——村民委员会，订立自己的"小宪法"——村规民约，在调解民间纠纷、维护社会治安、组织群众生产等方面发挥了显著的作用，乡村治理体制也相应地从"政社合一"逐步过渡到"乡政村治"，乡村权力结构重新回归"国家—社会"二元体系。

这种"乡政村治"治理模式在权力运作上与人民公社时期的"政社合一"体制存在明显区别：一是从国家权力与社会权力之间的关系上看，前者与后者之间不再是领导与被领导的权力主客体关系，而是指导——协作关系；二是从自治组织与农民个人关系上看，村民委员会对村民的约束是软性而松散的，村民对村民委员会则是选举——授权或者委托——代理关系；三是从国家权力和农民个体关系来看，国家对农民个体不再实行直接控制，包括税费征收、计划生育等各项指标和任务的完成，更多通过村组织（包括村委会和村党支部）这个中介来完成，从这个意义上讲，村组织充当了政府代理人和村民当家人的双重角色。但由于在"对上"（即乡镇政府）和"对下"（即普通村民）的关系天平上，村民自治组织明显倾向于前者依赖于前者。由此可见，"乡政村治"体制根本上是一种控制和自治并存、政府控制处于支配地位的政府主导型治理方式。

6. 台湾地区乡村治理实践

我国台湾地区乡村从农业社会迈向工商社会的进程中，曾经同样面临着城乡差距拉大、人居环境恶化、人口大量流失、人际关系淡漠、农业经济衰弱、地方特色消失等突出问题，然而其成功地通过社区营造实现转型发展。1994年，当时台湾地区的文化建设委员会（以下简称"文建会"）出台"社区总体营造"政策，标志着社区营造正式拉开序幕。其中，乡村型社区营造更是成为社区营造的重点。

（1）非营利组织"精英下乡"，协助农村规划建设

例如桃米社区在"9·21"大地震后，通过社区营造成为乡村生态旅游观光基地，成功的经验主要是各类社会组织给予的支持。具体包括以下4个方面：第一，作为非营利组织的新故乡文教基金会委派不同的专业人员陆续进驻社区，协助社区进行规划提案、经费申请、旅游运营等工作；第二，作为专业研究团队的农业委员会特有的生物研究保育中心与世新大学观光系一起协助社区进行资源调查与生态规划，挖掘社区的资源特色；第三，作为市场力量的台湾飞利浦公司，不仅支持社区公共服务设施的基础建设，而且出资进行生态导览解说员的人才培训；第四，作为当地组织的社区重建委员会与社区发展协会，在非营利组织、专业研究团队、市场力量等支持下，整合各方资源，调动居民热情，有序地推进社区营造。

（2）唤醒居民认同，集聚基层自治组织

例如板头社区，三个重要景点是共和村的顶菜园乡土馆、板头村的板陶窑交趾剪黏工艺馆、南港村的陶华园，并且通过废弃的台糖嘉北线五分仔铁路进行串联。当初社区营造的切入点就是通过对废弃的台糖嘉北线五分仔铁路这一文化资产的环境整治，唤醒社区居民的共同记忆，从而形成社区共识。社区成员的积极参与，当地艺术家和企业家的精心投入，使社区义工、社区居民自发形成对社区公共环境的整理与改造。

（3）协会推动社区建设

在古笨港农村再生促进会的统筹协调下，板头社区发展协会、顶菜园发展协会、板陶窑文化发展协会等三个协会根据政府部门的年度社区营造计划，分期推进社区的规划建设。

启示：台湾地区农村通过社区营造，集聚社会和村民的力量，又通过社会组织的帮助和村民自组织的建立，以文化和记忆为触发点，触发各界的凝聚力，使得村庄规划和建设就像一场运动，推动得比较顺利。

案例——低碳茶乡，活化社区：新北市坪林乡

新北市坪林乡占地面积171 km²，总人口数约6 000人，是台北至宜兰的重要交通枢纽。坪林乡四面环山，溪流两岸遍布河谷、平原、台地、梯田，因地形平坦称"坪"，当地还有茂盛的森林分布，故称"坪林"。坪林乡是文山包种茶的发源地，也是少有的延续百年之久依然繁荣的典型茶乡，在台湾茶文化形成过程中居于不可替代的地位。坪林乡的后续发展也是研究台湾传统产业升级、社区总体营造的范本。

对于休闲产业，坪林乡独辟蹊径：将地方发展名片定位为高端"低碳茶乡"，在不破坏原有资源、环境与居民生活形态的原则下，因地制宜整合和挖掘当地特有的生产、生活、生态、文化资源，以建设休闲茶业生态园区为启动抓手，规划建设环境优美、设施完善的旅游与休闲活动项目，并配合当地特产、风俗推出系列节庆活动，既保护与发展了当地人文、景观内涵，又使之成为民众休闲的最佳去处。

从2011年起，一项涵盖阿里山家园护育、物种多元经济发展、茶学技艺世代传承等社会工程的"台湾蓝鹊茶新乡村社会设计实验"项目在这里大力推广开展。项目旨在以空间的社会设计手法，尝试从乡村出发重新寻求生态的动态平衡，构筑城乡新社会关系及生产逻辑。

坪林乡凭借其得天独厚的茶文化历史基础，优美独到的溪流两岸生态景观和保护鱼种资源带来的溪流特殊之美，以"自然·茶韵·乡亲情"的开发理念为指引，重点发展茶叶、茶副食品、茶餐等文化生态旅游，向游客提供体验茶农生活、学习制茶过程、品味制茶成果、感受农村纯朴等古朴茶文化、慢生活休闲的机会，实现生态与人文的有机融合。通过政府及民间组织对地方传统特色的继承宣传和理念灌输，茶文化得以以各种茶事活动为中心贯穿于人们的生活中。坪林人平日里完好地贯彻着"客至以设茶，欲去则设汤"的传统文化。"三茶六礼"更把茶贯穿于婚姻全过程，每逢农历初一和十五，茶敬天公一直是茶乡世代沿袭的民间传统，节日庆典还传承素有的"敬佛祭祖不离茶"的说法，坪林乡不仅利用地方的茶文化、自然资源来发展带动经济文化产业壮大，还真正做到了当地的传统文化传承弘扬。茶乡还供奉着"茶郊妈祖"，这是台湾唯一的茶叶守护神，守护台湾茶业已超过百年。每年农历九月二十日，是祭拜茶郊妈祖日，祭拜方式依照茶郊永和兴主事惯例，轮流担任护主，还会按过去习俗举行茶郊妈祖绕境，现在，茶郊妈祖日已经成了当地最重要的现代节庆活动之一。

坪林乡休闲农业发展以茶文化产业为主线，结合生态、露营以及自行车运动，加强了地方内外的人们对于茶乡的认同，推动了当地社区的建设。台湾知名茶文化专家吴德亮先生曾经说道："坪林'条条道路通茶园'"。缓坡式茶园广泛分布在大坪、仁里板及倒吊莲，渔光、大舌湖则拥有众多的梯田式茶园。有机

茶园则是未来茶园农作的推广发展方向。坪林乡的茶叶博物馆、街及各村茶行都是当地茶叶展售营销据点。主要的溪流干线两岸，其良好的生态环境为建设露营场地提供了便利，露营活动早已成为新北市居民的最佳选择。

在政府和茶人的共同努力和精诚合作下，坪林乡精致茶产业走出了一条特色之路，为乡村特色产业开发提供了宝贵的可借鉴经验。

（1）创造附加价值，推动休闲农业。许多茶农在政府的发展指引下找到创新的产业出路，把茶叶产业与休闲服务产业相融合，结合生态、露营以及自行车运动一起来发展，各个村提出不同的主题并形成各自的特色。

（2）系统规划，有序推进。在整体社区营造基础上，遵从相关政策和上位规划制订不同的发展措施计划，包括：金瓜寮溪封溪护鱼计划、老街复旧计划、体委会自行车运动设施申请计划、鱼光小学假日教室发展计划、坪林茶叶博物馆扩建计划、四堵苗圃开放计划、观光巴士推动执行计划、坪林交流道管制开放措施、解说导览人员培训计划。

（3）善用地方资源，发展特色产业。依托各村的产业及特色为其在休闲产业或观光体系中找到各自的定位，一村种植一种特种花卉，保持自然风貌，深入发展产业链条。如渔光村以假日学校形成的生态旅游与教育培训功能结合的项目策划。坪林村重点打造形象商圈，提供餐食及各项现代生活服务。

（4）政府和来自城市的精英社团的培训与推广活动首先让当地民众了解茶叶文化及知识，并革新创造了更为多样化的茶叶制品，如建立茶叶博物馆和自然生态园，连续举办包种茶主题节庆，以茶为主题创造多元化的文化特色、具有延续性的高品质产业发展、优质人性化的生活环境，将坪林乡营造成为一个最具地方文化特色与创意的山间乐土。

（5）发展有机农业，永续经营。乡级政府制订了详细的工作计划，进行茶叶有机栽培，发展制定了产地履历制度，并且重视山坡地安全管理及维护生物多样等。拒绝商业移民，营造生态观光业，将坪林打造成全台第一个低碳生态乡。2014年成功推出与台湾大学合作的纯有机茶品牌"蓝鹊茶"，为精良农业升级提供了一个范本。

（6）创新经营方式，改变人们的行为习惯。其实这样的精神更体现在台湾茶叶的创新上，如1985年信喜实业推出第一瓶易拉罐式的"开喜乌龙茶"，改变了人们喝现茶的习惯，开启各种茶饮料市场。

第三节　小结

1. 国外乡村治理的经验借鉴

从对美、法、德、日等国的城乡规划的乡村治理经验研究中可以看出，国家的经济、文明发展依赖于乡村这个庞大的空间资源和人力群体。村庄规划中，乡村治理在促进村庄规划的编制、实施和管理上发挥了重要的作用。

国家放权，赋予乡村充分的自治自由。政府注重集权、分权的权益分配意义，在乡村层级把治理权利交到村民手上。

乡村治理的组织建立在村民自愿自主的基础上，法律认可和保障乡村自治体作为法人的地位和权利。上述地区都很注重在国家治理引导下对于城乡统筹规划建设问题的破解。通过村民自愿组织、社会非营利组织帮助、企业注资推动、全国性的农村组织推动、政府协调等多方的参与来推动规划实施，其中最重要的是村民多为核心主体，必须通过自愿或社会关系等纽带组成一个强大的合力推动村庄的建设和管理，同时，法律对乡村治理、村庄自治机构权利的认可和监督、自治机构有一定独立的资金来源是村庄能形成真正的自治机制的保障。

村庄规划与城镇规划拥有同等的地位和实施效力。通过划分都市区和乡村区域，分别编制规划。推行"空间全覆盖＋功能分析引导"的规划编制模式，将村庄地区作为一个整体，在一定的村庄区域内编制综合性的村庄规划，区分不同区域的开发强度，设定乡村规划目标原则。以上要求的实现要注重"制法、依法、执法"三边的制衡统一。

通过传统记忆项目建设唤醒村民记忆，形成治理合力。上述地区的乡村都经历过传统化到现代化的转变，熟人/宗亲社会逐渐分解，乡村治理难以形成合力，通过承载历史文化和传统记忆的项目建设，唤醒村民的记忆，使其形成合力，推动村庄规划建设。

2. 国内乡村治理的发展趋势

一方面，由于乡村社会构成发生变化，导致治理主体多元。乡村居住的主体人口在未来发展中一部分会逐步被城市发展稀释，虽然大部分仍然留在农村安度晚年，但乡村生产生活主体可能发生转变。另一方面，由于乡村功能全面转型而导致的治理目标多元。后工业化社会，乡村由提供农副产品这一单一功能转向复合功能：一是生态保护和建设功能；二是文化传承和发展功能；三是农村居民的健康居住与发展功能；四是绿色农产品的生产与供应功能。这就从内在上要求村庄规划与管理不能仅关注空间层面的问题，要将更多的精力放在村庄发展与建设的层面上来，而这两个层面正是乡村治理中的核心内容。

乡村治理时机已然出现，这将倒逼村庄政策转型。当前正处于城乡空间秩序重组的关键时期，基于乡村发展重要性的认识已经成为社会共识；同时也是乡村社会秩序重构的关键时期，需要重新回归乡村治理的本源和常态，建立基于信任的文化和环境自信的乡村社会网络系统；亦是乡村生产规则重建的关键时期，城市消费者对食品安全的关注和反思是乡村农业发展的契机和驱动力。

第八章　广州市乡村管理转型的趋势与困境

第一节　总体趋势

1. 国内基层政府治理能力弱化，村民治理组织松散

中国农村具有较强的乡村治理历史和基础，传统社会以乡绅、族长作为基层治理的主体，到后期随着国家规制片面扩大，乡村治理能力下降，且随着经济的发展和文化的传播，乡村发展逐渐现代化，生活方式也慢慢向城市转变，血缘、地缘意识淡化，政缘、业缘意识上升，村民凝聚力不足等现象普遍存在，使得乡村治理带有浓重的政府延伸的色彩。随着 2006 年我国全面取消农业税，财政压力使得以乡镇为代表的基层政权丧失了积极行政的条件，加上村两委之间普遍存在的权力矛盾，以及其他新型农村治理主体的涌现，导致基层政权及其延伸组织在乡村治理中日渐表现出能力弱化的倾向。

（1）治理格局从乡政村治转为乡村共治

在乡政村治中乡镇级别政府明显处于核心领导位置，村级自治组织行政化严重，大都处于听从乡镇政府指挥行动的地位，乡镇政府具有绝大部分农村公共事务的控制权、决定权。当前许多农村的现实情况是：为了最大限度地获取由乡镇政权掌握的资源，村级组织宁愿放弃自己的自治权，以求得到更多的公共物品配备和服务。但是这样的局面是不平衡、不可持续的，更是不符合现实要求、不可行的。能够平衡"乡政"和"村治"之间权力分配的治理方式是：一方面积极寻找可行路径促使乡镇政权与村级自治组织合作共治，划分权责建立公平高效的行政制度；另一方面则要维护"村民自治"的自治权，在博弈中找到共同治理的平衡点。这种被广泛倡导的新型治理方式，主要依赖两方的"法律－契约"

关系进行治理，由过去的"单边治理"走向"多元治理"。不仅让农民作为新农村建设主体在其中表达自己的利益需求和参与决策监督，而且各类非营利组织也获得了成为社区治理主体的资格。乡村共治策略通过打破各类非营利性组织进入新农村社区的障碍壁垒，支持其参与社区管理并使其获得开展社区活动的权利，加强了乡镇政府与新农村社区自组织以及新农村社区成员的合作，治理格局由乡政村治走向乡村共治。

（2）治理方式从行政管理转为互动合作

从乡政村治到乡村共治的转变中最大的特点就是由单一主体管理改变为多元主体参与，由此政府与社区自组织之间就要形成一种积极沟通、互相信任的合作关系。治理主体的变化推动了治理方式从行政管理向互动合作转型，过去农村普遍的社会管理经验中，行政化色彩非常突出，等级化和官僚化现象比较明显，上级乡镇政府机关与村级组织、村民之间只有"领导－服从"关系，而不是"指导"，更不可能有平等的互动交流合作。而改进后的社区治理则是强调主体多元化，乡镇政府与村委会、村委会与农民以及乡镇政府与村民三者之间的两两关系由垂直命令转变为双向反馈。社区治理的工作方式要求当地社区村民能够真正参与社区内部事务的处理、社区建设的实施以及社区内部发展的规划等环节，这与农村居民的知情意愿、表达需求相适应，体现出一种良好的互动关系。在社区治理中，支持、培育和发展社区非营利性组织，将其壮大为体系完备的第三方参与主体，允许其在政府和居民之间发挥桥梁作用，从而形成社区行政力量、社会力量以及自治力量的横向联系，有利于各项社区事务的圆满解决。新农村社区治理工作应以社区认同为基础，充分调动社区内的利益主体参与其中，变管理为服务，以服务为主，合理灵活地运用法律手段，实事求是地保护群众权益，让各方遵守契约履行权利和义务，使政府与社区内组织及居民进行良性互动。

（3）从理念创新转为制度创新

对于农村社区治理从理念创新到制度创新的转变，实质上就是把一种多中心治理的观念引入到治理模式的制度建设中，运用行政或法律手段保证这一理论思想落到实处。社区居民积极参与本地治理的表现很重要的一点就是参与农村选举，通过选举表达自己的政治选择和观点立场，另一方面就是积极参与社区活动的策划、组织，让社区居民以主人翁的态度参与社区活动和社区事务管理。农民参与意识的培育需要通过健全的新农村社区管理制度和组织体制来提供制度化保障。授予各主体相应的权力，明确社区各主体的权力和职责义务，以实现各个主体之间的适度分权，发挥各自的长处优势。在新农村社区治理中，政府、社区组织、社区非正式组织以及社区居民充当着不同的角色，也发挥着不同的功能。目前来讲，我国农村社区的第三方组织发展较为滞后，通过政府改进工作模式、提供制度性的支持，这些社区非正式组织可以将市场化的运行机制引入到社区治理中，在社区公共资源的提供与分配、社区事务的处理决策以及维护社区稳定中发挥积极作用。在政府、社区非政府组织和社区居民共同治理过程中要努力实现社区治理机制和治理理念的转变，构建平等协商的对话平台和合作关系。

2. 广州农村有较强的家族宗族制度，基层治理基础较好

由于广府地区独特的地理区位使封建家族宗族制在本地得到了较好的保留，宗族观念浓厚，辈分分明，世系、家谱完善，且有根有据，家族老一辈说话有分量。例如广州和珠三角其他地区历来注重修建祠堂，作为供奉家族长老、讨论家族事务、组织家族活动的地方，也是一个村核心精神所在。随着家族制的延续，广府地区的行政村内经常为统一姓氏，例如从化区莲塘村基本都为"何"姓。虽然当地的农村和全国农村一样面临现代化的冲击和村民个体化的显现，但其一直延续的宗族精神还在。

在我国社会发展的历史长河中，宗族文化思想虽在传承中的区域重心发生过偏移，但宗族文化的延续从未出现过间断。吕思勉先生曾通过历史学分析得出"聚居之风，古代北盛于南，近世南盛于北"的结论，因此，近现代对于中国宗族文化的研究区域主要集中于中国东南部。自宋代以来，广东地区逐渐成为平民宗族组织非常兴盛的区域。

改革开放后，基层政权减少了对村务和村民个人生产生活的直接干预；农村家庭联产承包责任制的大力实施，以家庭为单位的小生产方式扩大为更大范围内亲属间的生产协作，便于创造出更大的劳动价值；加之农民经济实力的逐步增强使宗族活动经费或族产的积累成为可能，农村地区的宗族复兴之路自此开始。不同农村地区复兴宗族所选择的道路是不同的：有的地区在农村基层现有的生活秩序框架内从事宗族活动；有的地区试图恢复传统的宗族势力并由此重建地方社会秩序。第二种复兴道路的具体表现为有的地方宗族领导力量试图操纵村民委员会等基层组织的选举、把持村务，甚至私设公堂、动用私刑等违法行为屡见不鲜。归根到底，他们就是欲以族权代替基层政权，以族规代替国家法规。当地村民心中根深蒂固的宗族观念使他们更倾向于依靠以血缘关系组织起来的社会团体，而不信任以地缘关系为基础、通过民主选举、政府任命形成的地方基层政府的决定。这种排他的心态显著地反映在各类选举场合，导致"选人唯亲"而非"选人唯贤"。

宗族势力与村委会之间的关系大致分为族权至上、族权与村委会权威相互制衡、族权与村委会职权互不干预、村委会权威最大四种。前两种情形往往会引发出各种农村社会问题，而第一种情形可以视为族权代替基层政权的彻底实现，这势必导致族规凌驾于国家法律之上，这种情形下的地方事务处理案例基本全部违反了国家法规条例：轻者为一姓之私煽动族人上访，诬陷异姓村干部或竞选

对手；重者还与黑恶势力相勾结，为地方豪强所利用，或包庇本族违法犯罪分子；更有甚者，聚众围攻执法人员、冲击乡镇政府。宗族势力影响着政治、经济、文化教育等社会秩序的各个方面，造成了恶劣的社会影响，违背了地方事务处理公正、公平、民主、正义的原则底线。

宗族力量作为广州农村地区重要的资源，其发挥的主要作用有：①政府可以借助这种现成的组织体系下达贯彻政令，这样省去另建一整套组织体系来执行政令的环节，会大大降低管治成本。实际上，政府在调解村内的矛盾纠纷和解决某些棘手问题时往往利用的就是宗族的调节干预作用。②政府可以借助宗族来实施农村社会保障。历史上的宗族组织一直充当着族人的保护伞，担负着许多社会保障的功能。在上级政府财力有限且农村社会保障制度不健全的情形下，宗族组织的存在可以在一定程度上弥补公共设施、资源和福利保障的配置不足问题。按照传统的族规，宗族会负担起族中孤寡老人的生活起居、资助族中贫寒子弟赶考升学、照料伤病族人等责任。相比现代的保险公司和地方的其他互助团体，宗族作为互助组织更让族人放心。③动员海外宗亲回国投资建设家乡。改革开放以来，海外侨胞、港澳同胞对广东省的直接投资规模甚巨，对地方发展的直接帮助巨大，2003 年广东实际吸收的 155.8 亿美元外资中，侨资便贡献了约 120 亿美元。侨胞的投资热情不少是出于关照宗亲的亲情和建设家乡的乡谊，相比其他海外投资者，情系乡里的华侨商人在引进先进的生产技术、营销模式和管理理念方面更加无私，对广东经济的促进作用也更大。④一些宗族的族规还可以协助维护村庄的社会治安。族规内容大多在国家法律法规的允许下制定并有相应的行为限制或禁忌，比起法律法规，族规也对族人具有独特的、家长式的约束力。这在执法力量相对薄弱的地区更显得可贵，有助于维护一方的治安稳定。另外，宗族的强大舆论力量还能够制衡基层政府个别素质低下的公务人员滥用权力，有助于处于弱势的单个村民在面对难以监督的公务人员时能够争取到公平的权益保障。

自步入 21 世纪以来，广州全面实施"南拓、东进、西联、北优"的空间发展战略，城中村改造项目逐步推进，部分祠堂遭遇拆迁重建，地方宗族文化的保存面临严重危机。祠堂作为了解各宗族起源发展的窗口，可通过其探究宗族文化变迁的历史进程和内在机制。在具有丰富历史文化内涵的农村地区，政府提倡帮助宗族文化在现代社会更好地延续和发展，促使城市边缘区乡村的文化保护与城市发展之间取得更好的平衡。

3. 广州农民有很强的务实精神，民主意识较为强烈

广府地区的农民对物质利益的取向十分明显，向往富裕、稳定的生活，务实精神较强。由于特殊的区位，村民对政治发展的反应相对淡薄，但对涉及物质

发展的决定民主意识较强,例如在乡村具有对村内公共大事进行公开讨论的"集议"和对公有财产经营权进行公开投标的"开投"惯例。这为广州在农村开展基层民主政治建设提供了良好的历史前提。

广州的村民自治发展历程并没有像其经济发展一样,能够处于领跑全国的模范带头地位,相反,广州远落后于其他地区,直到1999年末才正式废止了具有地方特色的管理区体制,开始朝着村民自治的现代乡村基层治理体制转变。虽然广州的村民自治起步较晚,但是在高度外向型的经济发展背景下,短时间内就取得了明显进展、出现了许多创新举措。其村民自治体系建构表现出了较强烈的区域特征,其中,社区企业力量的形成与壮大,构成了该地域村民自治内容最显著的地方特色。关于为什么珠三角乡村的社区企业能够得以蓬勃发展,一些学者对此进行了长期、深入的研究,并尝试将新制度经济学的变迁理论作为分析工具,对这一在特定区域内集中的社会空间现象进行系统性解释,并指出这是一种转轨时期我国农村企业制度上的创新。虽然村民自治与社区企业两者的出现理论上并不存在承前继后的逻辑关系,事实上广州的社区企业发展远早于其村民自治的普及,已经有了十几年的运行历史。实践证明,一旦村民自治作为国家在乡村社会治理上的制度供给而被强制实施后,由于其自身所构建的合理化因素日趋明显,这就会使得村民自治能够获得较强的生命力,不论外部社会经济背景发生如何巨大的变化,都能具备应变和自我完善的能力。在珠三角地域,这种特性突出地表现为村民自治机制运作与社区企业间的相关性日渐提高,并且由于内容和功能上的不断融合,两者之间正逐渐构成一种完整逻辑。这种不断融合中的发展趋势的内在合理性,可以从村民自治本身存在的合理性,及其对社区企业发展的促进中得到体现。因此把社区企业的发展壮大作为村民自治问题研究分析的一个解决路径视角,具有极其重大的现实意义。

村民自治在广东普遍实施时,广州农村的社区企业发展已经有了一定规模,并且多数都取得了可观的绩效成果,大部分普通村民的家庭收入来自他们作为股东从社区企业中获得的分红。在这种背景下,一度出现过因城市扩张而实现"农转非"身份的村民集体请愿要求"重新恢复村民身份"的事件,这足以说明社区企业对乡村经济发展和提升村民收入水平有重要影响,社区企业的发展也理所当然地成为乡村社会各种利益主体共同关注的焦点。村民作为理性经济人,社区企业经营状况与他们的自身利益高度相关使得他们十分关注有关社区企业的一切资讯。而且,在外部条件成熟的情况下,他们也会自觉地利用各种手段来保护自己的利益源泉,以确保自身获益的长期性与合法性。从民主制度产生的普遍规律看,村民们能够尽到的努力不外乎就是积极参与公选,推举出能够让他们相信且有能力维护其利益的公众代表去帮助群体发声、行使大家的权利、保障自己的权益不受侵害;此外,还可以通过一定的法律程序罢免那些失去公信力、不能代表群体意志观点的参与决策者，而这种选举罢免权力又必须掌握在村民自己的手里，全国范围内的村民自治普及正好为村民们提供了一个绝佳的实施机会。村民自治产生的直接目的就是解决农村社区的内部事务矛盾，村民自治组织最基本的功能性特征就是高度的内向性质，其核心在于利益的高度内向，即通过村民自治这一手段来维护社区或村民整体的既得利益及长远利益。村民自治作为一种国家在乡村社会治理工作中普遍推广采用的治理模式，主要内容是实现民主选举、民主决策、民主管理和民主监督。因此，无论是从理论还是现实的角度，这都是一个解决村民对其长远利益担忧和建立政府与基层群众有效沟通协商渠道的合理办法。从该意义上看，广州的村民自治由于它所包含的丰富经济内容，而更具有现实性，而且，村民显然是这种自治制度的最大受益者。同时，广州的村民自治变迁作为一种乡村社会治理上的制度变迁案例，带有相当大的诱发型制度变迁的特征，这是经济发展差异在社会变迁上的具体表现。

针对以上特点，广州乡村治理基础较好、农村自治意识强烈，村庄规划与乡村治理的融合在全国有先行先试的优势，在村庄规划中可充分利用这类优势，同时检视规划自身的问题，从规划思路、理念、主体、内容、方法、程序和成果等方面提出基于乡村治理的规划编制路径。

第二节 转型困境

1. 规划编制及管理的困境

（1）村委会陷入管与不管的困境

一方面村委会希望通过合理规划，整理建房秩序，使村庄获得长远发展。将阻碍消防通道、交通以及被列为危房性质的闲置老屋、违法违规房屋作为整治对象，彻底清除村庄的"破落"建筑，进一步美化村庄环境，节约土地资源，腾出发展空间，最终的目的就是让百姓受益。另一方面部分村干部存在"不能、不愿、不敢"的思想障碍，老好人思想严重，害怕管得过多得罪群众，影响三年一届的换届选举，在农村规划建设管理上睁一只眼闭一只眼，放松管理，没能把住违章建设的首道关口，导致形成既定事实，不仅造成农村土地资源的浪费、耕地资源的侵占，还会阻碍社会公平的实现。如在 2008 年编制的从化区银林村村庄规划中，提出要建设村域道路系统及体育场等项目，但一直没有实施，村内交通堵塞，户外活动场所和文化娱乐场所缺乏等问题突出，村民对村庄配套设施发展诉求迫切。

（2）村民陷入建设违法与合法的困境

一方面村民法律意识淡薄，无视规划，住宅违法建设形势异常严峻。长期以来，农民在兴建房屋时往往仅满足于"居有其屋"，对于房屋是否需要规划、设计、验收等，均未能有足够的认识；同时，由于相关政策法规宣传落实不够，农民自身的法律意识、房屋安全意识淡薄，在建设过程中往往导致村民以自身利益最大化为出发点，对道路空间、公共绿地等公用空间进行侵占。同时，鉴于建设资金的有限性，村民在房屋建设中房屋质量参差不齐，建筑材料和建筑外形五花八门，呈现出一种集体无意识的无序状态。所以，近年来虽然在农村建了很多新房，但农村的面貌并没有因此得到改观，依旧是只见新房不见新貌。农村普遍存在低效用地现象，不少村庄存在大量空置的危旧房、泥砖房，造成土地资源极大浪费。广州市村庄容积率低于 1 的非居住建设用地面积约 5 064 hm^2，占村庄居民点用地面积的 13%；建新房不拆旧房，致使老宅闲置，全市空心村用地面积约 2 326 hm^2，占村庄居民点用地面积的 6%。另一方面村民对规范化管理和合法化的诉求也在增加，但由于许多地区收紧村民建房审批权，一些地方甚至对城乡接合部的农村实行了"一刀切"式的冻结审批，在这种情况下一部分农民刚性的建房需求得不到满足，违法建筑泛滥。

（3）政府陷入管理权限放与不放的困境

一方面是管控严格，审批手续烦琐，效率不高。农民建房从农户申请到逐级审核再到最终批准，牵涉的部门多，审批的流程复杂、过程漫长，严重影响了农民依法报批的积极性，一些建房迫切者因此铤而走险，未经批准就擅自建设。据统计，2012 年至 2015 年广州市一共仅发放乡村建设规划许可证 105 宗，其中南沙区 87 宗、从化区 12 宗、增城区 4 宗、白云区 2 宗，花都区、番禺区及黄埔区均未发证。同时，广州市有宅基地使用权权利证书的住宅比例不足 30%，其中比例最高的花都区也仅有 53%。另一方面是管理缺位，造成农村建设失控。20 世纪 90 年代中后期以来，乡镇土地管理机构实行改革，人员收编、机构撤并、职能削弱，乡镇政府虽负有监管职责，但因不是执法主体且"无钱可收、无利可图"，也就畏难推诿，袖手旁观。而乡镇国土中心所管理力量薄弱，监管力不从心，部门协调机制又不完善，致使其对农民建房放任自流，基本处于失控状态。

2. 土地治理的困境

（1）土地约束机制不够完善

受政策限制和利益驱使，建设用地权利人的关系虽然明确，但节约集约建设用地后的利益分配约束机制还没有建立。为了追求政绩，地方政府领导大搞政绩工程、形象工程，农村土地浪费现象严重，如在房地产开发中大量批准建设别墅、低密度住宅、高尔夫球场等，侵占农村土地大量建设城市新区、人造景点等。

（2）"占补平衡"政策不到位

占用耕地仍然是广州市城镇发展的主要方式。在新增城镇建设用地的同时，农村（居民点）却没有及时整理复垦；村庄建设用地只注重外部扩张，不注重内涵挖潜，城乡土地利用总体效率并没有随着城镇化水平的提高和经济的发展同步提升。

（3）土地储备机制不健全

在征地到出让建设用地的过程中存在着巨大的利益刺激，以牺牲农村土地资源为代价获得利益和一时的经济发展。在规模大、结构全、"效益高"的刺激下，大量资金流入低水平、低效益的重复建设项目上。

（4）现行考核体制不健全

GDP 是现行干部考核体制中最重要的内容。为此，各地领导干部急于求成，忙于上项目以实现 GDP 的快速提高，影响了农村用地的合理配置，加剧了村庄建设和土地利用中的短期行为，导致乱占耕地和村庄用地的现象出现。在"经济发展"的光环下，政府对这样的干部不惩反升。

（5）土地管理与规划管理相互掣肘

从已完成的现状摸查情况来看，规划建设用地指标缺口较大，这也反映出长期以来规划管理和土地管理的相互不适应。目前，很多村集体土地的使用权在经济合作社，而村庄规划是以行政村为单位，因而行政村在整合村土地资源时面临阻力。调查中很多镇（街）干部普遍担忧，虽然村庄规划编制得很好，但如果与土地利用功能片区规划不能协调，依然是白费工夫。因此，规划管理与土地管理的不适应，城市总体规划与土地利用总体规划的不协调，是村庄规划难以落地的根本原因所在。

3. 农村建房治理的困境

（1）农村体制改革削弱了村组织的治理能力，村级治理乏力

相较于乡镇政府国土资源管理所，村集体离农民生活更近，更能因地制宜地治理宅基地。在很长一段时间内，国土资源管理依托村集体进行自主治理，村组织不但编制村庄规划，而且打击恶意违规建房者，只要村组织的治理行为没有触碰底线，乡镇一般会予以支持。我国 1998 年通过的《村民委员会自治法》规定，村组织是自我管理、自我服务的自治组织，实行民主决策、民主管理。村干部的产生由任命制转向竞选制，放大了村庄社会关系结构，包括宅基地在内的村庄治

理受到较大影响。村干部任期一般是 4 年一届，如果在任期内因严格管理宅基地而得罪了村民，连任的可能性就会大大减小。"精明"的村干部一般不愿得罪人，违规建房的治理绩效因此打了折扣。2002 年启动的税费改革及乡村体制改革使村组织治理村庄公共事务的能力进一步降低，改革后的村组织人数大大减少。国家转移支付尚不足以维持村组织运转，不少村干部就到外地打工以补贴家用。另外，税费改革后村组织的职能由管理变为服务，不再有能力制止村民违规建房。村组织的权威来源于三个方面：一是制度授权，二是村民认可，三是传统赋予。近年来，农村体制改革削弱了村组织的治理能力，市场经济的冲击使村庄社会关系越发松散，传统伦理赋予个体的非正式权威逐渐被瓦解。村干部如果在宅基地治理上过于坚持原则，就会影响自己的家庭生活和人际交往，因此其奉行"不得罪逻辑"。当村组织监管的动力减弱时，乡镇管理宅基地的成本大幅增加，违规建房很难被及时发现和治理。

（2）乡镇治理效果不显著

村组织治理宅基地乏力，乡镇本应对其赋权并给予支持。可现实的问题是，税费改革后乡镇治理能力也不足，同时缺乏治理宅基地的动力。在农业税时代，乡镇获得的上级补助和农业税费仅够维持本级政府基本运转，提供公共物品的财力相对不足，宅基地治理因无关政绩而被忽视。税费改革后中西部地区乡镇政府财政困难的局面不仅没有改善反而更加严重，不少乡镇财政甚至可以用"空壳化"来形容，以精简机构、分流人员为核心的乡镇改革使本就困难的乡镇政府运转更缺人手。治理资源不足使乡镇进行规划的能力不足，村镇建设规划因此只是"在墙上挂挂、纸上画画"。当乡村组织治理宅基地不力时，村民会无序占用宅基地，"居者有其屋"制度被破坏，宅基地利用效率问题凸显。如果没有相应的规则明确宅基地使用人的权利和义务，没有相应的治理主体维护宅基地使用秩序、制裁机会主义者，一户多宅、住宅空心化就会成为乡村发展之殇。

4. 产业治理的困境

（1）支撑治理转型的产业基础薄弱

单一产业结构对村庄治理形成挑战。资源型农村治理转型的一个重要方面就是通过强化产业基础带动系统治理，但资源型农村最典型的特征之一，就是结构失衡问题突出，所有生产要素向资源部门集聚，且要素的集中与集聚具有自我强化的趋势，导致农村陷入资源优势陷阱，过度依赖土地资源导致产业结构单一。资源型农村的主导产业通常为资源开采和加工行业，要实现产业转型，就要在保证第一产业的基础上，大力发展第三产业在集体经济中的比重，以制造业、服务业等来带动经济的发展。

（2）"村改居"集体经济面临产权不清与经营障碍的发展困局

原村委会的建制和农村管理体制被撤销，取而代之的是依照《居委会组织法》产生的居委会管理体制。在此过程中，农村原有的集体资产如何处置成了"村改居"社区治理的难题：一是集体经济的产权归属问题。"村改居"是对村民集体利益的一次重新分配，因此必然会触及村民的核心经济利益。目前许多地方的"村改居"社区在处置集体资产时采取股权固化的政策设计，但股权固化的实际操作却困难重重，集体资产难以有效量化，股东身份难以明确界定。二是集体经济的组织经营问题。农村集体经济担负着发展经济、股份分红和提供农村公共产品三大职能，但是传统的农村集体经济组织形式和经营方式限制了其进一步的发展。三是集体经济的功能地位问题。"村改居"后，农村集体经济组织发展的方向是成为专业的市场主体，参与正常的市场竞争，但与此同时又要承担绝大部分的社区公共事务管理和公益事业发展费用，严重制约了社区股份合作经济组织的健康发展。

第三节　政策原因

1. 历史因素

新中国成立后，广州市区及农村地区经济迅猛发展导致城市范围的不断扩展，但一直受传统的思维方式和计划经济体制的影响，没有把农村基础设施和村庄规划建设纳入整个国民经济大循环、社会全面进步和国民收入分配总格局去把握和处理。在基本建设领域，长期存在重城市建设、轻农村建设的倾向，在资金投入、项目安排上忽视了农村基础设施和村庄建设，导致城乡之间形成了巨大的反差，这也使得广州市村庄规划一直滞后于农村经济的发展。上述的种种原因，导致村庄规划建设管理缺乏依据，农村空间扩展在一定程度上出现了无序化和盲目性，而且，在早期的建设过程中，缺乏长远的眼光，在农村存在的无规划、忽视规划的现象严重，给农村后续的规划与建设工作埋下了重大隐患。

2. 公众参与规划意识差

科学可行的公共政策要求对解决的问题进行深入的调查研究，村庄规划的制定也不例外。村庄规划不能只靠政府出力,村民才是建设的主体,但现实的情况是,广州市在农村村庄规划问题的政策制定中,调查研究环节比较薄弱,对村民利益与村民愿望考虑不够,同时村民法制意识差,规划管理观念薄弱,村里又缺乏必要的宣传教育,使村民游离于村庄规划建设之外。由此导致政策出台后,大部分村民认为政府制定的法规条文他们不能接受,抵制法规的实施,形成"法不责众"的局面。村民在不了解规划为何物的情况下,只看到眼前利益,抢占土地,违章建房,进行地下房屋租赁活动等,进一步加大了村庄规划建设管理工作的难度。

3. 政策法规操作性不强

20世纪90年代颁布实行了《中华人民共和国城市规划法》,但对农村进行规划管理则一直缺乏法律法规依据。广州市于2001年颁布了1、5、7、10号政府令作为全市村庄建设管理的依据,但4个政府令颁布后一直没有出台相应的实施细则或者办法,并且部分规定与社会实际情况、农民的生活现状不相适应,导致上述规定操作性不强。例如规定取消单家独院式建筑,推行农民公寓式住宅;未制定村庄规划或村庄规划尚未批准的,不得批准建设等。此外,根据《中共广州市委办公厅 广州市人民政府办公厅关于"城中村"改制工作的若干意见》规定,改制村不再配给住宅留用地,即不得再新征用地(或拆除旧房重建)建设村民住宅,然而旧村改造规划的审批过程漫长,造成村民在短期内无法改善居住条件。

4. 制度因素

在市场经济下的今天,广州市的农民群体却对村民身份情有独钟。因为农村户口享有计划生育、宅基地和集体分配等优惠,现在的广州农民收入比城里的一般居民收入还要高,已经不像以前那么向往城市居民户口了。村民对集体经济的依附、对农村户口的依恋导致了"离土不离村"和"离村不离土地"的现象,从而对农村土地资源和集体经济造成很大的压力。虽然广州的农村户口享有很多的优惠,但在子女升学、就业和医疗等社会保障方面仍受到局限,使村民对农村户口又爱又恨。尽管近几年来广州市政府加大了农村的社会保障力度,但广州市社会保障制度仍不是很完善,对于世代务农的村民而言,他们能享受到的社会保障很少,这使他们对自己的利益极为重视。受眼前利益驱动,通过不合法手段获取经济收益,占地为营,在马路旁搭起商铺经营,抢建私房收取租金等现象屡见不鲜。

创新篇

广州村庄政策与规划管理建议

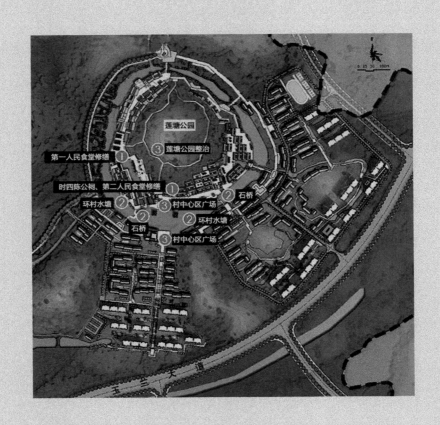

莲塘公园

③ 莲塘公园整治

第一人民食堂修缮 ①

时四陈公祠、第二人民食堂修缮 ①

环村水塘 ②　　　③ 村中心区广场　　② 石桥

② 环村水塘

石桥 ②

③ 村中心区广场

玉　兰　大　道

第九章 村庄政策优化方向

第一节 规划编制与管理政策

1. 用地规划政策建议

（1）各地人均标准实施效果不佳，采用"总量＋分项"控制，保证项目落实

通过横向对比山东、江苏、福建等省的农村人均建设用地标准及其村庄建设用地发展情况,发现各地自定标准,人均标准差距大,标准制定缺少统一参照(表9-1）。农村人均建设用地标准的非法定性造成超出部分并无惩罚规定，农村土

表 9-1 部分省份农村人均建设用地标准

省份	技术文件	规划建设用地标准
山东省	《山东省村庄建设规划编制技术导则》	平原地区城郊居民点人均建设用地面积不得大于 90 m²，其他居民点不得大于 100 m²；丘陵山区居民点人均建设用地面积不得大于 80 m²
江苏省	《江苏省村庄规划导则》	新建村庄人均规划建设用地指标不超过 130 m²。整治和整治扩建村庄应努力合理降低人均建设用地水平
福建省	《福建省村庄规划编制技术导则》	村庄建设用地宜按人均 90~130 m² 控制。撤并扩建的村庄，现状人均低于 80 m² 的可适当调高 10~20 m²
山西省	《山西省村庄建设规划编制导则》	山区或丘陵地区的村庄，人均规划建设用地指标为 130~150 m²；平原地区的村庄，人均规划建设用地指标为 120~140 m²
陕西省	《陕西省农村村庄建设规划导则》	以非耕地为主建设的村庄，人均规划建设用地指标为 100~150 m²；对以占用耕地建设为主的村庄，人均规划建设用地指标为 80~120 m²
江西省	《江西省村庄建设规划技术导则》	以非耕地为主建设的村庄，人均规划建设用地指标为 80~120 m²；以占用耕地建设为主或人均耕地面积在 466.9 m² 以下的村庄，人均规划建设用地指标为 60~80 m²

地利用粗放，实施效果欠佳。

同时，广州市面临着农村建设用地利用粗放的现实问题。居住用地方面，2012年，农村人均建设用地达到145.8 m²，高于《广东省城市规划指引——村镇规划指引》确定的人均120 m²以内的标准和《广州市城市总体规划（2011—2020）》确定的人均118.3 m²的目标。工业用地方面，2011年，广州农村工业用地面积155.7 km²，占农村建设用地总量的20%。工业用地未入园，土地破碎低效。公共服务设施配套方面，公共服务中心、老年人服务中心、户外休闲文化广场比较缺乏，应达到而实际未达到1村1建标准的公共服务设施总缺口为1 558处，占应配套数量的28%，缺口较大。

因此，考虑到标准的实际操作性，建议广州市可以不制定人均标准，采用"总量 + 分项"控制的思路。"总量"控制即国家、省层面制定标准控制上限，给予弹性参考值。"分项"规定即广州市制定居住、工业、设施等基础性用地的项目标准，根据项目需求落实建设用地指标。居住用地方面，可沿用现行具有法律效应的宅基地标准，控制上限。工业用地方面，推行工业入园原则，大大降低农村工业用地标准，控制工业用地占建设用地比例的上限，逐步减少上限指标，引导农村工业向重大项目地区、产业园区、城镇地区有序集聚，提高土地效能、释放生态空间、凸显特色乡村。设施用地方面，公共设施、工程设施、生产设施的配置受村庄人口规模变化的影响较小，不会随着村庄人口的变化产生较大的变化。例如公共设施中的办公用地，无论村庄规模大小一般都需要配置，规模以满足办公需求为宜；生产设施用地则是根据具体项目进行安排，其用地规模有很大差异，应该区别对待；工程设施有其本身合理的用地要求。因此，公共设施、生产设施、工程设施的配置采用项目控制为宜；广州市出台标准控制公共服务设施用地占建设用地比例的下限，保证设施足量供应（表9-2）。

表9-2 广州市村庄公共管理与公共服务设施项目配置标准建议表

设施类别	设施名称	规模（建筑面积）/m²	配置要求
行政管理	村委会	—	●
公共服务	公共服务站	300	●
教育机构	托儿所	—	○
教育机构	幼儿园	—	○
教育机构	小学	—	○
文化科技	综合文化站（室）	200	●
文化科技	农家书屋	—	●
文化科技	老年活动室	100	●

设施类别	设施名称	规模（建筑面积）/m²	配置要求
文化科技	户外休闲文体活动广场	—	●
	文化信息共享工程服务网点	—	●
	宣传报刊橱窗	10	●
医疗卫生	卫生站或社区卫生服务站	200	●
	计生站	—	○
体育	体育活动室	—	○
	健身场地	—	●
	运动场地	—	○
社会保障	养老服务站	—	○

注：表中●—应设的项目；○—可设的项目。

（2）从增量规划到存量规划，充分利用村庄废弃建设用地

在村庄规划编制和实施过程中，充分挖掘农村现状废弃建设用地，包括工厂、学校、空心村等，建立一套废旧用地腾挪机制，做好土地确权工作，给予用地所有者一定的奖励补偿以获得建设用地。同时，强调农村建设的集约化，通过资金补偿机制，鼓励人们在新型农村社区规划指引下建设新房，或在原宅基地拆旧建新。

（3）以"空间管制＋规划实施"思路，构建城乡一体化规划管理体系

城乡接合部是规划之间冲突最严重的地方，由于建设速度快、规划要求高，各类规划编制时间不一致等问题，导致规划之间衔接不上。因此建议通过城乡一体化规划实现土地的用途管制、城乡特色的塑造，避免规划之间的冲突。具体做法是在以土地利用规划为主导的模式下，统一配置城镇村建设用地，从整体上规划此类用地，以利于人流、物流、信息流的通畅。在城市总体规划和土地利用总体规划的编制过程中，建议城市规划行政主管部门和土地行政主管部门将"两规"编制的基期年和目标年予以规范化、制度化，要做到同步编制，并且其他相关规划也应在规划期限内进行编制，特别是涉及实施的控制性详细规划，不得随意改变规划编制的期限。"两规"要协调人口规模预测和建设用地规模控制目标，保证村庄建设用地规模的合理性统一。

2. "旧村"改造政策建议

（1）分区对待，有收有放

在分类处理的基础上，区别不同地区的重要程度，实施差异化的管理和改造模式。在重点地区强化政府的统筹作用，宜按照城市建设发展的需要，尽量收储土地；非重点地区发挥市场作用，宜尊重市场利益主体，充分利用市场资源进行存量土地再开发。这样既能避免"一刀切"对全市改造速度的影响，又能保证城市发展所需核心空间的整体性。

（2）政策与规划互动，充分运用规划技术降低改造障碍，提高项目的可实施性

当前强化连片改造的做法虽然有利于保障城市整体的开发效果，但由于涉及的主体较多，大大提高了联合改造的成本，增加了改造难度。建议除了政策的保障外，应充分运用规划手段对改造方案进行技术处理，如将边角地作为街头绿地、公共开敞空间，集体和国有产权用地通过有效的规划路网进行区分控制等，最大限度降低改造实施的障碍。

（3）同地同权同价

尽管《关于广州市推进"城中村"（旧村）整治改造的实施意见》进一步提高了公益性设施用地的征收补偿标准，但与同地段其他经营性用地的开发收益相比，依然有较大差距。这也是导致"旧村"改造政策出台以来均以经营性用地改造为主的根本原因，对城市公益性设施用地的保障和城市环境的改善效果难以体现。下一步"旧村"改造的补偿和收益分配机制调整不能因为规划功能不同而采取不同的补偿标准，宜以通过综合评估拟定的片区综合价格为基准进行公平补偿和分配。

3. 历史村落保护政策建议

围绕广州市村庄发展整体目标，结合广州市村庄发展特征及现状特色，加强历史文化资源保护和岭南特色塑造。加强历史文化资源保护，结合广州市历史文化保护规划，充分挖掘广州市村庄历史文化内涵，制定村庄历史文化资源保护的原则及重点，并进一步提出广州市各类村庄的历史文化资源的保护要求和利用策略。积极探索岭南特色塑造，在对村庄现状调研以及岭南特色塑造理论的研究上，对各类村庄的空间格局、肌理、建筑风格等进行深入研究，总结出岭南特色乡村的空间、景观、建筑等要素特征，并进一步制定广州村庄岭南特色塑造的规划指引及建设标准。

4. 基础设施政策建议

（1）区域统筹农村基础设施建设项目

通过规划统筹安排郊区基础设施建设任务，保证各行业、各部门之间衔接统一，同时要统一考虑镇与镇之间、镇与村之间、村与村之间规划的衔接，通过合理的整体规划对基础设施建设进行统一布局。

（2）要建立、健全基础设施建设标准、规范

目前村庄分布散乱、城村交错，为了更好地指导村庄基础设施建设，提高村庄基础设施管理水平，应根据广州市村庄特点，建立、健全基础设施建设标准、规范。不同地区、不同规模、不同类型的村庄应区分对待，因地制宜地采取最实用的技术方案。

5. 村庄分类政策建议

根据城镇化的不同发展阶段，加强对村庄的分类指导。通过对广州市村庄现状发展基础、区位条件、经济发展水平、城镇化发展水平及未来发展态势分析，结合城乡空间结构、城乡功能区划以及各区（县级市）村庄布点规划，基于对城乡空间发展模式的研究，制定村庄分类原则，正确认识村庄发展的差异化，分类指导不同地区村庄的发展，设定不同发展阶段、不同类型的村庄城市化路径，按照城镇建成区、城镇增长区及乡村发展区制定不同的政策分类，制定具有针对性且符合村庄实际情况的产业发展、空间布局、政策需求等建设发展指引，明确不同的规划与发展重点。对不同类型的村庄，采用不同的编制标准，如：城镇建成区内的村庄，严格按照城市规划建设程序管理；城镇增长区内的村庄，划定发展范围，按照控规编制要求，做好城市土地储备及村庄转型工作；乡村发展区的村庄，做好耕地保护、生态保育等工作，适度开展乡村旅游。寻找各类空间模式的建设试点村，逐步积累经验，对其他地区村庄提出分期分批分类推进的建议。

6. 规划管理政策建议

（1）构建具有广州特色的村庄规划编制体系

总体规划层面，"村庄布点规划"充分与《广州市土地利用总体规划》《广州市城市总体规划》进行协调，统筹解决全市各村庄的类型划分（保留或撤并）、规模、村庄规划编制区范围划定、村庄规划管理单元划定等核心内容。详细规

划层面，核心是村庄建设规划，相当于控制性详细规划的深度，重点在于村庄规划区的划定，土地利用布局，整体建设量的控制，公共服务设施的安排，交通线路的衔接，绿线、蓝线、紫线的划定等，作为村庄规划许可制度合法的依据。

（2）倡导村民全方位参与规划编制，推进以村民代表大会为核心的公众参与

基于对农村民主制度实效性的判断，村庄规划公众参与的全过程展现了制度性参与的图景，是村民自治在村庄发展选择上的完整体现。其中，调研阶段的意见收集应侧重于面向所有参与主体，体现公平性；在规划编制阶段通过村民代表大会征询规划意见，这个阶段集中了村民自治"四民主"中的民主决策、民主管理和民主监督。规划审批阶段体现在规划公示上，突出了民主公开的特征。广州市农村经济发展较快、村级经济实力较好，村民代表大会作为集体经济的权力机构，其本质是基于农村土地集体所有制的类公司制的股东代表大会。村民代表大会在长期的村民自治实践中积累了丰富的组织经验。从这个角度看，广州市村民代表大会是更加具有实效性的公众参与形式。在这个过程中，规划师的角色应该客观、中立，力求在各个利益群体中寻求最优的平衡，以此提高村庄规划成果实施的实效性和可操作性。借鉴国内外的实践经验，将"社区规划师"的角色贯彻到规划立项、规划编制、规划审批各个阶段，将公众参与扩大到村庄发展的全过程，可能是农村真正实现村民自治的途径。

案例——南沙区南涌口村公众参与实践

南涌口村位于南沙区黄阁镇。村集体收入以农业和第三产业收入为主。2008年，村内户籍人口为609人。该村位于黄阁镇控制性详细规划的绿地中，村经济发展用地则位于国土部门控制的农保用地内部，无法用于建设开发。村规划核心问题是村经济发展用地调整为建设用地和落实村庄搬迁问题。规划编制过程中，在村民代表大会阶段，村民代表反映村经济发展用地和村庄搬迁问题的意见相当强烈：当规划师刚介绍完规划方案，村民代表就迫不及待地批评"村两委"未能及时反映他们的诉求。规划师如实地解释了城乡规划主管部门的工作流程和问题解决的进度，一定程度上取得村民代表的信任。在南涌口村案例实践中，村民代表大会根据村民以务农为主的特征选择农闲时进行。规划师采用忠实呈现、中立阐述的做法，让村民代表了解村庄规划方案的全部内容和上级政府的管理意图，在解决部分问题（村经济发展用地已经调整为建设用地）后，也可以取得村民代表和"村两委"的理解和接受。

第二节　农村土地政策

1. 农地确权登记政策建议

土地确权登记意义深远，确权以后有利于土地流转。明晰集体土地财产权，推进农村集体土地确权登记发证工作是维护农民和土地流转者权益、促进农村社会和谐稳定的现实需要。通过农村集体土地确权登记发证，可有效解决农村集体土地权属纠纷，化解农村社会矛盾，依法确认农民土地权利，强化农民特别是全社会的土地物权意识，有助于在城镇化、工业化和农业现代化推进过程中，切实维护农民权益。

（1）全面开展农村房屋普查工作，地面地上确权相结合

开展农村房屋普查工作，全市统筹，由国土主管部门负责，房屋管理主管部门牵头，镇街配合，村委会负责实施，最后结果由国土主管部门确认。不普查就摸不清楚家底，就不能发证。由于普查工作费用比较大，需要市财政给予支持。同时，根据广州市国土主管部门的"农村集体土地确权登记""宅基地使用权登记"资料，依法开展农村宅基地房屋产权登记，依申请核发农村房地产证。如果只发宅基地证，对上部的建筑物不做确权登记，确权效果将会大打折扣。

（2）尝试"确权确股不确地"，允许确权土地进行流转

广州作为珠三角的核心区，大部分农村已经呈现出与城市交织发展的态势，农民对土地的依赖程度有所减少，一些村集体将原来承包给农民的土地收回来集体经营，由于很多农村土地已经被整体出租，有的土地用途已经发生改变，很难按原来的承包合同对每一地块进行确权，或许可以借鉴珠海、东莞的做法，按照"确权确股不确地"的新思路，对农民土地进行确权登记。值得注意的是，"确权确股不确地"只能在部分地区进行，并需符合4个方面的条件：人均耕地面积较少；地貌发生改变，原有的地块四至不清；土地整体流转并成立土地股份合作社；社会经济发展水平较高，土地社会保障功能较弱。对广州而言，可以率先在城中村和城郊村等城市化、半城市化地区推进"确权确股不确地"的农地确权登记改革；而在山区的远郊村，农民对土地的依赖程度较大，仍要保留"确权确地"的做法。

同时，依法登记的农村宅基地房屋产权证，可以流转，因为只有后面的"出口"找到了，村民才会去申请"入口"。

经验借鉴——农村土地确权新思路：珠海、东莞探索"确股确利""确股不确地"

珠海市斗门区地处珠三角，从20世纪90年代开始，随着珠三角地区工业化、城镇化的推进和规模农业的发展，一些村集体将原来承包给农民的土地收回集体经营，由于很多农村土地已经被整体出租，有的土地用途已经改变，很难按原来的承包合同对每一地块进行确权。在这种情况下，"谁拥有哪块地"是不明晰的，明晰的是"这个村的人共同拥有这块土地"，因此珠海市开始积极探索"确股确利"。与把承包土地落实到人到户，村民获得土地经营权、转让权、收益权的"确权确地"不同，"确股确利"是指把村集体的土地股权确定到人到户，村集体（股份社）负责对土地进行经营，村民只享有股份分红，意味着当地农民不再拥有某一块承包地，而是获得一份由村集体资产、资金、资源计算出来的股份。

东莞市则积极探索"确股不确地"的土地确权思路，即将各个村集体的资源（耕地和其他土地）、资金、资本折算成股份，固化到每个村民头上。由于部分农村土地开发程度有限，一些村民不仅拥有股份，还保留了分散的承包地。

2. 留用地政策建议

（1）从"留"到"流"，多途径、货币化落实新增留用地

借鉴杭州、北京等地经验，探索以货币兑换、物业置换等手段，落实新增留用地指标，减少对新增建设用地的需求。重点研究和明确鼓励以货币化形式兑现留用地的激励机制和政策保障机制，积极探索留用地作价入股、货币收购、物业抵顶等多途径多方式推进征地返还留用地的落实。创新留用地货币化制度，按照同地同权，以地段的物业收益来折算。使留用地指标从征地的年度开始有收益。暂未落实的留用地指标，要按滞后期支付相应货币化收益。充分考虑失地农民未来的社会保障及经济收入的可持续性，切实保障失地农民的利益。

（2）集中统筹使用留用地指标

广州现行的"分散留用地"政策尽管符合一部分村庄地区落实留用地的强烈诉求，但分散留用地极易导致开发建设水平较差及土地利用低效等问题，实际上不利于乡村地区的长远发展，也不符合集约高效利用土地的原则。因此，应打破以村为单位落实留用地指标的现状，有条件的地区以集中留用地的形式，以镇（区）为单位进行统筹，建设镇（区）级工业园，统一招商引资，统一建设管理，共享分成，并制定激励政策，鼓励留用地指标统筹使用；而对于没有条件的村庄地区，则应鼓励以货币化形式兑现留用地指标。

经验借鉴——杭州留用地政策：股份化改造，收益"物业化"、货币化

近年来，杭州积极推进的留用地安置制度，通过发展壮大村集体经济，使被征地农民获得长期、稳定、可持续的收益。

1995 年杭州在建设绕城公路时，首次提出在留用地建设标准厂房的工作思路；1998 年全市范围内开展撤村建居工作后，进一步明晰了留用地概念，明确按征收农用地面积 10% 的比例核准留用地，同时结合村集体经济股份化改造，村民作为股民参与收益分红。2001 年，杭州市政府出台了《关于贯彻国务院国发〔2001〕15 号文件进一步加强国有土地资源管理的若干意见》，将留用地建设项目纳入有偿使用的范畴，同时对留用地开发用途及出让金核拨方式进行了明确；2005 年，出台实施《关于加强留用地管理的暂行意见》，对留用地指标的合法、预支、调剂管理，留用地项目开发模式、出让方式、建设管理、复核验收等进行了明确，留用地管理政策进一步发展。截至 2013 年 10 月，杭州主城区已落实留用地项目用地约 5 080 亩。

值得一提的是，在土地资源日益紧张的约束下，杭州采用留用地指标货币化的方法进行补偿，走在全国改革前沿。据统计，2008 年至 2012 年，杭州市区共返还留用地项目土地出让金约 60 亿元，有效节约了土地资源。

《浙江省国土资源厅关于进一步规范村级安置留用地管理的指导意见》(2006)

◎ 留用地应征为国有，并在此基础上按照本地经营性的平均出让价格水平，给予相应补偿，或者回购开发项目中的部分商业、办公用房返还给农村集体经济组织，以实现安置留用地返还收益的"物业化"。

◎ 对确因规划选址、用地指标、项目引进等原因造成安置留用地无法开发利用，以及农村集体经济组织受财力、物力和人力等因素限制自动要求放弃留用地的，市、区（县）政府可以货币形式回购安置用地。

《关于进一步完善村级集体经济组织留用地出让管理的补充意见》（2009）

◎ "留用地货币化"的留用地项目，一律采取招标、拍卖或挂牌方式公开出让。公开出让时不得设置任何限制性竞价条件。

3. 农地流转政策建议

（1）统一城乡要素市场，建立"市—区—镇—村"四级土地信息与交易平台

党的十八届三中全会明确提出：建设城乡统一的建设用地市场。其中提到，在符合规划和用途管制的前提下，允许农村集体经营性建设用地出让、租赁、入股，实行与国有土地同等入市、同权同价，并提出赋予农民更多的财产权利，

促进征地补偿制度规范化。目前，广州市农村集体建设用地基本被排除在土地市场之外，农民集体利益在城市化发展的过程中受到严重损失，致使部分地区出现集体建设用地无序地流入市场流转的违规现象，严重干扰了正常的土地市场秩序。以城乡统一的建设用地市场为依托，建立健全农村建设用地流转平台既是规划土地市场的需要，也是保障农民集体利益的重要手段。

农地入市有两个前提：第一，它必须是经营型的建设用地，第二，必须符合规划和用途管制。针对已出现的违法违规问题，市政府要在夯实土地权能的同时改革征地制度，规范征地程序，建立科学的、多元的征地补偿制度和保障与就业制度。城乡二元结构是制约城乡发展一体化的主要障碍，应建立公平、开放、透明的市场规则，完善主要由市场决定价格的机制，建立城乡统一的建设用地市场。

农业创富者们也希望通过转变政府职能，能为城乡土地的流转建立一个统一的交易服务平台。建议为农地入市搭建平台，建立"市—区—镇—村"四级土地流转管理服务机构，发展多种形式的土地流转中介服务组织，搭建与之配套的四级宽带网络信息平台，及时准确地公开土地流转信息，加强对流转信息的收集、整理、归档和保管，及时为广大农户提供土地流转政策咨询、土地登记、信息发布、合同制定、纠纷仲裁、法律援助等服务。

（2）创新农村土地流转模式

为充分挖潜农村土地的经济价值，提升农村地区经济，发展适度规模经营，目前一些地方已经进行了多种形式的探索，创造出各种不同的农村土地流转模式。对于广州农村地区而言，由于广州农村问题的复杂性，以及农村与城市的"共生性"特点，单一模式可能无法有效指导农村土地流转。针对广州农村特点，建议针对不同空间区位的农村，制定不同的流转政策：城中村可以借鉴佛山市南海区模式，通过土地股份合作形式，加强土地流转带来的物业性收入；而城边村等地区可以借鉴上海市奉贤区，通过土地入股组成股份有限公司或者农业生产合作社，发展规模农业，提高农业生产效益，由此提升农民收入；而在远郊村地区，尤其是存在大量"空心村"地区，则可以借鉴浙江省嘉兴市的"两分两换"和江苏省宜兴市的"两置换一转换"模式，通过中心村建设，将自己的宅基地和承包地指标置换为城市住房和社保，从而实现农地流转。

经验借鉴——佛山市南海区土地股份合作模式

为了充分保障农户分享农村土地增值收益，满足城市化、工业化建设用地的需求，广东省佛山市南海区（广东省原南海市）20世纪90年代在其辖区内实行农村土地股份合作制。南海模式的特点在于由股份合作组织直接出租土地或修建厂房再出租，村里的农民出资入股，凭股权分享土地非农化的增值收益。实行土地股份制的具体措施有如下两点：一是采取分区规划，把辖区土地按照土地功能及定位划分为商业住居区域、经济发展区域和基本农田保护区域。集约利用有限的农村土地资源，充分发挥土地效益，合理实施城镇发展规划，对基本农田实行最严格的保护。二是明确股份份额和范围。可以将农村土地、农户的土地承包经营权及村集体经济组织集体财产折价入股，制订股份公司章程、股东权利范围、股东红利分配及股东权利管理，严格按照公司章程规定办理。

这种制度创新不仅充分保障了农户承包土地的收益分享权利，而且从制度设计上通过股利分配的方式赋予农户分享农村土地非农化所带来的巨大土地增值收入。这是南海土地股份合作制的核心，也是我国农村现行土地利用制度和城市化、工业化建设进程的有益尝试。从土地收益分享的方面考察，这种土地制度创新不仅在于承认农户的农村土地经营收益分配权，而且保障了农户参与分享农村土地非农化的土地增值收益权。用农村土地股份合作制取代农村家庭联产承包经营责任制，实现农村土地权利的过渡，由土地的自然状态向土地的资本状态过渡，此种以土地资本化为典型特征的土地使用制度创新，减少了土地流转过程中的利益冲突，极大地调动了农户的参与积极性，使农村土地资源充分利用，促进了农村土地资源的有效流转，推动了农村剩余劳动力的转移，带动了农村第二、第三产业的发展。

农村土地流转的四大模式：

模式一：农村土地互换

这是指村集体经济组织内部承包土地的承包方为了便于耕种或者规模种植的需要，交换自己的承包地，其土地承包经营权也进行相应的交换。最具代表性的为重庆江津模式和新疆沙湾模式。该模式的关键是成立农村土地交易所，用于解决农村建设用地减少与城市建设用地增加的挂钩的土地指标的跨区域交换。

模式二：农村土地股份合作

这是指在按人口落实农户土地承包经营权的基础上，按照依法、自愿、有偿的原则，采取土地股份合作制的形式进行农户土地承包使用权的流转。农户土地承包权转化为股权，农户土地使用权流转给土地股份合作企业经营。扣除相关项目的土地经营收入后，剩余按照农户土地股份进行分配。它代表当前农村土地流转模式创新的方向，也是比较普遍的一种农村土地流转模式。最具代表性的为广东南海模式、山东枣庄模式。

模式三：农村土地入股

这是指村集体经济组织的承包户为了发展规模农业，提高农业生产效益，将农村土地承包经营权折算为股权，自愿走农业产业化发展道路，实现农业生产合作，以土地承包权入股组成股份有限公司或者农业生产合作社，实现农业产业化经营。如上海奉贤模式。

模式四：宅基地换住房，承包地换社保

这是指农民以放弃农村宅基地为代价，把农村宅基地置换为城市化、工业化发展用地，进而可以在城里获得一套住房。与此同时，农民自愿放弃农村土地承包权，与市民享受同等的医疗、养老等社会保障，逐步建立起统一城乡的公共服务体系。如浙江嘉兴的"两分两换"和江苏宜兴的"两置换一转换"。

（3）出台集体建设用地使用权流转管理办法和配套政策

广东省于2005年出台了《广东省集体建设用地使用权流转管理办法》，广州市于2011年出台了《广州市集体建设用地使用权流转管理试行办法》。按照中央关于增加农民财产收入的精神，出台集体建设用地使用权流转管理办法和配套政策，制定集体建设用地使用权流转收益分配办法。

同时，建议尽早制定《宅基地入市流转管理办法》，该管理办法应该明确政府、村集体、村民承担的管理责任。不支持单个宅基地再开发，建议以村集体内部流转为主，如果能够实现片区改造的统一流转，可以考虑在符合城市规划的前提下实现再开发。

4. 农地开发整理政策建议

（1）以"双限双控"为核心，实现农地指标与土地整理"增减挂钩"

农村土地整治和城乡建设用地增减挂钩是对农村低效利用的建设用地进行整治并新增耕地，实现城市建设用地增加与农村建设用地减少相挂钩，建设用地总量保持平衡。也就是对空心村、空心房、危旧房等农村宅基地和其他建设用地重新规划、整治，一部分复垦为耕地，一部分改建为新村。农村新增耕地形成的挂钩指标用于城市建设，城市从土地出让收益中转移部分资金到农村。

根据《广州市土地利用总体规划（2010—2020年）》，2020年农村居民点用地面积为197 km²，但现状已达到389 km²，规划比现状减少192 km²，要实现该目标，需要从2012年起每年减少24 km²。广州农村一边是建设用地总量指标严重"超支"，导致农村许多改善性基础建设没有用地指标；一边是存在大量低效或是未利用的建设用地，必须通过农地整理的方式，对这些土地进行挖潜式处理。要在"双限双控"的原则下，集约节约利用土地。空余的建设用地可以通过村流转实现土地收益，视同为土地出让。

（2）盘活空心村，制定宅基地退出和补偿机制

盘活空心村、集中建设村民住宅，在政策上针对一户多宅等违法建设情况制定相应的对策。研究宅基地的退出机制，通过流转的方式使宅基地退出，实现财产收益。通过集体土地的节约集约利用，实现集体收益的增加。

广州农村低效用地情况较普遍。据统计，全市空心村用地面积达到2 326 hm²，占村庄居民点用地面积的6%，尤其是北部从化、增城地区，"空心村""空壳村"现象极为明显。留守农村的大多是老人、妇女和儿童，大量房屋和土地闲置，导致了土地资源利用的不集约，也与城区内城乡建设用地相当紧张的格局形成了鲜明对比。

建议通过土地整理的方式，引导这些地区的宅基地退出。在此过程中，应体现集体管理的原则：一方面，退出后变成建设用地的，原则上交由村集体经营管理，由村集体进行流转使用，其收益返还给村民。退出宅基地的村民可以考虑土地作价入股，获取相应的经营收益。另一方面，退出后变为农地的，相当于村集体购买了宅基地，由村集体管理：①在符合"双限双控"的前提下，在村内部流转；②超出建设用地规模恢复为耕地的，村集体给予农户补偿，政府补贴；③恢复为耕地的，增减挂钩，散地集中由镇街政府获得建设用地指标，农民进城，由区市集中安置，参照征地政策。

（3）统筹分配土地整理指标，建立转移支付机制

借鉴杭州、重庆等地经验，将零星整理出来的用地指标进行统筹分配，并建立转移支付机制（杭州的经验是划定留用地区域，让村自行办手续。重庆的经验是成立"增减挂钩""招拍挂"的制度，建立土地银行，"招拍挂"的指标收益部分返还给村庄，但重庆并未普遍实行这一制度）。村庄规划涉及众多个体，人与人不同，土地价值区位不同，可以用货币来衡量土地价值。因为区位价值不同，要实现土地银行，会涉及公平问题。现在的问题是条件越好的村土地占得越多，条件越差的村土地占得越少，公平性较差。

要实现增减挂钩，可以在独立行政区（区、功能片区、镇、街、村）通过土地整理实现土地指标腾挪。整理合法的宅基地，村里实现用地零散归宗，如果在本村无建设指标可以落地的，可在区内进行指标统筹交易。流转的土地应与城市建设用地同地同权，参照城中村改造方式。这个制度的设计，将会促使很多农民自愿上楼，自行整理土地进行流转。

白云区白山村统筹农地整理经验：

以白云区农村地区土地为例（图9-1），如果是将外围住户搬入村内部，假设外围有60户（宅基地占地50亩）。搬入村内部后村民愿意上楼，面积标准是每户280㎡，可能只用到25亩土地，则有25亩土地被整理出来。对此25亩土地可以有两种处理办法：一是将其转为商业地块流转出让，二是将外围50亩宅基地恢复绿化，将整理出来的25亩土地指标挂牌出让，卖给发展商或者其他村庄。25亩土地价格假设为30万/亩，得到的750万就是村集体收入，可以用来建造住宅搬迁外围的60户，剩余的作为村集体其他开支。

图9-1　白云区农村地区土地

第三节　农村建房政策

1. 宅基地政策建议

（1）建立农村宅基地收回补偿制度，完善宅基地退出机制

参考天津、嘉兴等地区实施的"宅基地换房""两分两换"政策，建立农村宅基地收回补偿制度。农户以宅基地（包括村庄用地）按照规定的置换标准无偿换取小城镇中的一套住宅，迁入小城镇居住。建立农村宅基地收回补偿制度是以当事人取得宅基地的合法性为前提（包括因继承、转让等合法途径取得的多处宅基地），对于取得的宅基地不合法的，原则上应当无偿收回。补偿制度建立的核心是制定国家、村集体、农户三方均认同的补偿标准及补偿方式。合理的补偿标准应当是基于宅基地的住房保障特点，以宅基地使用权人放弃宅基地在城镇或社区新村获得相当的住房保障为标准。对于放弃宅基地的土地使用者在城镇已有住房的，可以按换房的市场价格进行补偿。如果宅基地流转能够开放，则可直接以市场价格作为补偿标准。同时，从激励农户主动退出宅基地及农户长远生计考虑，还需从社会保障、就业等方面出台政策，将置换农户统一纳入城镇社会保障体系。

天津"宅基地换房"制度：

2009 年施行的《天津市以宅基地换房建设示范小城镇管理办法》提出以宅基地换房建设示范小城镇，是指村民以其宅基地按照规定的标准置换小城镇中的住宅，迁入小城镇居住，建设适应农村经济和社会发展、适于产业聚集和生态宜居的小城镇。示范小城镇建成后，对村民原有的宅基地和其他集体建设用地统一组织整理复垦，实现耕地总量不减、质量不降、占补平衡。

嘉兴"两分两换"制度：

"两分两换"是指将宅基地与承包地分开，搬迁与土地流转分开，以承包地换股、换租、换保障，推进集约经营，转换生产方式；以宅基地换钱、换房、换地方，推进集中居住，转换生活方式。先由政府投入一定的资本金，成立一家国有投资开发公司，再到银行融资，然后在政府选定的农民集中安置区域里先行占用一定面积的建设土地或者耕地、基本农田（这些土地需要由政府从其他地方调剂建设用地指标，并获得土地用途转变的审批）建设大片住宅公寓。在农民自愿的情况下，以自己原有的宅基地和住宅换取安置公寓中的新住宅房，然后政府将农民的宅基地收归国有，并复垦成耕地。

（2）积极推行"地票"制度，探索宅基地使用权流转

借鉴重庆等地经验，积极推行"地票"制度。处于广州功能区和中心镇的新增分户一律不用分地的方式，而是以"地票"形式进行补贴性实物分房，允许"地票"拥有者在广州各区的保障房源中，以不同价格进行跨区优先选房，"地票"也可以上市交易。由于"地票"也是虚拟家庭资产，对于家庭住房条件好的村民，会选择转让变现；对于在异地务工的村民有助于实现就地城市化；对于非新增分户（包括在广州务工的农民），可以通过旧宅基地整理，获得"地票"，跨区置换享受相应的权益，促进广州快速城市化。

重庆"地票"制度：

2008 年重庆农村土地交易所成立后，主要开展农村土地实物、指标交易。实物交易主要是指耕地、林地等农用地使用权或承包经营权交易；指标交易也称为"地票"交易。"地票"是指将闲置的农村宅基地及其附属设施用地、乡镇企业用地、农村公共设施和农村公益事业用地等农村集体建设用地进行复垦，变成符合栽种农作物要求的耕地，经土地管理部门严格验收后腾出的建设用地指标，由市国土房管部门发给等量面积建设用地指标凭证。这个凭证就称为"地票"。农村土地交易所的创新性，主要体现在"地票"交易上。

"地票"制度是农村土地使用权流转的一次新探索。重庆"地票"制度的创设，可以使农村多余的建设用地，通过复垦形成指标，进入土地交易中心进行交易，为土地流转、土地集约、高效使用土地提供了制度平台。其巧妙地绕开了农村宅基地不能用于非农建设的法律问题，通过激励相容的市场机制，实现了远郊农村建设用地与城镇建设用地之间潜在的供需关系，对于解决我国农村宅基地空置等低效率使用问题、打破城镇发展普遍遭遇的土地资源瓶颈，具有较强的现实意义。同时，我国正在探索农村金融改革的新思路，"地票"制度的出现，为权利证券化也提供了一个新的道路。

　　（3）制定"按需分配、有偿使用"政策，促进优化配置

　　通过级差排基、有偿选位等方式，完善宅基地分配管理机制；通过有偿转让、有偿调剂、有偿收回等形式，引导宅基地有序规范退出；以宅基地流转推进有偿使用，实现多方共赢，减轻农民负担；制定相关保障政策，保障参与指标调剂和使用权出让的双方合法权益。

2. 住宅规划建设政策建议

　　（1）增减挂钩，整理用地进行建设

　　采取新村建设和旧村改造相结合的办法，充分利用原有宅基地和废弃地等存量土地建房，以老村整治、改造为主，严格控制户均占地面积。通过实施城乡

　　《杭州市人民政府关于进一步加强农村宅基地管理切实维护农民权益的意见》（2014）

　　各区（县、市）可选择有条件的地区开展宅基地有偿使用试点，由村集体经济组织或村民委员会组织，在符合宅基地申请条件的本村村民内部实行竞价选位。试点方案及有偿使用价格标准经村民大会或村民代表大会三分之二以上成员表决同意，报乡镇人民政府（街道办事处）批准、区（县、市）政府备案后实施。对现有宅基地超过规定使用面积的部分，因房屋整体结构无法拆除或退出的，村集体经济组织或村民委员会可以有偿使用的方式管理。

　　浙江省丽水市《关于加快解决农民建房困难工作的通知》（2008）

　　研究制定农民建房政策时要体现"五个允许"：允许拆旧建新，允许异地跨区域建房，允许空闲宅基地建房，允许农户置换调剂宅基地建房，允许有偿级差排基建房。

建设用地"增减挂钩"，对利用不合理、不充分和废弃闲置的农村建设用地进行复垦整理，并将建设用地整理新增的耕地面积等量核定为建设占用耕地指标，用于农村集中居住区建设。

（2）规划统领、集中选址、分类指导建设农民公寓

研究制定利用闲置土地集中建设农村公寓的激励政策，对空心村制定相关约束性政策，促进旧宅、空宅的腾退。以规划统领农民公寓的建设，坚持先规划、后建设的原则，农民公寓建设必须符合城镇总体规划和土地利用总体规划。农民公寓建设要向城镇总体规划确定的城镇中心区或组团中心集中，鼓励多个村集中建设，鼓励多个村的群众在农民公寓居住区集中居住，依托农民公寓居住区建立社区组织，引导农民公寓居住区逐步向城市居住区过渡。对农民公寓建设实行分类指导：一是由于城市建设，对村民的原有住房进行整体或局部拆迁，而又需要对被拆迁的村民重新安置的，一律采用建设农民公寓、集中上楼的形式。镇区政府、村委会或负责拆迁安置的单位，在规划的指导下，统一建设农民公寓安置村民。二是对于新增的农村人口，没有分到宅基地，需要解决住房的，应以镇区为单位统一规划农民公寓，制订建设计划，分步建设，合理解决新增农村人口的住房问题。三是对于群众有意愿，集体经济力量雄厚，以改善居住环境为目的，统一规划建设的农民公寓，以试点为主，鼓励探索，严格审批。

深圳龙岗住宅联建统建经验：深圳龙岗区参照国家有关标准，核定每户农民家庭的建设用地指标，核定各村的可用建设用地总量，在此基础上每个村划定一块统建用地，用于建设农民住宅，除此之外，不再新增村民住宅用地，通过总量控制，推动农民上楼。农民分到新房时，必须与村委会签订退回原有旧房宅基地的协议，承诺同意将原有旧房宅基地交出，转变为国有性质。通过划定统建用地，使农民居住相对集中，同时统一配套建设幼儿园、运动场、文化中心等设施，大大改善了居住环境。新建的农民住宅从"并联式""联立式"，发展到建设农民公寓，与过去单家独院的住宅相比，节省了用地，有效地提高土地利用效率。

佛山规划统领建设经验：佛山市制定了农村工作五十条的政策及配套文件，推进包括农民公寓建设在内的一系列工作，强调用规划去统领各项建设，也采用与农民签订退回原有旧宅基地的协议，制订旧村改造计划等一系列方法，保证农民公寓建新拆旧原则的落实。

江门分类指导经验：江门市对农民住宅建设实行分类指导，对在规划区内的村，实行集中成片改造；对在近郊区的村，提倡建设农民公寓；对在远郊区的村，则采用集中建设新村的方法。

3. 房地产权登记政策建议

（1）"照顾大多数、减少处罚面"，推进农村房地产权登记

借鉴深圳经验，制定细则处理历史遗留问题。根据"照顾大多数、减少处罚面"的原则，对于农村违法私房和违法建筑中除少数严重违反城市规划的需逐步拆除外，其余大部分可在采取适当处理措施后保留并予以确认产权，部分轻微违法私房可免予处罚并免缴地价。

（2）开展集体土地房屋普查登记，建立较为详细的产权产籍资料

农村房屋和城市房屋一样都是以记载于登记簿而发生物权的效力，登记簿是房屋权利归属和内容的根据，房屋物权变动的各种情况在登记簿上应该得到准确的反映。然而，我国房屋登记簿制度刚起步，《物权法》《房屋登记办法》出台后，各地房屋登记机构才根据规定设立了登记簿。因此，房屋登记机构要积极开展工作，可以联合国土、规划等部门，依靠乡镇及农村基层组织对城镇规划区内及其他有条件地区的集体土地房屋进行普查。通过普查登记，建立起较为详尽完整的产权产籍资料，为推进农房登记打好基础。

4. 危房改造政策建议

（1）坚持"三最"优先，严格监督机制

坚持"三最"优先，确保重点的原则。农村危房改造要坚持住房最危险、经济最困难、最基本的住房安全的原则（即"三最"原则）。农村危房改造工作在程序上，必须始终坚持公开、公平、公正原则，各级各部门对农村危房改造工作内容进行公开，接受上级部门、监察部门和社会的监督。在农村危房改造补助资金申请上，采取公平的原则，村集体所有农户只要符合条件的均可申请，经村民会议或村民代表会议民主评议后，优先解决低保户、困难户、一般户中房屋最危险的对象，统筹兼顾其他危房改造，确保农村危房改造工作的顺利推进。

深圳处理历史遗留违法私房经验：

为减少处罚面，争取大多数群众对立法的支持，深圳制定《深圳经济特区处理历史遗留违法私房若干规定》等政策对1999年3月5日以前的违法私房和违法建筑分6种情况予以区别对待。其中只有少数违法私房和违法建筑因严重违反城市规划，不能确认产权的，将按国家和省有关法律、法规进行严肃查处；对于可确认产权的大多数违法私房和违法建筑，最重的处罚是按建筑面积每平方米处以150元的罚款，并按市场地价的25%补交地价。

严格执行公示制度，农村危房改造补助对象确定以后，在村政务公开栏进行公示，接受公众监督，确保补助对象选择公正（图9-2）。

（2）"加减结合"，多措并举，改造危房

针对建房过程中资金匮乏的问题，探索"新居共建、事务共管、资源共享、资金统筹"的运作模式，在政府每户救助的基础上，采取政策资助、部门帮助、银信扶助、贤达捐助、亲邻互助等措施，解决建房户资金不足的问题。这个新模式实际上就是做了一道"加减法"："加"就是实施"财政补助＋农民自筹＋整合资源"的策略，形成多元化投入机制；"减"就是量力而行、分步实施，先解决最困难、住房最危险农户的住房改造问题。

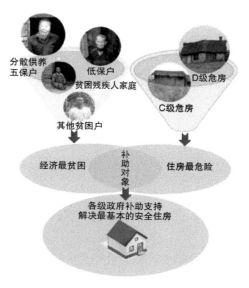

图9-2 "三最"优先政策示意图

此外还可根据不同情况，采取以下6种方式解决农村危房住户的居住问题：一是空闲房安置。镇、村集体有闲置房屋的，可用于安置危房住户。二是租赁安置。村内有空闲房屋的，可由村集体出面租赁，安置危房住户。三是修缮加固。对结构尚好的危房，可更换部分构件，采取工程方法修缮加固，确保居住安全。四是救助安置。对鳏寡孤独人员和优抚对象可通过新建和扩建敬老院、光荣院安置，对残疾人家庭可使用助残资金支持。五是配建安置。进行村庄整体改造或迁建的，应在农民集中居住区内配套建设部分周转房或老年公寓，用于解决农村低保、五保家庭住房问题；对购房、建房有困难的贫困农户，可由政府或村集体予以一定扶助；对城中村、城边村的困难群众，应逐步纳入城市住房保障范围。六是新建翻建。对规划保留村庄中年久失修、残损破旧、无法采取工程方法消除安全隐患的危房，可由政府或村集体投资，帮助农户拆除旧房，在原宅基地重建或择址新建，产权归村集体所有。

湖南省衡阳县农村危房改造经验：

近些年来，衡阳县针对"有新房无新村、有新村无新貌"的状况，以农村危房改造为契机，结合新农村建设，就此进行了有益的探索和实践，创造出"政府主导、民政牵头、部门参与、镇村组织、业主负责"的集中连片建房模式，通过"六助"（政府救助、政策资助、部门帮助、银信扶助、贤达捐助、亲邻互助）、"五统"（统一领导、统一规划、统一设计、统一施工、统一管理）、"四定"（确定选址、确定标准、确定工期、确定责任）、"三不"（不拆旧房不得建新房、不在路边和房前屋后堆放杂物、不散养家禽）工作模式，帮助贫困建房户筹措资金，把控质量，加快进度，改善环境卫生，实现了资源共享、优势互补、合作共赢，较好地解决了危房改造难题，探索了一条资源共享、优势互补、合作共赢的农村危房改造工作新路子。该做法得到住房和城乡建设部的充分肯定。

山东德州"市代县"模式解决农村危房改造融资困局经验：

德州市政府与国开行山东省分行通力合作，开创出"市代县"模式：由德州市政府选定实力较强、管理规范的公司作为全市农村危房改造项目的承贷人，负责项目的建设运营，由各县区提供土地和房产等资源作为抵押，从国开行山东省分行获得资金支持。德州市政府委托德达城市建设投资运营有限公司（下称"德达城投"）承建山东省德州市农村危房改造安居工程项目，负责项目融资、还款，并负责项目的建设运营，同时作为德州市政府与国开行山东省分行开发性金融合作的指定借款人。由于项目总投资高达43.6亿元，德达城投作为借款人投入资本金13.6亿元，并向国开行贷款30亿元。同时，在德州11个县市区内，山东省平原县经济开发投资总公司等15家公司，承诺以其34宗土地使用权及相关房产为项目贷款提供抵押担保。该项目共涵盖德州48个社区农村危房的改造，包括住宅楼、社区配套用房以及其他配套基础设施，共计建设安置房27 655套，安置人口73 500余人。在农村危房改造过程中，如果每个县各自为政，不能有一个全局的规划，土地等资源的利用效率和设计水平将非常有限。而"市代县"模式下，能够从市级层面实现顶层设计、集中规划。德州市在改造后，共腾空土地约2.39万亩，以此增加了耕地面积，再通过土地依法合理流转后，将有利于实现当地农业规模化经营；再者，德州市实行农村居住社区与产业园区同步建设，可以引导农村富余劳动力就近就业，实现了居民生活、生产方式的同步转变。

第四节　农村产业政策

1. 农业现代化发展政策建议

（1）发展"公司＋家庭农场"的现代农业生产经营模式

"公司＋家庭农场"，就是以农业龙头企业（公司）为核心，通过与家庭农场建立"风险共担，利益共享"的机制，以贸工农一体化、产供销一条龙的温氏"公司＋家庭农场"现代农业生产经营模式：

温氏集团是一家以养鸡、养猪业为主导，兼营生物制药和食品加工的多元化、跨行业、跨地区发展的现代大型畜牧企业集团。长期以来，温氏集团实行的是"公司＋农户"生产模式，公司负责饲料的生产和采购，药物、种苗的研制和生产，技术的研究和推广，产品的验收和销售等；农户负责饲养生产，相当于公司的生产加工车间。然而，随着社会经济的不断发展，该模式在近年遇到了诸多挑战。温氏集团将原有的"公司＋农户"的合作模式升级为"公司＋家庭农场"的新模式，即通过提高农户的机械化水平和生产技术，使传统的养殖过程发生质的转变，使小规模农户向环境友好型的家庭农场转变，扩大养殖规模，降低劳动强度，提高养殖效率，实现"农民收入倍增计划"。

方式带动家庭农场发展的现代农业经营模式。"公司＋农户"模式中的传统农户是自给或半自给宗法小农经济结构，是农业生产经营组织和家庭组织的统一体，成员靠血缘、亲情而非契约关系联结，这就使得生产力仍不能提高，销售、宣传渠道产生一定的局限。"公司＋家庭农场"机制中的家庭农场正是向现代小农经济结构过渡的尝试，虽然仍具有规模小、家庭经营、以土地为基本生产资料等特征，但是已经建立在生产力发达和自由人联合体基础上。家庭农场意味着农户的生产经营规模扩大，生产成本（平均生产成本）和交易成本降低（交易费用和交易摩擦减少），这有利于提高农户收入，增强规避风险的能力。经营规模的扩大也强化了农户对农田水利等基础设施的投资兴趣，真正确立农户农业投资的主体地位。现代农业客观上要求传统农户转变为现代家庭农场。

（2）"1+1+n"产业联盟，六位一体农业技术推广模式

参考湖州"1+1+n"产业联盟、六位一体农业技术推广模式，引导新型社会化组织和龙头企业参与服务。通过政府订购、定向委托、招投标等方式予以扶持，支持高等学校、科研院所承担农技农机推广项目。进一步建立健全和推广村级农业技术服务终端，高效、便捷地为农民提供全方位信息和指导。

湖州市"1+1+n"产业联盟六位一体农业技术推广模式：

湖州市积极推进现代农业产学研农推联盟建设，建立"1+1+n"产业联盟，即"一个教授专家团队＋一个本地农技推广小组＋几个农业经营主体"。完善六位一体的新型农业技术推广模式，即"农技推广联盟＋首席专家＋教授基地＋示范园区＋专业合作社（龙头企业）＋农户"。目前三县两区已成立39个产业分联盟，实现了县区全覆盖。

2.乡村第三产业政策建议

（1）延伸产业链，促进休闲养生旅游的产业化经营运作

鼓励引进战略投资者和大型旅游企业参与项目开发和经营，走集团化和品牌化发展道路。促进股份制和公司制等经营形式的组织化、产业化运作，通过休闲农业企业把农户与市场高效连接。在设施配套、卫生检疫、环境保护、安全保障等方面采取标准化管理，并实现休闲经济经营的利益共享和风险共担。重产业链的深度和广度开发。依托已有的种植业、养殖业、加工业等产业基础，引导个体经营企业优化组合、引导农业生产和加工企业拓展产业链条，大力发展产、销、赏、娱为一体的参与式、一体化休闲农业。同时，注重挖掘和展示地域历史民俗文化，促进旅游深度开发，塑造独特的乡村风情和文化内涵，避免千篇一律的肤浅式、短期化发展。

乌镇旅游产业化运营经验：

桐乡市乌镇是以旅游公司为主要股份的集政府、企业和基金公司为一体的综合开发主体。乌镇西栅 3 km² 土地就是一个大型旅游度假项目，乌镇内的每一个景点、每一个住户、每一家酒店和商业，都是开发公司独立开发下的度假产品。这种开发模式有效提升了开发的标准化水平和产品品质。

浙江安吉农家乐经验：

2011 年，安吉天荒坪农家乐协会成立"天和"旅行社，开通上海至安吉农家乐直通车，为安吉农家乐增加了大量客源。同时各乡镇根据各自特色，通过举办"开心农场""竹林瑜伽""十里渔村"等富有浓郁乡村文化特色的活动，触动大都市游客对美丽乡村的向往，在同类乡村旅游开发中，形成较强的竞争优势。2011 年前三季度，全县接待游客 199.1 万次，实现旅游收入 3.5 亿元，实现了较好的经济效益和社会效益。

（2）全面推行"农超对接""区超对接"，建立健全现代农产品流通体系

提高农产品流通效率，提升农产品质量安全。在城区周边和农业特色乡镇规划建设不同规模的农产品批发市场，形成集交易、加工、储存、冷链配送为一体的现代化农产品园区，成为区域农产品"产、供、销、配"的枢纽。加快农村集贸市场改造提升，营造放心安全的消费环境。

家乐福"超市＋农民专业合作社＋农民"模式：

家乐福农超对接的核心是通过农民专业合作社来组织农民的产品，即"超市＋农民专业合作社＋农民"模式。从2008年开始，家乐福食品安全基金会每月在一个省举办一次农超对接培训班。农超对接依据采购半径的不同，设计了两个采购系统，即全国农超对接采购部门和地区农超对接采购部门。前者主要采购水果和适合于长距离运输的蔬菜，比如苹果、梨、橙子、干果、马铃薯和反季节蔬菜等；后者则重点采购城市周边的蔬菜和当地名优水果。

华润万家"超市＋基地"的供应链模式：

华润万家的农超对接模式为"超市＋基地"的供应链模式，直接与鲜活农产品产地的农民专业合作社对接。农超对接模式切实帮助当地种植农户解决了销售渠道、产销信息平台的问题，让农户专注种植环节，通过多使用农家肥、低限使用农药、疏花疏果、滴灌等措施提高水果的安全性，提供给消费者多产品群、多价格带、多包装、多体验的产品，同时也提高了其自有品牌"润之家"的影响力。

3. 农业资金、补贴、保险政策建议

（1）"一卡一点一服务"，创新农业贷款政策

参考临海市"一卡一点一服务"经验，创新农业贷款担保方式，不断推出多样化的信贷产品，并考虑组建不同行业之间的经销商联盟以互助资金，或以县级经销商为主导，并带动下级较大的批发商或者零售商取得相关产品代理权等方式，解决农资经营的资金紧缺难题。

（2）推行政策性农业保险，建立农业保险体系

推行政策性农业保险提升农业保障能力。建立覆盖广、多层次的农业保险体系，特别是鼓励地方开办区域特色农产品保险，使保险责任范围覆盖到农业生产的全过程，提高农业保险的报案率和最终赔偿率，逐步加强和落实各级财政对农业保险的补贴责任。

临海市"一卡一点一服务"模式：

临海市供销社以与信用联社紧密合作，实施"一卡一点一服务"，由信用联社对农户实行信用评定，授信后发放丰收小额贷款卡，当农民缺钱但急需购置农资及生活资料商品时，可凭信用卡直接到供销社销售点透支购物，贷款利率按银行基本利率实行优惠，从而极大地方便了农民。

4. 农业生产经营组织政策建议

（1）大力支持发展多种形式的新型农民合作组织

农民合作社是带动农户进入市场的基本主体，是发展农村集体经济的新型实体，是创新农村社会管理的有效载体。按照积极发展、逐步规范、强化扶持、提升素质的要求，加大力度、加快步伐发展农民合作社，切实提高引领带动能力和市场竞争能力。鼓励农民兴办专业合作和股份合作等多元化、多类型合作社。实行部门联合评定示范社机制，分级建立示范社名录，把示范社作为政策扶持重点。安排部分财政投资项目直接投向符合条件的合作社，引导国家补助项目形成的资产移交合作社管护，指导合作社建立健全项目资产管护机制。增加农民合作社发展资金，支持合作社改善生产经营条件、增强发展能力，使新型农民合作社能够成为小生产和大市场之间的桥梁。

（2）"小产业大积聚"发展乡镇企业，加强服务体系建设

不同地区要根据自己的产业基础、资源优势和地理环境特点，以开发利用当地资源为切入点，培育骨干企业，发挥"引擎"带动作用，选择一些重点项目，"小产业大集聚"形成企业集群，使乡镇企业规模经济效益达到最大化。切实引导和加强乡镇企业服务体系建设。乡镇企业发展面临的许多困难和问题，同乡镇企业服务体系不健全有关。这方面近年来有所进展，但仍然任重道远，如乡镇企业融资服务体系建设、乡镇企业科技服务体系建设、乡镇企业公共创新平台建设、面向乡镇企业的咨询服务体系建设、乡镇企业市场网络建设等等。乡镇企业服务体系建设可以尽量与城市中小企业服务体系建设接轨，但在重视中小企业服务体系建设的同时，有必要对于乡镇企业或农村中小企业服务体系建设给予特殊重视。

第十章 村庄规划管理模式

第一节 管理权限

1. 村民住宅建设：适度放权，乡村自治引导村民依法依规建房

（1）适度放权，简化程序

考虑到镇（街）更贴近农村基层、更了解农村和农民发展需求的特质，广州市结合近一年来乡村建设规划许可证核发的工作实践，将村民个人住宅项目的乡村建设规划许可证的核发权限下放至镇、街道一层，充分发挥镇（街）在村庄规划实施中的积极作用。另外，南沙、白云等先行区更在核发乡村建设规划许可证的基础上，进一步扩大镇街审批管理权限，积极调动镇、街基层政府在村庄地区的国土规划审批管理作用。

围绕审批权限下放，将审批程序进行整合。推动关于村民建房相关的立法工作，并争取精简与农民建房相关的用地预审、建设用地批准书核发、乡村建设规划许可证核发等行政许可事项，并减免村民建房部分行政支出成本。

（2）乡村自治引导村民依法依规建房

加强村基层组织建设，加大宣传力度，提高村民规范建房意识和积极性。解决村民建房历史遗留问题，查处违法用地、违法建设，推动村庄土地资源整合利用，均与村民利益息息相关，需要做好群众宣传和协调工作。

一是选好带头人。应在本村培养为民办事觉悟高、管理村集体能力强、村民信服的有魄力的村干部，并发挥村内共产党员的先进带头作用，发动群众依法依规建房，带头拆违。

专栏：南沙区进一步扩大镇、街在农房报建管理工作中的审批权限

南沙区在下放村民住宅工程乡村建设规划许可证核发权限的基础上，进一步将农民建房审批工作中的审核是否符合村庄布点规划、村庄规划，以及核发设计条件等权限下放到镇街一级部门。同时，以横沥镇作为加快农民建房报建工作的试点，在各村设立报建员，在镇政务中心设立农民建房报建窗口，推行报建员申请、统一窗口收发、镇建设办和区局国土所联办的审批程序（图10-1）。通过完善镇、街一级的审批管理职能，切实加快农民建房的报建审批工作，与过去相比至少缩短了50%时间。

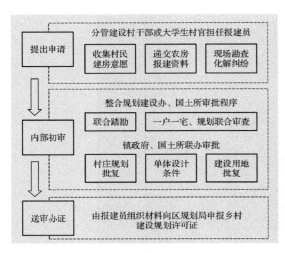

图 10-1 南沙区横沥镇农民建房报建工作流程

图 10-2 增城区潮山村村民代表议事大会

二是建立民主议事制度（图10-2）。加强村集体民主建设，做好村民解释和协调工作。在村民建房全过程，按照相关程序规定做好村内公示工作，建立民主议事制度，做好村民服务工作，积极协调群众矛盾。

三是广泛开展宣传工作。向村民广泛宣传土地管理、建设规划等法律法规，积极宣传村庄建设规划实施给村民、集体、国家带来实惠的典型事例，带村民代表到依规实施获得蓬勃发展的村庄进行实地考察，让村民切身体会依法依规建房能带来的好处，从而提高村民规范建房的意识和积极性。

2.公共服务和基础设施建设：政府主导，推动自建

（1）政府主导推进基本公共服务均等化

由于教育、医疗等部分公共服务设施具有专业性，仅依靠村民互助、村集

体难以建设符合标准的设施，因此村庄的专业设施长期落后于城市，应由上级政府推动体制创新并进行经济扶持。

针对村庄规划公共服务配套的问题，自 2008 年，广东省和广州市出台了一系列建设指引和标准，其中《广州市村庄规划编制指引（2013—2020）（试行）》提出了村庄基础公共服务设施配备的标准，发挥了较好的指导作用（表 10-1）。其中，中学、综合医院、综合文化体育设施、老年人福利院等大型的公共服务设施则由镇、区、市等上级政府提供，形成城乡统筹、等级齐备的公共服务设施体系，推动基本公共服务均等化。在重点的"美丽乡村"类规划中，政府规定要求建设的工程被归纳为"七化五个一"。这些具体的建设工程是直接归纳为项目并在合适的条件下，通过政府立项来付诸实践的。

表 10-1　现代村庄公共服务设施设置标准

设施	公共设施	设施名称	配置要求	《广州市村庄规划编制指引（2013—2020）（试行）》设置标准
基本公共设施	教育设施	小学	○	建筑面积（m²）
				—
		幼儿园、托儿所等	○	—
	医疗卫生设施	卫生站或社区卫生服务站	●	200
		计生站	○	—
	文化体育设施	综合文化站（室）	●	200
		农家书屋	●	—
		宣传报刊橱窗	●	10
		户外休闲文体活动广场	●	—
		文化信息共享工程服务网点	●	—
		体育活动室	○	—
		健身场地	●	—
		运动场地	○	—
	社会福利设施	养老服务站	○	—
	生活性基础设施	公厕	●	—
非基本公共设施	行政管理	村委会	●	—
		公共服务站（综合服务中心）	●	300

注：●为应设的项目，○为可设的项目，—为没有具体要求。
来源：《广州市村庄规划编制指引（2013—2020）（试行）》。

专栏：农村基础设施"七化工程"和公共服务"五个一"工程

近年来，广州市坚持统筹城乡发展，不断加大农村基础设施建设投入，重点实施了一批农村基础设施建设项目，农村基础设施建设进入了一个快速发展的时期，也为建设美丽乡村奠定了良好的基础。广州市持续加强农村基础设施建设并实施"七化"工程，即：道路通达无阻化——自然村村际道路100%水泥化；农村道路光亮化——2012年安装7.88万盏乡镇路灯；饮水洁净化——全市100户以上自然村自来水通达全覆盖；生活排污无害化——全市农村50%以上生活污水不直排；垃圾处理规范化——建立农村垃圾分类处理机制；村容村貌整洁化——清理藏污纳垢场所、治理坑塘沟渠，消除蚊蝇"四害"滋生地；通信影视"光网"化——100%行政村、50%以上自然村通"光网"。

"五个一"工程包括：一个不少于300 m²的公共服务站，一个不少于200 m²的文化站，一个户外休闲文体活动广场，一个不少于10 m²的宣传报刊橱窗，一批合理分布的无害化公厕。

自2012年启动美丽乡村试点建设以来，全市共投入资金55亿多元（其中市区两级财政投入资金14亿多元），完成89条规划行政村的美丽乡村创建，取得了明显成效。

目前，89条创建村已经新建改建村公共服务站28个、硬底化村道400多千米、休闲小公园110个、文化工作室54个等，极大改善了这些村庄的公共设施条件。在改善农村人居环境方面，已实现建成无害化公厕91座、垃圾收集处理站104个、污水收集处理设施50处，河岸景观100多千米，对村内沟渠进行了截污清理、道路沿线节点及小块空地实施绿化美化，较好地重现了天蓝地绿水清的田园风光。

（2）推动小型公共基础设施村民自建

推动小型公共基础设施由原来政府部门"自上而下、一包到底"的建设方式，转变成"自下而上"的村民自建。以村为基本单元，由村民议事会组织，通过逐户发放一事一议意见表，将群众所需的基础设施项目内容进行梳理统计，然后召开村民议事会议，对筛选的项目进行投票表决，赞成票占多数的项目，作为村民自建储备项目，按照紧急和重要程度、得票多少排序，逐级汇总上报。所有信息还需进行公示。从项目招投标管理、技术服务、资金管理和项目验收等方面进行全面改革，政府部门从具体的项目实施者变成服务者，还权于群众，激发村民自治的积极性和主动性。

西南村通过以村集体投入为主、同时向上级政府争取，切实加大对村庄的投入和整治力度。西南村通过争取实施上级支持"三农"的整村推进项目、温饱示范工程等各种扶贫项目，推动新农村建设。部分村内主要公共服务设施，如公祠、公园等建设，西南村则通过发挥村民在新农村建设中的主体作用，动员村民投资投工投劳，并联系当地在外杰出乡贤捐款，沟通乡情亲情，运用各种途径筹集资金支持家乡新农村建设（图10-3）。

（3）建立多元化的投资新机制

建立多元化的投资新机制，鼓励各种主体参与农村基础设施建设，加大对农村基础设施建设投入的力度。例如广州市村道建设资金由市、区（县级市）、镇（街）财政，社会各界捐赠、个人自愿集资等途径解决。从化市、增城市、花都区梯面镇（属于北部山区镇）、珠江华侨农场、花都华侨农场的村道建设列入市财政补助范围。市财政采取实物补助的方式，对纳入市级补助范围的村道建设项目，原则上按照每千米15万元标准（市本级基本建设统筹资金和市公路养护资金各承担一半），补助工程所需的商品混凝土。

（4）建立管理养护责任制

农村基础设施建设重点是管理，长效在养护。要积极发动村民自治，加大宣传力度，增强干部群众建设与管护的主动性和积极性。积极探索建立农村基础设施管护的长效机制，明确县、乡镇（街道）、村在农村基础设施建设与管理的事权，建立事权与责任相统一，责权利相结合的分级负责制。

广州市积极组织各区、县（市）交通部门大力开展农村公路管养的研究和试点，多次召开研讨会，组织经验交流，制定了养护办法，实行养护责任制。由管理部门与各镇村签订养护合同，明确资金使用办法以及养护内容、验收条款等。

图10-3　西南村公祠与公园建设

3.村集体经济发展：自主升级，引入社会资金合作开发

（1）自主升级村办工业

村庄全面升级、旧村改造、环境提升的关键在于建设资金的落实。虽然政府对村庄规划建设提供一定的支持，但毕竟资金有限，整治的成败最后还是取决于村庄自身的经济实力。村庄整治的建设资金和往后村民生活水平的提高都与村集体经济的水平密切相关。部分村庄通过自主升级村工业区，增强自身的"造血"功能，以实现村级经济加快发展，达到增加村级收入的目的。

增城区西南村的村庄规划中，经过村委、镇政府、规划师多次商讨，村民投票表决，确定村办工业的升级办法是扩容提质：扩容方面，在现有成型村办工业基础上，进一步置换剩余的废弃工业用地（主要是水泥厂），同时镇一级奖励部分的建设用地指标，把村办工业做大；提质方面，对村办工业进行园区化升级，完善道路、排污等基础设施配套。

西南村以拆除 13 家严重污染环境的小水泥厂为突破口，因势利导，建设了占地约 70 hm² 的村办工业区，同时把建设工业区定为一项改善民生的重大工程。经过几年的努力，一排排宽敞明亮的厂房在水泥厂的废址上拔地而起，一座座颇具规模的企业在"三通一平"的工业区里陆续建成（图 10-4）。电子、纺织、制衣、彩印等 20 多家不同类型的企业为工业区添姿增彩（图 10-5）。很多村民经过村里的免费培训，都进到工厂学技术、学管理，成了企业的工人或管理人员。工业区的建设壮大了西南村的集体经济，为日后建设社会主义新农村，为改善村民生活奠定坚实的经济基础。

图 10-4　西南村工业区图

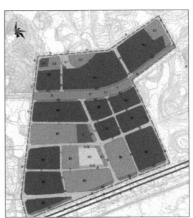

图 10-5　西南村工业区规划图

（2）引入社会资金合作开发

留用地是村庄重要的集体资产，但如果缺乏资金投入基础设施，进行土地平整，道路建设和高质量的管线敷设等工程，土地资产的价值也就难以充分发挥。而基础设施建设工程往往需要巨大的资金支持，一般村庄的集体经济又难以支撑，因此，引入社会资金和有实力的企业合作开发留用地成为村庄推动留用地开发建设的重要手段。

南横村位于南沙区南部珠江口边上，紧邻国家级高新技术开发区——南沙资讯科技园。受到高新技术开发区的辐射带动，村内集体经济用地为园区提供餐饮等相关配套服务，每年可为集体经济带来约 200 万元的收入。2010 年，随着南沙资讯科技园的扩展，征收了村庄约 70 hm² 农地用作园区产业开发，按相关标准返还村庄 7 hm² 留用地。同年，南山区批准通过了《关于试行货币加物业方式兑现村留用地指标推进村留用地开发工作方案》，允许引入社会资金参与村庄留用地开发建设，因此，南横村与星河集团合作开发这 7 hm² 的留用地，打造作为高新技术开发区配套的南沙高端滨海居住小区——南横服务外包公寓，总投资约 8 亿元，建成约 15 万 m² 的物业规模。通过集团公司与村庄协商，商铺物业（总物业量中的 15%，约 2 万 m²）归村庄集体所有，公寓住宅物业（总物业量的 85%，约 13 万 m²）归集体公司所有。虽然村庄分得的总量较少，但是商铺可以出租经营，预计每年可以为村庄带来约 720 万收入。

第二节　管理机制

1. 引入"助村规划师"制度

"助村规划师"制度是为了提高村委、村民的规划水平和意识，提升村民参与的效率，并最终促进村庄规划成果的落地实施。助村规划师从了解村庄发展情况、具备丰富城乡规划经验的人中进行选拔，并由区（镇）政府聘请，采用一年一聘的形式（可以续聘），区（镇）政府定期对其进行培训和考评。助村规划师需及时去村里宣传、讲解村庄规划知识及相关政策，一般情况下每两周主动下村一次、每月到村讲课至少一次；同时还要负责村民和规划管理部门之间的协调沟通，代表村委对村庄建设项目的规划和设计方案向规划管理部门提出意见。

专栏：助村规划师的真知灼见打动村主任

在 2006 年的广州，助村规划师属于新鲜事物。时任主管新塘镇规划城建的副镇长邓毛颖费了一番工夫找来华南理工大学建筑学院的叶红副教授做西南村的首任助村规划师。

初次见面，何主任对助村规划师抱有怀疑的态度，初次调研后叶老师对西南村整治的观点消除了他的疑虑：虽然本次的规划内容主要是对旧村居进行环境整治，但是必须首先对全村域进行明晰的功能分区，明确居住区、工业区和耕作区，这是村居整治的前提（假如没有功能分区，村民和过往一般，在自家的院子里面圈养鸡鸭牲畜，或者小型的工作坊间插在村居中，谈何环境整治？）；通过市政管线的重新规划布置，减少生活污水直排鱼塘以改善水质，三线下地以改变村内电线、电视线等乱拉乱搭景象；尽可能少拆房屋，最大限度地保留村庄原来的格局，对村内的祠堂、庙、书室等历史建筑修旧如旧，内部功能加以活化利用，改造以后"村还是村"（图 10-6）。

图 10-6　与村民欢谈的助村规划师

关于"助村规划师"制度的建议

为进一步加快推进美丽乡村建设，夯实农村村规划工作基础，提高农村地区规划管理水平，建立适应城乡统筹发展需求的规划体系，现就"助村规划师"制度提出以下建议：

一、"助村规划师"的配备要求

2013 年 6 月底前，分期分批建立覆盖全市的助村规划师制度。全市 1 139 条行政村，每 5~10 条行政村配备 1 名助村规划师，全市共配备助村规划师约 150 名。助村规划师应具有参与美丽乡村建设和投身乡村规划事业的积极愿望和务实创新精神，业务能力较强，作风严谨，扎实肯干。其须具备以下条件：

1.具有城市规划或建筑学及相关专业本科及以上学历；

2.具有注册规划师或注册建筑师执业资格，或从事城乡规划、设计和管理工作5年以上（具有研究生以上学历的，从事相关工作1年以上）；

3.身体健康，年龄40周岁以下。

二、"助村规划师"的职责

1.负责参与本村的规划建设事务的研究决策，就村庄的发展定位、整体布局、规划思路及实施措施向村委及镇党委、政府提出意见与建议。

2.负责宣传、讲解村庄规划及相关政策。村里有需要，顾问规划师要及时去村里履行职责，一般情况下每两周主动下村一次，每月到村讲课至少一次。

3.负责沟通村民和规划管理部门，代表村委对村庄建设项目的规划和设计方案向规划管理部门提出意见。

4.负责代表村委对村庄规划的实施的情况提出意见与建议。

5.负责向镇政府提出改进和提高乡村规划工作的措施和建议。

三、"助村规划师"的聘任

助村规划师主要通过社会招聘、机构志愿者、选调任职和选派挂职等途径选择，原则上任期（聘用期）不少于2年，可以续聘。

1.社会招聘。由区（县级市）政府面向全市公开招聘符合条件的专业技术人员。

2.机构志愿者。动员在穗高校、规划或建筑设计单位、开发企业等机构，由其选送符合条件的专业技术人员。

3.选调任职。以人才引进的方式，面向市内机关或事业单位引进符合条件的优秀专业技术人员。

4.选派挂职。由市及区（县级市）规划部门选派符合条件的专业技术骨干。

公开招聘、征选、选调和选派的符合条件的专业技术人员，经培训合格后，由区（县级市）政府聘任并派往村庄担任助村规划师。

四、助村规划师的待遇

1.社会招聘人员实行年薪制，年薪为15万元，由市、区（县级市）两级财政共同承担。其中，市级乡村规划专项经费给予每人每年5万元的补贴，区（县级市）乡村规划专项经费给予每人每年10万元的补贴。聘用期满、表现优秀的，可根据工作需要续聘。连续两年考核优秀且符合招考岗位条件的，相关区（县级市）事业单位在招聘工作人员时，应有一定名额定向招聘。

2.机构志愿者人员待遇由派出单位解决。

3.选调任职的助村规划师，具有行政编制或事业编制身份且符合条件的优秀专业技术人员，可按规定调入工作所在的区（县级市），享受调入单位待遇。需增加的职数和人员编制由调入区（县级市）统筹解决。

4.选派挂职的助村规划师，挂职期间，原单位行政级别和待遇不变，同时由原单位给予每人每月2 000元的生活补贴。挂职期间，连续两年考核优秀且符合选拔任用条件的，在挂职期满后1年内，原单位根据工作需要，可实行提名推荐，经本人同意，根据区（市）县规划部门、相关乡镇领导班子建设需要，选拔担任相应职务。

五、助村规划师的管理

市规划局负责制定助村规划师工作标准和管理办法，指导监督助村规划师制度的实施，负责助村规划师技术培训，协助区（县级市）政府做好人员招聘和志愿者征选工作。

区（县级市）政府负责助村规划师的统筹管理，包括社会招聘、志愿者征选、选调任职、选派挂职以及任免、考核、动态管理等事项；同时根据助村规划师的工作任务、业务能力和乡镇政府日常管理情况及时调整。

区（县级市）规划分局负责助村规划师的业务指导。

镇政府（街道办事处）负责助村规划师工作效率、工作质量、工作纪律、工作作风和廉政建设等日常管理。

六、设立乡村规划专项经费

为保障助村规划师制度的落实，市级财政每年在城建专项资金计划中安排乡村规划专项经费3 000万元，主要用于助村规划师社会招聘人员年薪补贴、助村规划师及全市基层规划工作人员培训、重要规划编制经费的补贴、市级规划设计专家审查和咨询费用、优秀乡镇规划设计成果的评选和奖励等。市级乡村规划专项经费纳入市级财政预算，专款专用，由市规划局管理，市财政局监督。区（县级市）政府相应设立乡村规划专项经费，用于乡村规划工作。

2. 建立"村庄规划理事会"制度

村民理事会是在村党组织和村民委员会的领导下，主要负责对涉及本村居民重大利益事项的协商、沟通，参与对村级党组织和自治组织的民主监督，引导本村不同阶层人士积极参与社区服务管理的研讨，是村民参与社区服务管理的议事平台，是村党组织及村民委员会重要决策的参谋。

建立"村庄规划理事会"制度的目的是将村庄规划管理职责明确纳入村民理事会职责中，作为村民实现村庄规划管理工作的专职"自治机构"，在内部形成一种关于村庄规划的学习环境。理事会由 7~11 人组成，由政府的建设部门和村委共同组织，成员主要是政府职员、规划师、村干部、大学生村官以及村内学历相对较高的村民，代表行使村庄规划管理职能，并向政府和村民代表大会负责。

理事会要定期召集村民商议村庄发展建设的问题，并至少每季度向村民代表会议汇报一次工作；同时还要负责协助技术部门制定和实施村庄规划，协调解决村庄规划实施中存在的有关问题和困难，并反映给规划管理部门。

专栏：花都区、白云区村民理事会

花都、白云等区引导村"两委"依托商会、老人协会、妇女协会、退伍军人协会等民间组织，建立村民理事会等议事机构及配套制度，形成"议、审、决、管、监"的运行机制。村社"两委"班子紧紧依托以村内各类精英为基础组成的村民理事会作为基本议事机构，形成有效协商机制，使基层民主自治落地。

2014 年 7 月 10 日，花都区首个村民理事会在梯面联丰村揭牌成立，区社工委、梯面镇党委政府有关负责人出席了揭牌仪式，并参加村民理事会第一次会议。当天上午，联丰村有能力的老党员、老教师、老村干等 9 名村民理事会成员齐到场（其中理事长 1 人、副理事长 2 人、理事 6 人），与区、镇社工委负责人探讨如何发挥村民理事会的最大作用。村民理事会的成立将有助于协助村党支部和村民委员会维护村民合法利益、调解民间纠纷、维护农村稳定；协助办理本村公共事务和公益事业；为村民生产生活提供服务，向村"两委"反映村民的意见和建议；协助村"两委"组织村民完成村的其他相关工作（图 10-7）。

在谋划产业发展、规划建设美丽乡村的过程中，白云区寮采村"两委"牵头组织乡贤人士成立了村民理事会，村里所有重大决策，只有经理事会协商一致、形成正式议题，才能提交村民代表大会审议表决。通过这一制度设计，最终形成了村"两委"会、党员会议、村民理事会等机构协商议事，村民代表大会、

图 10-7　花都区联丰村、白云区寮采村村民理事会

户代表会议、村民大会等机构民主决策的流程。具体来说，村"两委"在重大决议、草案起草之前，先召集由老村干部、老人协会成员和部分党员、村民代表组成的村民理事会开会，商讨具体的事项，取得一致的意见后，再提交党员和村民代表大会讨论，村民代表以全票通过一致同意《美丽乡村白云区·寮采村示范村庄规划》，然后向所有村民公告，最终获得绝大多数村民的支持。

关于"村庄规划理事会"制度的建议

为推动村庄规划落地实施，加快美丽乡村建设，需要在村庄成立规划管理工作的自治机构——"村庄规划理事会"。现就"村庄规划理事会"制度提出以下建议：

一、理事会宗旨

理事会应严格按照党的方针政策，执行国家法律、法规、遵循村规民约的前提下，按规划管理部门的村庄规划和政策要求，监督村庄建设行为，推进美丽乡村建设。

二、理事会的产生

理事会由7～11人组成，成员由组织能力强、热心公益事业、办事公道的村组干部、老同志、党团员、积极分子组成，由村两委提名，经村民代表大会或村民委员会选举产生，同时在理事会成员中选举会长1名，全面履行村庄规划建设各项事务的管理职责。

三、理事会的任期

理事会每届任期3年，理事会任期期满，要及时召开村民代表大会或村民委员会，选举新一届理事会，理事会成员可连选连任。

四、理事会的权力和义务

1.理事会对村民代表会议负责，代表村民行使村庄规划建设管理职能，至少每季度向村民代表会议汇报一次工作。

2.履行本村村庄规划建设的管理职能，负责协助技术部门制定和实施村庄规划，负责与农户签订建设意向协议，积极担负起建设资金筹集管理、建设合同签订、工程进度督促、建设质量监管等具体职责，逐步完善村基础设施和公益事业设施配套，努力提升村民的生产生活质量。

3.负责听取并收集各个方面的意见建议，协调解决村庄规划实施中存在的有关问题和困难，并反映给规划管理部门。

4.负责对村庄的建设行为是否符合村庄规划进行表决，表决通过后，才能开展建设。

第三节　政策保障措施

1. 建立村庄规划编制与管理十大评价考核指标

考核评价是城乡规划不可或缺的一部分，规划评价考核由起初的对于规划方案及其决策的技术手段的评价，到如今基于各种理论的规划实施成效的评价，越来越趋向系统化、科学化，更具有指导实践的意义。但现今的村庄规划考核评价多注重规划实施成效的评价，未涉及规划管理、实施过程的评价。例如为有效检验美丽乡村规划建设成效，湖州市安吉县制定了村村优美、家庭创业、处处和谐、人人幸福等4类36项美丽乡村考核指标，涉及环境改善、经济收入、劳动就业、公共服务等各方面内容，责成22个部门对各项指标进行打分，评选优秀的村庄，检验美丽乡村规划建设成效，但并未涉及村庄规划管理、实施过程的考核指标。

结合广州市村庄规划编制经验，建议在现有村庄规划评价考核指标体系的基础上，补充完善村庄规划编制与管理十大评价考核指标（图10-8），包括村庄规划编制六大特色指标和村庄规划管理四大考核指标，以此作为村庄规划审批的前提条件，评价考核不通过，不予报送审批。

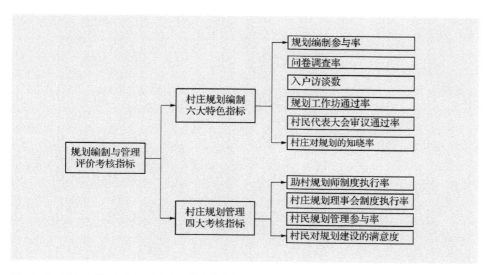

图 10-8　村庄规划编制与管理十大评价考核指标

2. 村庄规划编制六大特色指标具体内容

村庄规划编制六大特色指标包括规划编制参与率、问卷调查率、入户访谈数、规划工作坊通过率、村民代表大会审议通过率、村民对村庄规划的知晓率。

（1）规划编制参与率

主要评估村民参与村庄规划的范围、广度、参与方式、参与深度、参与效度等。评估内容包括每个家庭参与村庄规划编制人数，是否通过访谈及问卷调查、规划工作坊、规划公示意见反馈、村民代表大会等形式，参与村庄发展、基础设施和公共服务设施建设、村集体经济项目建设、宅基地使用等村庄规划内容的决策，并对结果产生实质性的影响情况（图10-9）。

（2）问卷调查率

主要评估村民参与村庄规划前期问卷调查的情况，涉及所有的利益相关者，包括村庄原居民、租户、企业员工、农业劳动者等，针对基本情况、住房情况、公共服务设施和基础设施、村民生活环境、经济发展情况等方面进行调查，判断村民希望通过村庄规划来解决的重要内容。评估内容包括各村参与问卷调查的人数、问卷调查对象构成（图10-10）。

图10-9　白云区坑头村村民参与村庄规划编制

图10-10　从化区新兔村村民问卷调查

（3）入户访谈数

主要评估是否通过深入访谈方式征求村民、村委会、村民小组组长、村民代表、党员代表等对村庄规划的意见和建议，了解村庄的产业发展、公共设施、道路交通、公共空间、环境卫生、村庄绿化等的现状，以及使用情况、使用感受和评价等。评估内容包括入户访谈数量、入户访谈对象构成（图10-11）。

（4）规划工作坊通过率

主要评估村庄规划是否规划工作坊活动，向村民讲解美丽乡村规划内容，听取村民的意见和建议，提出的调整方案是否获得村民同意。评估内容包括是否以规划解读、规划讨论、规划答疑三个环节，将初步成果整理成通俗易懂的规划图和文字，以一名规划师向全体村民代表用粤语进行介绍，与村民面对面讲解、展示、协商完善规划方案并获得村民通过（图10-12）。

（5）村民代表大会审议通过率

主要评估涉及村民利益的村庄规划，是否经过法定程序，切实保障村民在村庄规划工作中的知情权、参与权、表达权和监督权，充分体现村民的主体地位和主人翁精神。根据《中华人民共和国村民委员会组织法》，评估内容包括是否有1/10以上的村民或者1/3以上的村民代表提议召开村民代表大会，是否有

图10-11　南沙区金洲村、白云区白山村入户访谈

图10-12　南沙区年丰村规划工作坊

图 10-13 白云区白山村、寮采村村民代表大会

图 10-14 白云区寮采村村庄规划宣传活动

本村 18 周岁以上村民的过半数，或者本村 2/3 以上的户的代表参加，村庄规划成果是否经到会人员的过半数同意（图 10-13）。

（6）村民对村庄规划的知晓率

主要评估村民是否了解村庄规划，是否懂得遵守村庄规划要求。评估内容包括对本村村庄规划相关内容及对规划建设管理相关要求的了解程度，获取村庄规划相关内容的途径（图 10-14）。

3. 村庄规划管理四大考核指标具体内容

村庄规划管理四大考核指标包括助村规划师制度执行率、村庄规划理事会制度执行率、村民规划管理参与率、村民对规划建设的满意度。

（1）助村规划师制度执行率

主要考核是否有规划设计人员作为村与镇、设计单位和规划管理部门沟通的桥梁，保证规划编制的现状调查、设计、征求意见、方案审查和村民代表大会等环节能顺利衔接。考核要求每一个村有一名固定的规划设计人员，每两周

图 10-15　花都区步云村、从化区锦一村助村规划师

图 10-16　白云区黄榜岭村村民参与规划管理

主动下村一次、每月到村讲课至少一次（图 10-15）。

（2）村庄规划理事会制度执行率

主要考核是否有理事会在政府和村民之间形成沟通的桥梁和纽带，把政府的号召变成自治行动，内部形成村庄规划建设自我管理的强大动力。考核要求理事会成员构成为政府职员、规划师、村干部、大学生村官以及村内学历相对较高的村民，定期召集村民商议村庄发展建设的问题，并至少每季度向村民代表会议汇报一次工作，协助技术部门制定和实施村庄规划。

（3）村民规划管理参与率

主要考核村民参与村庄规划管理的范围、广度、参与方式、参与深度、参与效度等。考核要求每个家庭至少有一人参与村庄规划管理，通过村务公开栏、民意调查、听证会、村民代表大会等形式，参与村庄发展、基础设施和公共服务设施建设、村集体经济项目建设、宅基地使用等村庄规划公共事务管理，并对结果产生实质性的影响（图 10-16）。

（4）村民对规划建设的满意度

主要考核村民对规划实施情况的满意度，掌握村庄规划建设中的不足与缺

陷，以便及时制定相应的决策来完善建设中的不足。考核包括村民对村庄发展、基础设施和公共服务设施建设、人居环境、村集体经济项目建设、宅基地使用等内容的满意程度（图 10-17）。

图 10-17　花都区红山村村民满意度调查

第十一章 村庄规划编制应对

第一节 规划思路

1. 治规协同

村庄规划编制过程中始终要以规划能够实施为前提进行，而解决实际落地的问题，就是要通过治理与规划协同模式，在"县政、乡派、村治、民选"前提下，以村民为主体（民生为本），提升生活品质，协调生产关系，多方参与，落地跟进规划编制、建设与过程管理。治规协同的关键是要调动各方的积极性，采用自愿或购买服务的方式，吸引多方参与，特别是村民作为核心主体，应该在规划编制初期形成聚力，在规划编制过程中不断提出意见。同时，规划组织方和编织技术人员应该持开放态度，尊重各方意见，接受各方对规划的修正，这样才能达到在规划编制中治规协同的目的。

专栏：新塘瓜岭村组织社会力量参与规划，探索"政治 + 文化"治理路径

新塘镇瓜岭村作为广州市农村基层治理协同创新的 6 个试点之一，注重社会力量参与，通过购买服务、政策扶持等形式委托社会组织具体负责规划编制与重点项目的创建（图 11-1）。

探索乡村文化软治理路径，形成政社协同的治理格局。关键是区镇村合力，整合各方资源，深入挖掘村史文化、乡村治理相关文化史料，弘扬特色文化、搭建展示平台等来打造"家文化"特色，借助入选国家第三批传统村落这一契机，

图 11-1 瓜岭村村庄规划村民参与及文化治理情况

通过修缮祠堂、民居、碉楼、门楼等古建筑，传承先贤思想、智慧，进而向旅游文化发展，整合文化环境，引发村民情感共鸣，使村民形成合力。例如祠堂改造成村民民主议事厅、文化展览厅、农家书屋，举办系列家风讲堂、元宵民俗灯会等活动，让村民在传统节日中体验感受乡村家文化生活的欢乐，传播家庭教育文化，营造"家文化"氛围。

借助"一村一法律顾问"行动，使政府、村集体（村委、村民）、民间顾问多方协商，共同制定规划。

2. 问题导向

村庄规划要求用规划师的专业智慧解决社会冲突与政治问题。吴良镛曾说："我们越来越需要顶层设计，同时也要考虑到底层的综合发展问题，要自上而下和自下而上相结合，更多地考虑到部门的协作、地方的协作，考虑到地区发展的更多样的因素，争取在方法论上有创新；在条件有限的情况下，建议以问题为导向，先解决最基本、最关键的问题。"村庄的发展需要有目标的指引，但过于超前的目标只会让规划脱离现实、难以实施：历次村庄规划运动都充斥着目标导向下的急进思维，建工厂、建景区、扩大人口规模等词汇经常出现在规划文本中，而现实中资金和自身条件的缺乏使得规划落地性不强。虽然乡村基础设施已经基本完善，村庄社会和产业发展问题仍需一步步来，从问题出发提出规划亟须解决的问题，唤起村民对村庄建设的积极性和乡村治理的意识。

第二节　规划理念

1. 以人为本

随着《国家新型城镇化规划（2014—2020）》出台，国家在顶层设计上提出：把以人为本、尊重自然、传承历史、绿色低碳理念融入城乡规划全过程。中国的乡村规划要以人为本，更加关注保护传统风貌，传承国学文化。"以人为本"取代了以"速度、规模、效益"为中心的传统型"物质规划"建设理念。对于城乡统筹的乡村规划编制，则以提升农民生活条件与环境质量为根本，确立"先生活、后生产"的核心理念，为城镇化的持续发展打好基础。

2. 融入乡土

乡村治理要求在规划设计中融入乡土，目的是为了再造空间生产与社区秩序，构建村民治理共同体，同时满足村民意愿，保护当地文化和历史留存，促进乡村治理和规划的实施。尊重传统文化乡村是熟人社会关系，是国家和民族最基础的文化根源，是国家"强盛、富有、美丽"的根基。其实村庄规划古已有之。从保留至今的古村落可以证明，传统村落的建设中存在着某种明确且严格执行的"村庄规划"，尽管不以现代城乡规划技术表达，但是由于诞生于村庄社会的议事流程和约束体系中，具备较高的权威性。乡村规划建设不可套用过去城市规划"推倒重建"的空间扩展做法，要吸取发达国家在早期的快速城镇化中只注重国土开发效益，追求工业现代化、农业现代化和城市现代化等物质财富的快速发展而摧毁了传统聚落村庄、摧毁了历史文物遗产的惨痛教训。对村庄的布点和规划需要尊重农民意愿、尊重民俗文化、尊重乡村环境生态，谨慎乡村规划建设的行为，风水理论基础上衍生的建筑风水宜忌影响建筑空间布局、乡村格局和居民日常行为规范。例如某些村庄建设项目可能本身不违反规划与建筑的各项技术规定，但可能会造成村民的一些反感，甚至可能会对村民所认为的"风水"的破坏，或是造成邻里之间的矛盾，而这些都有可能成为村委会反对一项建设的原因。

专栏：传统礼制对村宅布局的影响

严格甚至严酷的礼制在广府地区所产生的普遍效应，是古村落在形态格局上高度统一，一些典型的特征，例如背山面水这样的基本形态格局，可以说在每个传统村落中都能找到痕迹。当然，礼制精神的根本原则还是由国家规定，国家的倡导与强制力同样直接影响着村庄建设的格局。以广州著名的古村落塱头村为例，如果不是明朝年间朝廷允许并且倡导民间修建祠堂，我们今天也许很难看见这种以祠堂为引领形成的所谓梳式格局的广府村落。

传统"乡规民约"中关于村庄规划要求的一些摘录：

（1）"十五、乡内田园屋址，各凭契据管业。如涉他址，不得蒙混欺占。至于风水山场、通衢古迹地方，尤不许影射侵占，违者呈究。"

——《长乐梅花里乡约》

（2）"十八、本里宅墓，来龙、朝山、水口，皆祖宗血脉，山川形胜所关。各家宜戒谕长养林木，以卫形胜，毋得泥为己业，掘损盗砍。犯者，公同重罚理治。"

——《文堂陈氏乡约》

从增城市坑贝村新旧村肌理的对比，可以看到传统古村完整的秩序，而后来没有约束自由生长的新村却是完全无序混乱的（图11-2）；本轮美丽乡村规划中，充分研究并延续了传统村庄布局的思路，如萝岗区九龙镇莲塘村村庄规划（图11-3、图11-4），总体规划延续了整体以中心水塘和莲塘公园为中心、局部以组团绿地为中心的传统放射布局模式，规划新建筑面向中心排布，规划肌理与形状保留肌理得到了很好的融合。

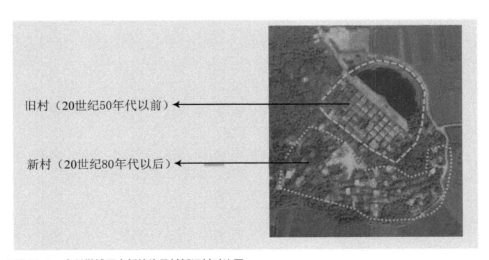

旧村（20世纪50年代以前）←

新村（20世纪80年代以后）←

图11-2　广州增城区中新镇坑贝村新旧村对比图

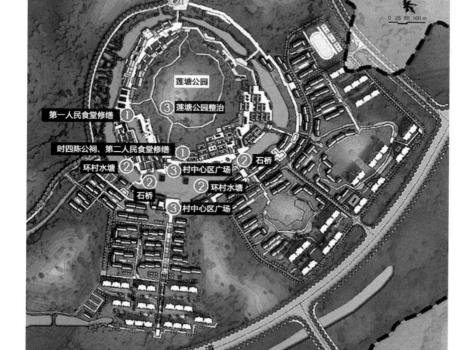

图 11-3　广州萝岗区九龙镇莲塘村村庄规划现状图
图 11-4　广州萝岗区九龙镇莲塘村村庄规划现状与规划平面图

图例
■ 一类建筑
□ 二类建筑
■ 三类建筑
■ 四类建筑
■ 水域

0 25 50 100 m

莲塘公园
③ 莲塘公园整治

第一人民食堂修缮 ①

时四陈公祠、第二人民食堂修缮 ①
环村水塘 ② ② 石桥
③ 村中心区广场
② 环村水塘
石桥 ③ 村中心区广场

玉岩大道

第三节　规划主体

1. 规划编制各治理主体参与模式

由于传统的技术型规划漠视多元化的空间价值诉求，城乡规划改革的关键在于内涵和价值的转型，要从单纯的物质空间规划转向更加关注经济社会、公共政策和生态环境，促进"多规融合"，并从单一的精英式规划转向融合精英规划、民主规划、公正的规划于一体，实现社会各利益体的沟通和协商的内涵与价值转型，以实现社会各方都能够广泛参与的包容性发展。"规划要突破思维定式，走出单一的精英式规划建设模式，关注各阶层各群体的诉求和多元价值取向，倡导协商与沟通，积极探索社会各方都能够广泛参与的包容性规划。"村庄规划必须要从"精英规划"走向"众智规划"，这不仅是农村民主意识崛起的需求，更是规划实施的前提。

从治理主体来看，新时期农村民主意识与农民管理能力的增强，以及乡村治理资源的日趋多样，促使乡村治理主体朝着更加多元与复杂的方向发展。其中最为突出的变化是：农民社会中的"个体精英"以及新兴"乡村组织"成长为乡村事务中的中坚力量。可见，乡村治理的主体除了国家正式权力机构以外，还包括乡村内部权威机构和乡村社会化组织（行会、协会、村民自治小组、合作社）、乡村体制内精英（在一些研究中亦称"能人"）和体制外精英（非营利组织、服务类企业、投资企业）等更为复杂的群体，他们沟通政府、农民和市场，在农村经济活动中起到了越来越重要的作用，并深度介入农村公共事务成为乡村治理的关键角色。过去理解农村政治角色，只要把握住"干部—群众"的二元结构就基本能说明问题，现在农村政治的参与者呈现多元化，农村主要的权力构成在以往的干部与群众间又出现了新的中间阶层。

下面通过广州最新一轮美丽乡村规划中几个乡村治理的成功案例总结几种模式，明晰不同主体主导的模式下各主体在其中的权责划分和作用。

（1）以村集体为主体，项目库分期推进。这种模式以广大村民（村集体）为主体，采用广泛、多样化的公众参与方法推动过程协调，实施采用项目库分期推进模式，使得村庄建设能够有序展开。

专栏：白山村村庄规划的村集体主体参与模式

白山村位于白云区太和镇，是2012年广州市26个美丽乡村试点之一，其乡村治理的最大特点就是政府和规划师利用多样的方式引导村民参与村庄规划。村庄规划期间通过问卷调查、访谈、规划工作坊、规划公示（图11-5）、投票表决（图11-6）等形式5次征求村民意见。由于传统村民参与并没有有效调动"村民自己做规划"的积极性，绝大部分村民在成果公示后才知道，事后参与特点明显。白山村规划运用了"规划工作坊"的方法，即在方案编制的各个阶段，规划师与村民一起进行分组讨论规划方案，规划师向村民展示易看懂的图片，用粤语讲解规划方案（图11-7），听取和记录村民的意见，并及时反馈到规划成果中，以达到与村民共同协商村庄规划建设问题。工作坊又细分为规划解读、规划讨论、规划答疑三个环节，规划解读环节主要由规划编制单位把规划设计初步成果，整理成通俗易懂的规划图和文字，以一名规划技术人员向全体村民代表进行介绍；规划讨论环节，村民代表分组进行讨论，每组发放一套规划图纸，并由规划师组织本组村民围绕主题有序地进行讨论，解释规划、记录村民意见（图11-8）；规划答疑环节由规划师汇总针对村民提出的问题，并进行集中解答。从效果来看，由于实现了村民自己做规划，"规划工作坊"活动极大地推动了规划成果的实施。

在充分尊重村民意愿的前提下，按照"功能定项目"的思路，白山村从"支撑、生态、文态、业态和形态"等5个方面设置了含37个项目的"项目库"，并分派到2013—2015年的三年实施计划当中。2013年，第一期建设项目总投资近4 000万元，目前已完工4个项目，未来白山村美丽乡村的目标是要朝着国家4A级旅游景点迈进，现已成为生态旅游景区和广州市民的周末休闲地。

图11-5 成果展示

图11-6 会议表决

图11-7 粤语讲解

图11-8 分组讨论

（2）以村委为主体、引导协调。这种模式以村委为主体组织各方包括乡贤、村委、党员等参与，通过开会、谈话等形式逐渐引导村民对村庄规划树立正确的认知，统一发展思想，凝聚全村的力量推动规划编制和实施。

专栏：寮采村村庄规划的党组织主体引导协调模式

寮采村位于广州白云区流溪河畔（图 11-9），村庄规划和实施管理中通过调动各方力量有序参与议事决策、产业引导、利益共享等方法实现村庄飞跃式发展。在规划编制中，村党支部发挥乡贤的力量，主动邀请过去的 3 位老书记、3 位老村主任、2 位老人院长、全体党员选出 4 名党员代表、全体村民代表选出 4 名代表及德高望重的乡贤共 21 人组成党务、村务、财务廉政监督小组，全程监督村里大大小小的事情，从而使党务、村务、财务公开。此外，在村党支部的牵头下，寮采村还成立了老人协会、妇女协会、退伍军人协会、商会等组织共同监督村的事务，每年年底村党支部都会召开扩大会议对一年来村里的事务进行通报。这些社团都代表着村里的重要力量，使广大村民参与到村的建设和发展中来。村两委在重大决议、草案起草之前，先召集由村的老书记、老村主任、老人协会成员和部分党员、村民代表组成的监督小组开会，商讨具体的事项，再提交党员和村民代表大会讨论通过，然后向所有村民公告。特别在政策宣导等方面，全村 120 名党员发挥带头作用，挨家挨户上门做工作。伴随这种机制而来的，是基层党组织话事权的进一步增强，党员参与基层治理的积极性和话事权均有明显提升。

通过以村党支部为核心主体，在乡村能人和能人组织的共同参与下，村庄规划工作得到了顺利的推进和实施，关键是调动村中各能人的积极性，同时有一套议事制度传递基层话语，村庄形成了自治模式。通过 5 年的建设，寮采村建成世外桃源生态旅游区，景区 2015 年营收为 1 300 万元，2016 年有望实现翻番增长，达到 2 800 万元，村民通过入股的方式获得景区收入分红。

图 11-9　寮采村世外桃源生态景区

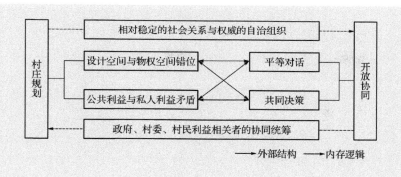

图 11-10 西南村村庄规划推行开放协同的相互关系图

（3）以精英为主体、推动规划编制。这种模式强调以个体或少数精英（村主任、书记、能人等）为主体，利用自身较强的威望和权力，负责从现状调研到规划成果展示中的具体组织协调工作，推动村庄规划编制和乡村治理。

新塘镇西南村的实例中，开放协同充分发挥规划师、村委的纽带作用，使政府、村民等利益相关者形成合力，共同推动村庄规划的落地实施。开放协同是乡村治理的本质：外部逻辑中，村庄在长期的演变过程中已经形成稳定的社会关系与权威的自治组织，为开放协同的有序开展奠定了坚实的社会基础；在内在逻辑中，村庄规划所面临的设计空间与物权空间相错位以及公共利益与私人利益相矛盾，必然要求加强利益相关者之间的平等对话与共同决策。同时，以村委为代表的乡村能人组织强力推动乡村治理，规划师作为上下沟通的纽带，为村委、村民和政府之间输送信息、协调统筹，最终实现设计空间与物权空间的吻合、公共利益与私人利益的融合（图 11-10）。

专栏：西南村"能人"村主任推动规划编制

"能人经济"曾出现在许多成功的中国乡村建设中，而西南村就是代表。2006 年，新农村建设刚刚开始，西南村凭借一位能干的村主任和位于工业经济发达的新塘镇（新塘镇与广州经济技术开发区比邻）和紧临可直达广州市中心城区的广园快速路的区位条件，实现了村庄建设和经济的飞跃。

一方面，"能人"村主任兼书记渴望将自己的村建设好（规划开始前他已经开始着手清理位于池塘周边的厕所），能为村庄规划和发展提供一定的资金支持（村庄拥有自己的工厂），并全程参与和组织村民参与村庄规划建设。

另一方面，贯穿规划和建设始终的"开放协同"让规划得以顺利而全面地实施。在西南村的实践中，规划团队秉承"村民看得懂，村主任可以用，上级政府方便管"的原则，驻村时间累积达到一月，与政府、村主任、村民一起做规划，与施工单位一起搞建设，形成了以规划师、村主任为纽带的开放协同。协商路径

图 11-11 西南村
村庄规划建设情况

多样：①规划师始终与村主任进行协商，在规划过程中，村主任与规划师密切配合，包括摸底调查、现状图纸确认、村民问题反馈。②村主任、村民通过规划师与上级政府进行协商。在规划团队的搭桥牵线与建议下，政府、村主任、村民对西南村未来的发展方向达成共识，将西南村 2.06 km² 的村域面积划分为工业区、居住区、种养区三大功能区，规定了居住区与种养区不得发展工业，将全村的工业集中迁入工业区经营，同时在工业区中安排外来务工人口的居住用地，避免外来务工人员与本地村民混居，并且获得上级政府的财政支持。③规划师通过村主任与村民共同协商。在旧村整治中，为了确定每一栋建筑的使用状况与功能类型、了解每户对旧村整治的看法以及解决实施过程中遇到的拆迁补偿等问题，规划师采用入户协商的形式，与村主任一起挨家逐户地进行沟通协商，在延续村庄的建设肌理的基础上，避免大拆大建，有效利用有限的旧村空间，从而共同决策形成合理的规划方案。④村民通过规划师、村主任与施工单位协商。以规划师、村主任为纽带，使村民、施工单位全程密切配合，运用简单、适用的方法，统一外墙装饰、建设休闲公园等，创造了整体风格协调、具有传统岭南建筑风格特色的村庄风貌。

在村庄规划的引导与控制下，西南村蜕变为具有岭南特色的美丽乡村，成为珠三角地区村庄规划的典范。村民年人均收入也从 2006 年的 8 000 余元上升到 2011 年的 17 000 余元。村民们相互约束、相互监督，共同维护村庄优美的环境、促进村庄的社会经济发展（图 11-11）。

（4）政府主导，多方项目参与。这种模式是以较高等级的政府为主体，各级政府层层推进，能够快速地实现村庄规划的编制和实施，一般是因为某种事件的推动或政治示范等目的而形成。由于乡镇等级的政府在资金和权利方面的局限、广州村自治需求较强，较高等级的政府推动能实现各方力量的快速凝聚。

专栏：莲麻村"市长"主导规划编制，各方参与项目实施

吕田镇莲麻村是从化和广州市最北的一个行政村，是"流溪河源头村"，旅游资源丰富，有流溪河北源头、千年古官道、百年客家围龙屋、官运石山、河洞森林氧吧区、生态农业观光区、客家风情、红色文化等。2015年，广州市委书记在考察该村后，因其特殊的区位和优越的旅游资源提出将其建成农家乐旅游村。作为书记挂点村，从化区委区政府组织编制村庄建设规划。其间，吕田镇政府和规划部门、村委积极响应，配合规划意见收集与协调工作，多次组织村委和村民代表大会，以及现场调研、问卷调查、实地项目踏勘，使得村庄规划在2个月内得到了审批，并且马上开始实施。

为了促进规划的实施，形成9大类48个项目的项目库，包括旅游发展、道路整治、河涌整治、景观绿化园林整治、市政设施完善、文化服务设施完善、村居风貌提升、农林业发展、产业发展项目；同时将这些项目按其公共产品属性和投资责任主体差异分为政府投资类（道

图 11-12 莲麻村村庄规划村民大会和建设情况

路整治、景观绿化园林整治、市政设施完善、文化设施完善、环境整治、基础设施建设）、村出资类（村居风貌提升、农林业发展）和市场投资类（旅游发展项目及配套设施、产业发展等）。规划实施初期由政府投资在半年内完成了河道整治、核心环境改造、旅游路建设等工作，现在旅游项目正在陆续修建中，民宿、农家乐、农村淘宝成为村民新的收入增长点。通过成立广州北景源旅游开发有限公司负责市场项目的招商引资，已成功引入多个项目，包括豆腐作坊农家乐、汉源公司莲麻会务中心（正在建设）（图11-12）。

2. 规划编制各治理主体权责划定

从以上案例模式总结可以得知各主体在村庄规划中起到的作用（图11-13）：

政府——适当放权、守住底线、投入基础设施。国家正式权力机构（地方政府、规划组织部门等）在规划编制中负责规划的组织、审查和审批，出台相关政策规定规范村庄规划编制的内容、标准和目标。编制过程中，政府要组织协调外部各参与主体的意见，也要协调村庄规划与上层次规划的关系，保证整体的发展统一。需要注意的是，政府需要向技术单位购买规划编制服务，因此在一定程度上，规划编制单位更偏向承认与落实政府的意见，这也是村庄规划村民意志难以落实的原因之一。乡村治理模式下的村庄规划，政府应该以执行"乡政村治"模式，顺应农村治理主体涌现的新形势，将村庄规划的主动权释放给村民和社会主体：鼓励规划师利用国内外先进的乡村治理和村庄规划经验和技术方法，提倡多方多形式的参与，在乡村居民规划基本培训投入资金和人力；划分权利界限，建立一致的目标预期与协调监督机制；严格守护生态底线，不允许任何建设破坏生态环境，同时当村庄规划与区域性重大基础设施冲突且难以协调的时候说服村庄规划让步。

村委与村集体——组织参与、发展经济、培育精英。乡村治理主体从被动受益转为主动参与方案制定和乡村建设管理。村委负责组织村民参与规划，充分代表村民表达和向上传达规划意见，同时协调落实上级意见，是政府和村民的纽带。

图 11-13 乡村治理下村庄规划各主体主要责任

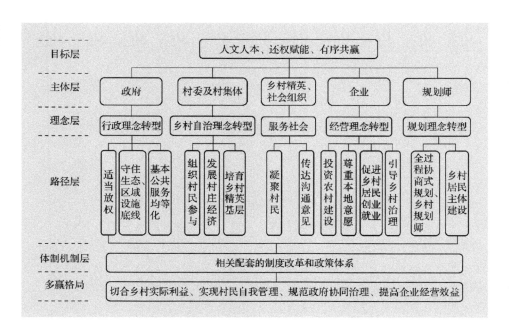

同时，村委要积极发展村集体经济，改善村民生活，扩大"集体资产"规模，在资金上"独立"，为各种公共事业的开展提供资金来源，为吸引外出青年回乡创业、培育乡村精英提供资金支持；通过日常宣传、定期培训等手段培育乡村精英基层，为村庄规划储备人才资源、积累参与意识。

乡村精英、社会组织——凝聚村民、传达意见。乡村精英又称"能人"，包括乡村内部和外部精英。社会组织即乡村内部和外部的精英组织，主要为村庄规划编制提供技术和参与支持，包括提出规划思路和发展建议、呼吁村民参与规划等，是完全代表村民的乡村治理的主体，是村委和村民间的纽带，在自治能力比较强的村，精英组织直接存在于村委之中。乡村精英和组织经常由村里比较有名望的人来担当或负责组织，也是村自治组织的代表，起着凝聚村民、向村委传达意见的作用，如农业协会等一些经济类组织，由于带动农民集体致富、搭建农产品的生产销售平台而拥有极高的威望和村民动员力。

企业——投资共赢、尊重本地、引导协调。企业注资项目直接投放到乡村地区可以快速实现村庄建设发展，但要注意不能因为是投资主体就肆意主导村庄规划，需要尊重当地村民的意见、延续历史传统和风俗，将这类特色融入项目中才能达到共赢。作为投资主体，企业拥有较强的话语权，应该在平等协调的基础上，积极组织协调其他村庄规划主体，以高效高质地完成村庄规划和实施。

规划师——编制规划、全过程协调。规划师无疑是村庄规划的"执笔者"，更是协调各方意见、推动规划工作顺利进行的核心主体。规划师要尊重自然、尊重传统、尊重居民，通过地方规划人员与多元乡村治理主体长时期的"共同工作"和程序化磨合，走"协商式规划"的道路，负责规划编制、组织公共参与、培训村民等，将规划转变至公共政策和村民日常生活的村规民约中。

第四节　规划内容

1. 从物质规划走向综合规划，以策划统一思想

以往的村庄规划，基本都是以空间规划、景观整治为主，很少关心村庄的发展问题，较少系统分析村庄经济产业、社会、文化的现状和特色，村庄的经济文化发展缺少引导，这不利于凝聚村民，唤醒村民参与意识。用"先策划后规划"的思路可以在规划前使各方达成一致的目标，在乡村治理中，可以统一思想，使各方在具体事务协调上有统一的目标和认知。例如，用"四定"谋划村庄整

图 11-14　白山村村庄发展策划模式图

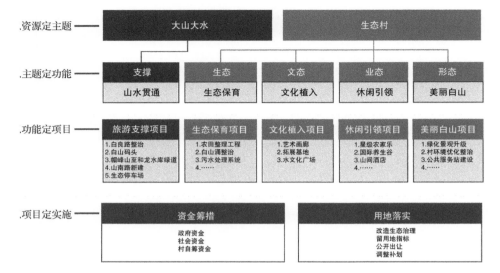

.资源定主题 —— 大山大水　　生态村

.主题定功能 —— 支撑（山水贯通）　生态（生态保育）　文态（文化植入）　业态（休闲引领）　形态（美丽白山）

.功能定项目 ——

旅游支撑项目	生态保育项目	文化植入项目	休闲引领项目	美丽白山项目
1.白良路整治	1.农田整理工程	1.艺术画廊	1.星级农家乐	1.绿化景观升级
2.白山码头	2.白山涌整治	2.拓展基地	2.国际养生谷	2.村环境优化整治
3.帽峰山至和龙水库绿道	3.污水处理系统	3.水文化广场	3.山间酒店	3.公共服务站建设
4.山南路新建	4.……	4.……	4.……	4.……
5.生态停车场				

.项目定实施 ——

资金筹措	用地落实
政府资金 社会资金 村自筹资金	改造生态治理 留用地指标 公开出让 调整补划

体发展的方法，广州市白山村美丽乡村规划对村庄定位、产业、项目以及资金来源等进行了系统的发展策划（图11-14）：

（1）以资源定主题：通过整合资源优势，连通"青山、秀水"，打造以生态旅游、农业观光、休闲度假为特色，体现客家和广府村落风貌的"美丽白山村"。

（2）以主题定功能：基于"青山、秀水、生态村"的主题定位，规划提出"支撑、生态、文态、业态、形态"五位一体的功能策划。

（3）以功能定项目：基于功能策划，规划旅游支撑项目、生态保育项目、文化植入项目、休闲引领项目、美丽白山项目。

（4）以项目定实施：资金筹措采用多口"筹钱"，一口"花钱"的策略，包括借助政府资金、引入社会资金，村自筹资金等途径。用地落实采用改造和生态治理、留用地指标、公开出让、调整补划等途径。

2. 建立项目库，明确责任主体，对接规划实施

（1）建设计划——设立"项目库"，实现村庄自我发展

制订完善的实施计划，将规划实施的资金、责任落实到政府部门，由政府主导规划实施，同时引入市场发展机制，尝试通过农地流转，引入社会资金，扩充资金流入渠道。将村庄规划最终落实到具体的建设项目上，制订细致的实施计划，包括项目名称、项目位置、用地规模、建设规模、完成时间、投资估算、资金来源、建设主体等内容，促进规划落地实施。

在充分尊重村民意愿的前提下，按照"以功能定项目"的思路，白山村从"支撑、生态、文态、业态和形态"等5个方面设置了含37个项目的"项目库"，

并分派到 2013—2015 年的 3 年实施计划当中（图 11-15）。其中 2013 年规划了 23 个项目，重点是以改善村民生产生活环境、打通旅游通道，为发展乡村生态旅游奠定基础；2014 年规划了 8 个项目，重点是通过旅游公司引入文化和旅游项目，发展乡村生态旅游，提高村民收入、增加村民的就业机会；2015 年规划了 6 个项目，重点是建设村民住房安置区以解决 90 户村民住房安置的问题，建设国家 4A 级生态旅游景区和广州市民的周末休闲地。同时在规划中明确了哪些是政府投入的资金、哪些是需要引入社会资金，并对社会资金的引资渠道都有通盘考虑。

（2）明确实施主体——基于公共物品公共属性的选择

根据公共产品理论，公共产品公共属性越强，越应该由政府提供，相反则由市场提供。乡村治理划分为"公""共""私"三个领域，由于政府资源（公）和市场资源（私）目前对于广阔农村地区介入的方式、规模和渠道相对清晰且份额有限，因此"共"在我国的乡村治理中历来承担着重要职能并发挥着显著作用。随着农民精英的崛起，以这些精英为核心的各类型的行会、协会、村民自治小组、合作社等新型乡村组织不断兴起，他们沟通政府、农民和市场，在农村经济活动中起到了越来越重要的作用，并深度介入农村公共事务成为乡村治理的关键角色，是上文提到的治理格局中"共"的重要实现载体。因此以往认为的"干部－群众"二元供给形式已经打破，乡村治理视角下新的中间体（农村集体）产生，与前两者共同参与村庄公共物品的供给，其中与村庄规划相关的包括各类生产和生活设施。通过分析各类公共产品的公共属性，明确供给（实施）主体：

政府：由于公共物品天然存在的集体属性，以及其对于农村经济发展、社会稳定的必需作用，基于再分配原则，政府在乡村公共物品供给，尤其是大型基础设施、教育医疗和社会保障服务中仍然起到重要的基础作用，包括农田水利、道路、市政等基础设施。

市场：基于交换原则，在市场经济冲击下，市场对于提高资源配置效率的作用得到了充分认识和肯定，其在乡村公共物品供给中也开始发挥作用，诸如个体农用机械的有偿租用、农产品经纪的中介服务等。从实际情况来看，由于我国农业现代化水平和市场化程度仍然比较有限，各种公共物品的市场化供给尚处于发展初期。

农村集体：基于互惠原则，公共物品的相对高成本和集体享有属性，以及政府资源在满足农村公共物品需求时的相对短缺，促使基于互惠原则的集体供给成为乡村公共物品提供的另一个重要选择。乡村组织在乡村公共物品供给中将发挥越来越重要的作用，尤其是在信息技术服务、小型基础设施建设、社会秩序管理等方面。典型的例子包括乡村组织动员下的集资修路、学校建设、宗庙修复、技能培训、信息中心建设等。

2013年实施计划

目的：改善村民生产生活环境；打通旅游通道，为发展乡村生态旅游奠定基础；营造旅游环境

项目：共23个项目，旅游支撑项目5项（白良路景观大道整治、白山码头等），生态保育项目4项（农田整理、白山涌整治等），美丽白山项目14项（村环境优化整治、"七化五个一"工程等）

资金：总投资6 132.65万元，其中政府投资6 082.65万元（第一批3 000.00万元，第二批3 082.65万元）引入社会资金50.00万元

土地：现状改造和生态治理

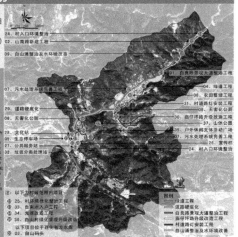

2014年实施计划

目的：通过旅游公司引入文化和旅游项目，发展乡村生态旅游；提高村民收入，增加村民的就业机会

项目：共8个项目，文化植入项目3项（艺术画廊、青少年拓展基地、水文化广场），休闲引领项目5项（星级农家乐、青青农庄、山间酒店、农家亲子旅馆等）

资金：总投资11 300.00万元，其中政府投资100.00万元，引入社会资金11 200.00万元

土地：土地出让用地1.97公顷，落实留用地指标0.8公项（星级农家乐），通过三规合一调整用地2.4公项（山间酒店项目），现状改造4.5公顷（农家亲子旅馆、水文化广场和山南路星级农家乐），生态治理9公项（青青农庄、青少年拓展基地）

2015年实施计划

目的：建设村民住房安置区，解决90户村民住房安置的问题；建设国家4A级生态旅游景区和广州市民的周末休闲地；村民人均年收入达到9 000.00元

项目：共6个项目，休闲引领项目6项（一环路南农家乐、一环路南酒店、国际养生谷、康复疗养基地、旅游服务中心、住房安置项目）

资金：总投资12 500.00万元，全部通过引入社会资金

土地：土地出让用地9.2公顷（一环路南农家乐、酒店康复疗养基地），政府征收用地4.4公顷（国际养生谷）

226

图11-15　白山村村庄建设"项目库"

第五节　规划方法和程序

1. 全周期

村民是乡村治理的核心主体，村庄规划是一个延续一定时间的过程，不仅是规划成果的蓝图。过去的规划公众参与仅停留在现状摸查和规划成果展示阶段，基本不涉及规划过程中的协调，这也是过去规划公众参与停留于表面而不被公众所关注和接受的重要原因。在乡村治理思想下，规划是一种"事中规划"而非"事前规划"，更多时候是在规划编制事前、事中、事后全周期的引入公共参与方法，不断引导村民思想行为的转变而令原本无法推行的规划设想豁然通畅。全周期的村民参与需要一个完善的流程设计，同时各个阶段的参与形式也因协调重点的不同而有所转变。

2. 多形式

广州市在村庄规划的编制与实施过程中，逐步实现了工作理念的转变，通过不断创新公众参与的方式、加大公众参与的力度，完善公众参与流程，逐步从"闭门编规划"改变为"共编共管共用"。其通过制定《广州市村庄规划编制实施"村民参与"工作方案》，确立宣传发动、现状调研、方案编制、公示审批四大阶段，通过"动员大会暨培训、宣传会议""问卷调查""村民访谈""现状摸查""驻村体验及规划""规划工作坊""支村两委讨论""村务监督委员会讨论""村民代表、党代表联席会议""镇（街）审查会议""专家、部门联合审查""成果批前公示及反馈""村民会议通过""区（县）审批公示""成果纳入村规民约"等 15 个环节，确保村民直接参与规划编制（图 11-16）。

3. 引导村民参与

转变规划编制方式。通过召开"村民参与"规划工作坊、"村民参与"村民代表大会，充分了解村民意愿。据统计，广州市先后开展 7 次大规模的"村民参与"工作培训，参会人员达 1 200 余人次；各区（县）选取 2~3 个示范点，共召开 19 场"村民参与"规划工作坊示范现场会，1 182 人参与；每镇（街）选取 1 个示范村，召开 51 场"村民参与"村民代表大会示范现场会，共 2 381 名村民

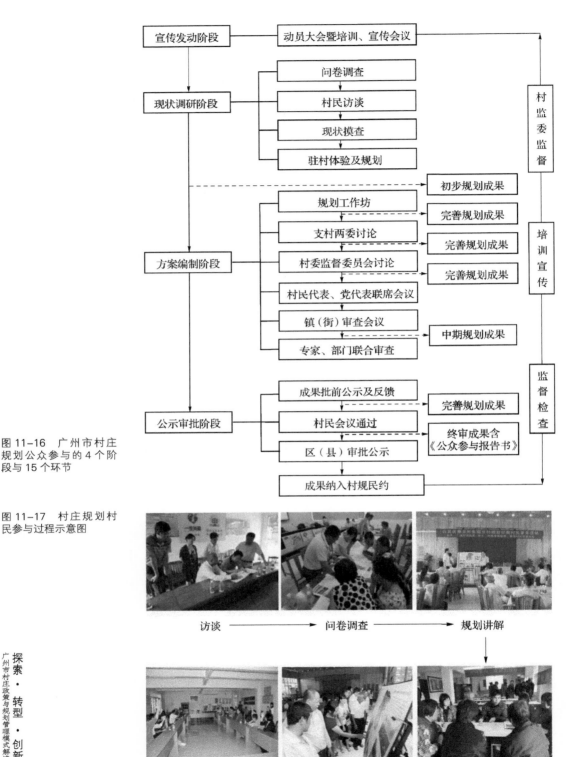

图 11-16 广州市村庄
规划公众参与的 4 个阶
段与 15 个环节

图 11-17 村庄规划村
民参与过程示意图

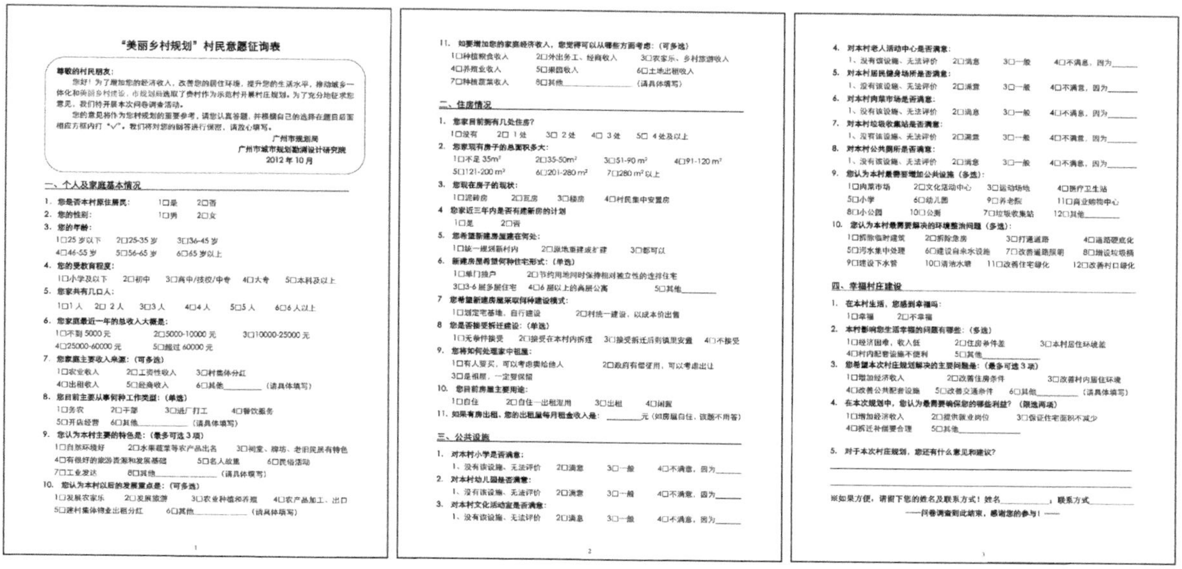

图 11-18　村庄规划调查问卷示意图

代表参加，280 名村干部进行了观摩。通过粤语讲解、分组讨论、航片定位、前后对比等形式，用村民能听懂的语言、看懂的图片来讲解规划方案，听取村民意见在村民参与的过程中充分了解村民意愿，将村民建房、村经济发展、村民收入、村庄配套、村庄环境等需求在村庄规划予以落实（图 11-17、11-18）。

第六节　规划成果表达

1. 分版本成果

　　传统规划是一种技术性语言的表达，在规划公示的时候，村民往往看不懂，也就失去了参与的兴趣，不利于规划实施。要采用通俗易懂的手段表达规划成果，例如广州市美丽乡村规划中，村庄规划成果"报批版"与"村民版"相结合，使规划政府用得上、村民看得懂。其中"报批版"成果包括说明书和图纸，用于部门审查、政府审批（图 11-19）；"村民版"成果用于向村民讲解和征求意见，其主要特点是用通俗易懂的文字和图片来表达村庄规划的核心内容，用于向村民宣传讲解和征求意见（图 11-20）。

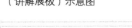

图 11-19　报批版示意图

图 11-20　村民版（讲解展板）示意图

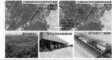

2. 成果向"村规民约"转化

村规民约是村庄自治的重要形式，其本身所包含的内容涵盖村庄社会生活的方方面面，其中也包含了关于村庄规划建设的一些要求与规范，以及违反这些条款将面临的严厉处罚（见专栏案例）。对于村中成员来说，这些规定是有着相当的震慑作用的。为了促进乡村治理和村庄规划的实施，利用村庄的社会关系和传统的礼教承袭，最好将成果纳入"村规民约"，通过编写"给村民的一封信"等通俗活泼的成果形式，用村民熟悉的语言，将技术性、专业性的规划成果转化为村民实际生活中"看得懂，用得上"的行为准则（图11-21）。

图 11-21 "村规民约"及其他村庄规划转化成果

结语

农村规划建设政策涉及面相当广泛，上至国家的法律法规、中央关于农村的一系列政策文件、国家部门规章，下至地方性规章、条例，乃至政府政策通知等；从政策分类上说，本次课题研究了包括农村规划编制与管理、土地、住房、产业以及财税等在内的 5 大类政策。对政策的分层、归类本身就是一项非常繁重的任务，由于课题研究的时间所限以及项目组成员的能力有限，可能对政策的研究还有遗漏之处。

总体来说，广州市目前已经形成了相对完善的农村规划建设政策，也对农村地区的改革进行了积极的探索，但仍然存在政策落后于发展形势、政策实施细则不够等问题。本课题虽然对各类政策提出了相应的改进建议，但对于这些建议如何实施，以及可能的适应情景的研究还不足。

参考资料

[1] 《中华人民共和国城乡规划法》
[2] 《广东省城乡规划条例》
[3] 《广州市城乡规划技术规定》
[4] 《广州市村庄规划编制指引（试行）》
[5] 《从化市村庄规划编制指引》
[6] 《广东省人民政府关于推进"三旧"改造促进节约集约用地的若干意见》
[7] 《关于"城中村"改制工作的若干意见》
[8] 《关于完善"农转居"和"城中村"改造有关政策问题的意见》
[9] 《关于广州市推进"城中村"（旧村）整治改造的实施意见》
[10] 《广州市旧村庄更新实施办法》
[11] 《从化市"三旧"改造实施意见》
[12] 《增城市"三旧"改造实施办法》
[13] 《关于加快推进"三旧"改造工作的补充意见》
[14] 《从化市美丽乡村建设实施方案》
[15] 《历史文化名城名镇名村保护条例》
[16] 《关于切实加强中国传统村落保护的指导意见》
[17] 《历史文化名城名镇名村保护规划编制要求（试行）》
[18] 《广州历史文化名城保护条例》
[19] 《关于做好中国传统村落保护项目实施工作的意见》
[20] 《国务院办公厅关于改善农村人居环境的指导意见》
[21] 《关于印发加快推进农村地区可再生能源建筑应用的实施方案的通知》
[22] 《关于进一步加强我市农村生活垃圾收运处理工作的实施方案》
[23] 《广州市美丽乡村试点建设工作方案》
[24] 《广州市村庄规划领导小组办公室关于补充村庄规划公共配套服务设施相关要求的通知》
[25] 《广州市村庄规划编制技术指引》
[26] 《广东省村庄整治规划编制指引（试行）》
[27] 《广州市城乡规划程序规定》
[28] 《乡村建设规划许可实施意见》
[29] 《中华人民共和国村民委员会组织法》
[30] 《广州市村庄规划"村民参与"指引手册》
[31] 《住房城乡建设部关于建立全国农村人居环境信息系统的通知》
[32] 《广东省建设系统"三库一平台"管理信息服务系统建设管理办法》
[33] 《广州市村庄规划管理信息平台研发和建设工程方案》
[34] 彭佐康，邓宇．基于土地管理视角的村庄规划"落地难"研究——以广州村庄规划为例[C]．海口：2014中国城市规划年会，2014．

[35] 刘黄丁，姚龙．城市边缘地区村庄规划与控规协调机制研究——以广州市萝岗区为例 [C]．贵阳：2015 中国城市规划年会，2015.

[36] 刘璐祯，周为吉．广州市"三旧"改造的利与弊分析 [J]．国土资源情报，2016(03)：50-56

[37] 参见 http://www.oeeee.com/html/201605/27/395940.html 相关内容。

[38] 参见 http://fashion.163.com/16/0228/16/BGU39AVN00264MK3.html 相关内容。

[39] 黄伟佳．广州萝岗区政府在农村基础设施建设中的作用研究 [D]．广州：华南理工大学，2013.

[40] 王冠贤．乡村地区协调发展的宏观引导政策探讨——对《广州市城市总体规划（2010-2020）》村庄专题研究工作的思考 [J]．规划师，2009，25(02)：62-67.

[41] 叶红，李贝宁．县（区）统筹框架下村庄布点规划的方法创新——以 2013 年增城市村庄布点规划为例 [J]．南方建筑，2014(2)：55-60.

[42] 吕嘉欣．广州"三旧"改造中的公众参与研究 [D]．广州：广州大学，2013.

[43] 《广东省土地管理实施办法》于 1997 年 9 月 22 日经过广东省第八届人民代表大会常务委员会第三十一次会议修订。此后，在 2000 年广东省实施《中华人民共和国土地管理法》办法，该办法废止。

[44] 广州市《关于贯彻实施〈广东省征收农村集体土地留用地管理办法（试行）〉的通知》（2012）第九条。

[45] 《广东省征收农村集体土地留用地管理办法》（2009）第六条。

[46] 《广东省人民政府关于试行农村集体建设用地使用权流转的通知》。

[47] 《广东省集体建设用地使用权流转管理办法》。

[48] 《广州市集体建设用地使用权流转管理试行办法》（2011）。

[49] 《土地开发整理若干意见》。

[50] 《中华人民共和国土地管理法实施条例》。

[51] 《关于加强和改进土地开发整理工作的通知》。

[52] 《广东省实施〈中华人民共和国土地管理法〉办法》。

[53] 《广州市城乡统筹土地管理制度创新试点方案》。

[54] 仇大海．关于广东省留用地政策执行情况的分析与思考 [J]．广东土地科学，2014(4)：23-26.

[55] 谢理，邓毛颖．多方共赢的农村集体土地留用地开发新模式探讨——以广州市外围区为例 [J]．华南理工大学学报（社会科学版），2015(1)：94-100.

[56] 张小英．广州市集体建设用地流转管理问题初探 [J]．管理观察，2012(21)：243-245.

[57] 《关于加强农村宅基地管理的意见》

[58] 《广州市农村村民住宅建设用地管理规定》

[59] 《广州市人民政府办公厅关于土地节约集约利用的实施意见》

[60] 《确定土地所有权和使用权的若干规定》

[61] 《广东省农村土地登记规则》

[62] 《广州市农村村民住宅建设用地管理规定》

[63] 《农村住房建设技术政策（试行）》

[64] 《关于进一步加强村镇规划建设管理工作的通知》

[65] 《广州市村镇建设管理规定》

[66] 《村庄和集镇规划建设管理条例》

[67] 《广州市农村村民住宅规划建设工作指引（试行）》

[68] 《广州市农村房地产权登记规定实施细则》

[69] 《广州市农村房地产权登记规定》

[70] 《房屋登记办法》

[71] 《广州市集体土地及房地产登记规范（试行）》

[72] 《广州市农村村民住宅规划建设工作指引（试行）》

[73] 《广州市农村房地产权登记规定实施细则》

[74] 《农村危房改造最低建设要求（试行）》

[75] 《广州市农村房地产权登记规定实施细则》

[76] 《关于做好 2014 年农村危房改造工作的通知》

[77] 《关于认真做好我省农村低收入住房困难户核查和确认工作的通知》

[78] 《广州市改造农村泥砖房和危房三年工作方案》

[79] 《关于推进我省农村低收入住房困难户住房改造建设工作的意见》

[80] 佟宇竞. 广州市农村住宅建设管理的思路与建议 [J]. 南方农村，2015(3)：36-40.

[81] 钟翠兰，曾学龙，冯美君. 广州市郊农村宅基地管理的现状与村民的意愿调查 [J]. 景德镇学院学报，2014，29(01)：18-20.

[82] 袁国客. 从广州"旧村"改造看小产权房法律治理的完善 [D]. 重庆：西南政法大学，2012.

[83] 刘冰熙. 广州市违法建设治理对策研究 [D]. 广州：华南理工大学，2015.

[84] 《中华人民共和国农业法》

[85] 《广东省农业和农村经济社会发展第十二个五年规划纲要》

[86] 《印发广州市农业和农村经济发展第十二个五年规划的通知》

[87] 《关于推进"一村一品"强村富民工程的意见》

[88] 《广东省现代标准农田建设标准（试行）》

[89] 《广州市蔬菜基地管理规定》

[90] 《关于加快发展旅游业的意见》

[91] 《广东省旅游发展规划纲要（2011-2020 年）》

[92] 《关于加快我市旅游业发展建设旅游强市的意见》

[93] 《关于继续开展全国休闲农业与乡村旅游示范县、示范点创建活动的通知》

[94] 《关于开展全省休闲农业与乡村旅游示范镇、示范点创建活动的通知》

[95] 《关于印发全国现代农业发展规划（2011—2015 年）的通知》

[96] 《关于推动农村邮政物流发展意见》

[97] 《关于促进流通业发展的若干意见》

[98] 《国家建设征用菜地缴纳新菜地开发建设基金暂行管理办法》

[99] 《广州市新菜地开发建设基金征收办法》

[100] 《关于进一步完善对种粮农民直接补贴政策的意见》

[101] 《广东省对种粮农民直接补贴暂行办法》

[102] 《关于印发广州市对种植水稻的直接补贴实施办法和广州市种粮大户补贴方案的通知》

[103] 《关于做好 2012 年中央财政农作物良种补贴项目实施工作的通知》

[104] 《关于做好 2014 年中央财政农作物良种补贴工作的通知》

[105] 《广东省 2014 年中央财政水稻、玉米、小麦良种补贴项目实施方案》

[106] 《中华人民共和国农业法》

[107] 《农业保险条例》

[108]　《关于大力推广政策性涉农保险的意见》

[109]　《广州市农业和农村经济发展第十二个五年规划》

[110]　《关于印发广州市开展政策性水稻种植保险试点工作的实施意见的通知》

[111]　《广东省农村集体经济组织管理规定》

[112]　《中华人民共和国农民专业合作社法》

[113]　《农民专业合作社登记管理条例》

[114]　《关于支持和促进农民专业合作社发展的若干意见》

[115]　《全国乡镇企业发展"十二五"规划》

[116]　《关于加强和推进我市乡镇企业工作的通知》

[117]　曾艳. 广州都市型现代农业发展现状和可持续发展研究 [J]. 农业现代化研究，2012，33（03）：304-308.

[118]　胡峥峥. 广州市家庭农场的发展现状和运营困境 [D]. 广州：华南农业大学，2016.

[119]　叶红. 珠三角村庄规划编制体系研究 [D]. 广州：华南理工大学，2015.

[120]　任颖洁，马静. 现代化农村农业物流系统现状、问题与对策 [J]. 广东农业科学，2011，38（04）：179-181.

[121]　杨大光，陈美宏. 现阶段中国农村金融风险分担及补偿机制的主要问题 [J]. 经济研究参考，2010（54）：20-20.

[122]　阮伟雄. 乡镇集体企业经营机制优势退化的原因及对策 [J]. 探求，1998（4）：46-47.

[123]　为了推动新型城镇化、加快农村地区的发展，我国农村地区，特别是近郊村多采用园区发展模式，以整合镇村土地、人力和财力资源，迁村并点成为常见的做法。

[124]　詹成付. 走近奥尔良市镇联合体 [J]. 中国民政，2004（7）：22-23.

[125]　许平. 法国乡村社会从传统到现代的历史嬗变 [J]. 北京大学学报（哲学社会科学版），1994，31（3）：79-87.

[126]　托克维尔. 旧制度与大革命 [M]. 冯棠，译. 北京：商务印书馆，1992.

[127]　熊芳芳. 近代早期法国的乡村共同体与村民自治 [J]. 世界历史，2010（1）：8-19.

[128]　刘健. 基于城乡统筹的法国乡村开发建设及其规划管理 [J]. 国际城市规划，2010，25（2）：4-10.

[129]　王宏侠，丁奇. 德国乡村更新的策略与实施方法——以巴伐利亚州 Velburg 为例 [J]. 艺术与设计（理论），2016（3）：67-69.

[130]　陈家刚. 法治框架下德国地方治理：权力、责任与财政——以德国莱茵-法尔茨州 A 县为例的分析 [J]. 公共管理学报，2006，3（2）：13-20.

[131]　易鑫. 德国的乡村规划及其法规建设 [J]. 国际城市规划，2010，25（2）：11-16.

[132]　孟广文，HansGebhardt. 二战以来联邦德国乡村地区的发展与演变 [J]. 地理学报，2011，66（12）：1644-1656.

[133]　易鑫，克里斯蒂安·施耐德. 德国的整合性乡村更新规划与地方文化认同构建 [J]. 现代城市研究，2013（6）：51-59.

[134]　赖海榕. 乡村治理的国际比较：德国、匈牙利和印度经验对中国的启示 [M]. 长春：吉林人民出版社，2006.

[135]　唐相龙. 日本乡村建设管理法规制度及启示 [J]. 小城镇建设，2011（4）：100-104.

[136]　唐相龙. 日本城乡空间规划体系及其法律保障 [J]. 城乡建设，2010（4）：78-80.

[137]　刘小蓓. 日本乡村景观保护公众参与的经验与启示 [J]. 世界农业，2016（04）：135-138.

[138] 蔡清毅. 低碳茶乡社区活化——台湾新北市坪林乡案例 [J]. 山东农业工程学院学报, 2016, 33(2)：137-139.

[139] 徐敏. 乡村治理转型视角下新农村社区治理研究 [D]. 济南：山东大学, 2013.

[140] 陶伟, 程明洋, 符文颖. 城市化进程中广州城中村传统宗族文化的重构 [J]. 地理学报, 2015, 70(12)：1987-2000.

[141] 王宇丰. 广东农村的宗族问题及其治理 [J]. 检察风云——创新社会管理理论专刊, 2013(4). 广州市村庄摸查问题总结及策略规划 [Z].2013.

[142] 城乡治理与规划改革：2014 中国城市规划年会在海口成功举办 [J]. 城市规划, 2014, 38(10)：5-7.

[143] 国家新型城镇化规划 （2014-2020)[Z].2014-03-16.

[144] 孙君. 农道 [M]. 北京： 中国轻工业出版社, 2014.

[145] 温铁军, 温厉. 中国的"城镇化"与发展中国家城市化的教训 [J]. 中国软科学, 2007(7)：23-29.

[146] 冯江, 阮思勤. 广府村落田野调查个案：塱头. 新建筑 .2010(5).6-11

[147] 田原史起. 中国农村的政治参与 [J]. 武萌, 张琼琼, 译. 国外理论动态, 2008(7)：42-47.